园林景观与园林植物设计

吕勐◎著

吉林科学技术出版社

图书在版编目（CIP）数据

园林景观与园林植物设计 / 吕勐著. -- 长春 : 吉林科学技术出版社, 2022.4

ISBN 978-7-5578-9273-9

Ⅰ. ①园… Ⅱ. ①吕… Ⅲ. ①园林设计－景观设计 Ⅳ. ①TU986.2

中国版本图书馆 CIP 数据核字(2022)第 072665 号

园林景观与园林植物设计

著 吕 勐
出版人 宛 霞
责任编辑 王明玲
封面设计 济南皓麒信息技术有限公司
制 版 济南皓麒信息技术有限公司
幅面尺寸 185mm×260mm
开 本 16
字 数 275 千字
印 张 11.375
印 数 1-1500 册
版 次 2022 年 4 月第 1 版
印 次 2022 年 4 月第 1 次印刷

出 版 吉林科学技术出版社
发 行 吉林科学技术出版社
地 址 长春市南关区福祉大路 5788 号出版大厦 A 座
邮 编 130118
发行部电话/传真 0431—81629529 81629530 81629531
81629532 81629533 81629534
储运部电话 0431-86059116
编辑部电话 0431-81629510
印 刷 廊坊市印艺阁数字科技有限公司

书 号 ISBN 978-7-5578-9273-9
定 价 68.00 元

作者介绍

吕勐，高级工程师，出生于1981年6月1日。2003年毕业于山东农业大学林学院园林专业，学士学位。2003年就业于青岛市动物园管理处，2021年在青岛市市级公园管理服务中心工作，地址山东省青岛市市北区康宁路1号。从业18年，熟悉园林行业特点、标准和规范，精通园林植物习性和公园绿地规划建设管理，曾在学术期刊上发表论文8篇。在青岛动物园工作期间，通过不断的观察学习和实践积累，逐步对园内景观绿地、林缘绿地及动物馆舍周边绿地进行改造提升，使绿地内植物多样、层次分明，构建了一个良好的植物生态群落。到目前为止，已累计改造提升面积10万平方米，栽植各类乔灌木、地被数万余株。后调入青岛市市级公园管理服务中心，从事规划建设工作，参与了青岛市太平山公园环线系统工程与青岛市　太平山公园智慧景区工程的建设工作，为今后的工作积累了大量的工作经验。

目　录

第一章　园林景观设计概述

第一节　景观与景观设计

一、景观与景观设计概念

（一）景观

“景观”一词最早出现在欧洲希伯来文本的《圣经》旧约全书中，它被用来描写梭罗门皇城（耶路撒冷）的瑰丽景色。大约到了19世纪，景观又被引入地理学科中。中国辞书对“景观”的定义也反映了这一点，如中国《辞海》中的“景观”“景观图”“景观学”的词语出现，景观在此被定义成“自然地理学的分支，主要研究景观形态、结构、景观中地理过程的相互联系，阐明景观发展规律、人类对它的影响及其经济利用的可能性”。因此，“景观”这个词被广泛应用于地理学、生态学等许多领域。

在不同的景观研究领域，人们所研究的侧重点会有所区别。实际上，景观的英语表达是“landscape”，由“大地”（land）和“景象”（scape）两部分组成。在西方人的视野中，景观是由呈现在物质形态的大地之上的空间和物体所形成的景象集成，这些景象有的是没有经过人为加工而自然形成的，如自然的土地、山体、水体、植物、动物以及光线、气候条件等。由自然要素所集成的景象被称为自然景观；另外的景象是人类根据自身的不同需要对土地进行了不同程度的加工、利用后形成的，如农田、水库、道路、村落、城市等，经过人类活动作用于土地之后所集成的景象被称为人工景观。

景观具有空间环境和视觉特征的双重属性。空间环境包括：周围条件（生物圈、地形、气候、植被）、功能（人的活动）、构造（材料、结构）；视觉特征包括：艺术性（构造法则）、感觉性（声、光、味、触）、时间性（四季、昼夜、早晚）、文化内涵（民族、职业）等。

（二）景观学与景观设计及其专业内涵

景观学，国际上称为景观建筑学（Landscape Architecture）。奥姆斯特德第一个提出“Landscape Architecture”的理念，1900年哈佛大学第一个成立景观学专业，奠定了景观学、城市规划、建筑学在设计领域三足鼎立的局面。美国景观建筑师协会（ASLA）对景观学有如下定义：综合运用科学和艺术的原则去研究、规划、设计和管理修建环境和自然环境。本专业从业人员将本着管理和保护各类资源的态度，在大地上创造性地运用技术手段以及科学的、文化的和政治的知识来规划安排所有自然与人工的景观要素，使环境满足人们使用、审美、安全和产生愉悦心情的要求。用生态的、生物的方法来观察、模拟，来了解这个景观系统的一门学科称为“景观学”，实际上是用科学方法研究景观系统。

目前，我国对这门学科的定义是“关于景观的分析、规划布局、设计、改造、管理、保护和恢复的科学和艺术”“以协调人类与自然的和谐关系为目标，以环境、生态、地理、农、林、心理、社会等广泛的自然科学和人文艺术学科为基础，以规划设计为核心，面向人类聚居环境创造建设与保护管理的工程应用性学科专业”。同时，景观是一个不断拓展的领域，它既是一门艺术也是科学，并成了连接科学与艺术、沟通自然与文化的桥梁。

因此，景观设计是一门关于如何安排土地及土地上的物体和空间，来为人类创造安全、高效、健康和舒适环境的艺术和科学。它是人类社会发展到一定阶段的产物，也是历史悠久的造园活动发展的必然结果。

景观设计的专业内涵有以下几个要点：

（1）研究的是为人类创造更健康、更愉悦的室外空间环境。

（2）研究对象是与土地相关的自然景观和人工景观。

（3）研究内容包括对自然景观元素和人工景观元素的改造、规划，设计和管理等。

（4）学科性质是一门交叉性学科，包括了地理学、设计艺术学、社会学、行为心理学、哲学、现象学等范畴。

（5）从业人员必须综合利用各学科知识，考虑建筑物与其周围的地形、地貌、道路、种植等环境的关系，必须了解气候、土壤、植物、水体和建筑材料对创造一个自然和人工环境融合的景观的影响。

（6）其涉及领域是广泛的，但并不是万能的，从业人员只能从自己的专业角度对相关项目提出意见和建议。

正如西蒙兹所说：“景观设计师的终生目标和工作就是帮助人类，使人、建筑物、社区、城市以及他们的生活同生活的地球和谐共处。”

景观设计的专业内涵有三个层次的内容：

第一是景观形态。即景观的外在显现形式，是人们基于视觉感知景观的主要途径。景观的形态是由地形、植被、水体、人工构筑物等景观要素构成的。对景观形态的设计就是结合美学规律和审美需求，控制景观要素的外在形态，使之合乎人们的审美标准及行为需求，带给人精神上的愉悦。这是“科学与艺术原理”中的艺术原理。

第二是景观生态。景观是一个综合的生态系统，存在着各种的生态关系，是人们赖以生活的场所。景观的生态于人们的生活品质甚至环境安全都至关重要。因为“人和自然的关系问题不是一个为人类表演的舞台提供一个装饰性背景，或者改善一下肮脏的城市的问题，而是需要把自然作为生命的源泉、社会的环境、诲人的老师、神圣的场所来维护……”。景观学中景观生态层次就是科学综合地利用土地、水体、动植物、气候等自然资源，使环境整体协调，保持有序的生态平衡。这是“科学与艺术原理”中的科学原理。

第三是景观文化。景观和文化是密切相关的，这不仅包括景观中积淀的历史文化内涵、艺术审美倾向，还包括人的文化背景、行为心理带来的景观审美需求。基于视觉感知的景观形态绝不仅仅是简单的“看上去很美”，其景观的可行、可看、可居往往与各种文化背景有着广泛的联系。因此，景观要想真正成为人类憩居的理想场所，还必须在文化层面进行深入的思考。

二、景观设计与相关学科的关系

（一）涉及的相关学科

景观设计涉及的学科内容相当广泛，包括了建筑学，城市规划，环境学、地理学，生态学，工程学、社会学、行为心理学等不同学科领域，涵盖了城市建设过程的物质形态和精神文化领域。

具体来说，在景观设计过程中大致涉及以下相关学科和专业：

1. 基础学科

经济地理学、景观生态学、哲学、美学，艺术学、行为心理学，诗词风景文学等。

2. 技术基础学科

景观学、建筑学、城市规划学等。

3. 专业技术学科

城市设计、建筑设计、园林绿化种植及工程设计、环境设计（包括夜景、广告、街道家具、室外雕塑、壁画等）、城市道路工程、城市防灾、城市市政公用设施工程等。

凯文·林奇曾经说，你要成为一个真正合格的景观和城市的设计师，必须学完270门课，所以说这门学科综合了大量的自然和人文科学。

（二）景观设计学与城市规划、建筑学的关系

1. 三者的共同点主要体现在：

（1）目标是共同的，即以人为本，共同创造宜人的聚居环境（简称“人居环境”）。

（2）所谓“宜人”是指除物质环境的舒适外，还包含生态健全、回归自然。

（3）共同致力于土地利用，充分保护自然资源与文化资源。

（4）共同建立在科学与艺术创造的基础上。

（5）共同寄托在工程学的基础上。

从学术与理论发展来看，景观、建筑、城市规划学科都在拓展，三个学科在“拓展”的过程中，都有互相融合与变革的一面，但针对每一个专业领域的问题还要具体研究。

2. 景观学和建筑学、城市规划所涉及的内容、范围和尺度不同：

（1）建筑学研究的尺度比例为1∶1～1∶500的具体建筑设计内容。

（2）城市规划研究的尺度比例为1∶500～1∶10000修建性详细规划、控制性详细规划、总体规划、区域规划等内容。

（3）景观学研究的尺度比例为1∶1～1∶10000主要包括：

大尺度—流域、风景区规划。

中尺度—城市绿地系统、城市公共空间体系、大型城市公园规划设计。

小尺度—广场、街道、庭院、花园、小品设计。

景观学与建筑学、规划学虽技巧各有天地，但是景观规划所依靠的方法论和大部分相关知识与城市规划基本相通；同时景观设计所依靠的知识、专业技巧与建筑学基本是共通的；所不同的是，景观设计比建筑更多地使用植物材料和地貌等自然物来组织大小不同的空间结构。因此，景观、城市规划需要建筑学的根底，同时建筑学、城市规划也要求具备景观知识的修养，创造不同尺度的自然与人文景观。

景观设计的内容几乎涉及城市建设过程中的所有阶段，但在实际操作过程中的定位常常被弄错。以我国房地产开发建设为例：通常的程序是，城市规划一建筑设计一建筑、道路、市政设施施工一景观规划设计。其结果是，人与自然的关系在被破坏了以后，希望用景观设计（通常被理解为绿化和美化）来弥合这种关系，但这时场地原有的自然特征也许已经被破坏殆尽，场地整体空间格局已定，市政管线纵横交错，景观设计能做的好像也只有绿化和美化了。然而，景观设计是要贯穿于开发建设的始终，从场地选址、场地规划、场地设计到建筑设计等都要有景观设计思想的体现，才能发挥景观设计的最

大作用，取得最佳效益。

第二节　中外景观发展概况

在漫长的社会历史发展过程中，由于世界各地自然资源、社会形态、人文传统、审美意识等多方面的差异，景观也形成不同的类型与形式、风格与流派。从世界范围来看，主要分成两大体系—规整式园林和风景式园林。规整式园林包括以法国古典主义园林为代表的大部分西方园林，讲究规矩格律，对称均齐，具有明确的轴线和几何对位关系，甚至花草树木都加以修剪成型并纳入几何关系之中，着重显示园林总体的人工图案美，表现一种为人所控制的有秩序、理性的自然；风景式园林是以中国古典园林为代表的东方园林体系，其规则完全自由灵活而不拘一格，着重显示纯自然的天成之美，表现一种顺乎大自然景观构成规律的缩移和模拟。

一、中国古典园林的发展

中国古典园林相比同一阶段的其他园林体系而言，历史最久、持续时间最长、分布范围最广，作为风景式园林的渊源，以其丰富多彩的内容和高度的艺术境界在世界园林独树一帜。秦汉以来中国文化中的“天人合一”“君子比德”及神仙传说孕育了自然山水式园林的雏形；在魏晋、唐宋时期，山水风景园和山水诗、山水散文、山水画相互资借影响，交流融会，使造园艺术得到了源远流长的发展；至明清时代，中国古典园林在意境的丰富、手法的多样、理论的充实诸方面更是深入发展，形成博大精深的风景式园林体系。

（1）按照园林基址的选择和开发方式的不同，中国古典园林可分为人工山水园和天然山水园两大类型：

人工山水园，即在平地上开凿水体、堆筑假山，人为地创设山水地貌，配以花木栽植和建筑营造把天然山水风景缩移摹拟在一个小范围之内。人工山水园因造园所受的客观制约条件较少，景观设计的创造性得以极大限度的发挥，使造园手法和园林内涵丰富多彩。

天然山水园，一般建在城镇近郊或远郊的山野风景地带，包括山水园、山地园和水景园等，对于基址的原始地貌采用因地制宜的原则作适当的调整、改造、加工，再配以花木和建筑。园林设计关键在于基址的选择，即“相地合宜，构园得体”。

（2）按照园林的隶属关系加以划分，中国古典园林主要归纳为：皇家园林、私家园林、寺庙园林三大类型：

皇家园林属于皇帝个人和皇室所拥有，古籍称之为苑、苑圃、宫苑、御园等。皇帝利用其政治和经济上的特权，在模拟山水风景的基础设计上，尽量彰显皇家的气派，占据大片的地段营造园林以供一己享用，无论人工山水园还是天然山水园，规模之大远非其他类型园林所能比。其主要特点为：规模宏大、选址自由、建筑富丽、皇权象征寓意、吸取各园林精华。

私家园林属于民间的贵族、官僚、缙绅所私有，古籍中称之为园、园亭、园墅、池馆、山池、山庄、别业、草堂等。规模较小，一般只有几亩至十几亩，小者仅一亩半亩而已；大多以水面为中心，四周散布建筑，构成一个个景点或几个景点；以修身养性、闲适自娱为园林主要功能；园主多是文人学士出身，能诗会画，清高风雅，淡素脱俗。其主要特点为：规模较小、水面建设灵活、造园手法多样、意境深远。

寺庙园林即佛寺和道观的附属园林，狭者仅方丈之地，广者则泛指整个宗教圣地，其实际范围包括寺观周围的自然环境，是寺庙建筑、宗教景物、人工山水和天然山水的综合体。佛教和道教是盛行于中国的两大宗教，佛寺和道观的组织经过长期的发展而形成一整套的管理制度—丛林制度。一些著名的大型寺庙园林，往往历经成百上千年的持续开发，积淀着宗教史迹与名人历史故事，题刻下历代文化雅士的摩崖碑刻和楹联诗文，使寺庙园林蕴含着丰厚的历史和文化游赏价值。其主要特点为：公共性质明显、选址规模不限、园林寿命绵长、寓林于自然。

（一）中国古典园林发展的几个时期

中国古典园林的历史悠久，大约从公元前 11 世纪的奴隶社会末期始直到 19 世纪末封建社会解体为止，其演进的过程，相当于以汉民族为主体的封建大帝国从开始形成转化为全盛、成熟直到消亡的过程，其逐步完善的动力亦得益于王朝交替过程中经济、政治、意识三者间的自我调整而促成的物质文明和精神文明的进步。因而我们通常把中国古典园林的全部发展历史分为五个时期。

1. 生成期

中国园林的源头可以追溯到公元前殷商时期，根据《说文》记载：“园、树、果；圃，树菜也。”这里提到的“园和圃”只被用于农业生产，尚不能称之为真正的园林。随后的官宦贵族为了狩猎需要，圈地放养禽兽，称为“囿”。殷纣王的“沙丘苑台”成为目前史书记载最早的帝王园囿，已具备游玩、狩猎、栽植等多种功能，是中国最早的园林形式。随着功能需要的不断增加，模仿自然环境的池沼楼台相继出现，植物也开始有意识地被进行种植，中国传统园林的雏形基本形成。

因此，园林生成期逐渐形成了可视为中国古典园林原始雏形的三个要素：“园”“囿”“台”。最早见于文字记载的园林形式是“囿”，而园林里面主要的建筑物是台。中国古典园林的雏形产生于囿和台的结合。“文王之囿，方七十里，刍荛者往焉，雉兔者往焉，与民同之”，囿除了为王室提供祭祀、丧纪所用的牺牲、供应宫廷宴会的野味之外，还兼“游”的功能，即在囿里面进行游观活动。春秋战国时期，各诸侯国都竞建苑囿，如魏之温囿、鲁之郎囿、吴之长洲苑、赵之乐野苑等。“台”，即用土堆筑而形成的方形高台，其最初功能是登高以观天象、通神明。台还可以登高远眺，观赏风景。后来台的游观功能逐渐上升，成为一种宫廷建筑物，并结合于绿化种植而形成以它为中心的空间环境，又逐渐向园林雏形方向转化。园是种植树木的场地。园囿是中国古典园林除囿、台之外的第三个源头。这三个源头之中，囿和园囿属于生产基地的范畴，它们的运作具有经济方面的意义。因此，中国古典园林在其生产的初始便与生产、经济有着密切的关系，这个关系甚至贯穿于整个生成期的始终。

秦汉时期，中国园林形式得到迅速发展，这一时期的造园主流是皇家园林。秦统一中国后，在短短的十二年间建置的离宫约有五六百处之多，其中最著名的当属规模最大的上林苑。到西汉时，武帝刘彻再度扩建秦代上林苑，规模宏伟，宫室众多，建置了大量的宫、观、楼、台等建筑，并蓄养珍禽异兽供帝王行猎。可见汉上林苑的功能已由早先的狩猎、通神、求仙、生产为主，逐渐转化为后期的游憩、观赏为主。两汉时期，也出现了中国最早的私家园林，如西汉梁孝王刘武的兔园和袁广汉的私园，以及东汉梁冀洛阳的宅院，但私家园林在数量、艺术上还处于起步发展阶段。

2. 转折期—魏、晋、南北朝

魏、晋、南北朝是中国造园史上的重要转折期。在这段时间里，中国社会经历了一段混乱的时期。人们对现实生活的厌恶与逃避，使园林的经营完全转向于以满足人的本性的物质享受和精神享受为主，在民间，人们开始追求返璞归真的自然思想与田园生活。对自然美的发觉和追求，成了这个时期造园艺术发展的主要推动力，于是山水诗、山水画应运而生，使中国园林开始向模拟自然山水的方向发展，当时著名画家谢赫在《古画名录》中提出美术作品品评的六法，对园林设计的布局、构图、手法等都影响深远。

这一时期，官僚士大夫纷纷造园，门阀士族的名流、文人也非常重视园居生活，有权势的庄园，主亦竞相效仿，皇家园林较前期有所发展，私家园林更是应运而兴盛起来。如南朝都城建康，苑园尤盛，皇家园林以华林、乐游两地最为著名，由于受到当时崇尚自然美的思潮影响，帝王造园也倾向于以模仿自然为主，东晋简文帝入华林园，顾左右曰：“会心处不必在远，翳然林水，便自有濠濮间想也”（《世说新语》）。同时，随着土地大量集中，私家园林盛行，一时修建了许多山居别墅，且基本选择在依山傍水、景色优美的地方。大臣之园就多近秦淮、清溪二水。东晋纪瞻在乌衣巷建园，“馆宇崇丽，园池竹木，有足玩赏焉”（《晋书·纪瞻传》）。谢安“于土山营墅，楼馆林竹甚盛”（《晋书·谢安传》）。

东汉时期佛教传入中国，使寺院园林成为本时期一个重要的园林类型得以迅速发展。初期的寺院多来自达官贵人“多舍民宅，以施僧尼”，后寺院园林选址多为山幽水静之处，与自然融为一体，规模不断扩大。如佛教净土宗大师慧远在庐山北麓创建东林寺，面向香炉峰，前临虎溪，园林在自然中生长。

南北朝时期的园林形式由粗略的模仿自然转到用写实手法再现山水；园林植物由欣赏奇异花木转到种草栽树，追求野致；园林建筑发展结合山水布局，点缀成景。这一时期的园林是山水、植物与建筑互相结合组成的山水园，多向、普遍、小型、精致、高雅和人工山水写意化是本时期园林发展的主要趋势。

3. 全盛期—隋、唐

在魏、晋、南北朝园林基础上，隋、唐园林随着封建经济、政治和文化的进一步发展而臻于全盛的局面，各类型的园林蓬勃发展。隋唐时期皇家园林的风格与类型已经完全形成，形成了大内御苑、行宫御苑、离宫御苑三个类别及其类别特征。如隋炀帝在洛阳修建的西苑，规模之大，场景之豪华，“西苑周二百里，其内为海周十余里，为蓬莱、方丈、瀛洲诸山，高百余尺，台观殿阁”（魏征等，隋书）。可见，此时皇家园林独有的园林特征不仅表现为园林规模的宏大，而且受当时文化的影响，建筑艺术与造园手法大气而不失雅致。著名的皇家园林代表有建于长安近郊的华清宫，建筑依山就势，亭台楼榭层次丰富，形成优美的园林景观。

这个时期也是我国封建社会历史上的鼎盛时期，国富民强，推动了文化艺术创作的兴盛。山水画、山水诗文、山水园林这三个艺术门类已有互相渗透并促进私家园林的艺术性的升华。同时文人参与造园活动，把士流园林推向文人化的境地，又促成了文人园林的兴起。唐代已涌现一批文人造园家，把儒、道、佛禅的哲理融会于他们的造园思想之中，从而形成文人的园林观。如诗人王维的辋川别业，生动地描绘出山野、田园的自然风光。以诗入园、因画成景的做法唐代已见端倪。文人园林不仅是以“中隐”为代表的隐逸思想的物化，它所具有的清沁淡雅格调和较多的意境涵蕴，也体现在一部分私家园林之中，为宋代文人园林兴盛打下基础。与此同时，寺观园林进一步发展，城市寺观成为大众休闲的主要公共空间，发挥着城市公共园林的职能。

隋唐时期的园林创作技巧和手法的运用丰富发展，造园用石的美学价值得到了充分肯定，园林中的“置石”已经比较普遍。“假山”一词开始用作为园林筑山的称谓，筑山既有土山，也有石山（土石山），但以土山居多。两种筑山方式都能够在有限的空间内堆造出起伏延绵、模拟天然山脉的假山，既表现园林“有若自然”的氛围，又能以其造型而显示深远的空间层次。而此时园林的理水，更注重于引用沟渠的活水为贵。西京长安城内有好几条人工开凿的水渠，东都洛阳城内水道纵横，活水既可以为池、为潭，也能成瀑、成濑、成滩，回环萦流，足资曲水流觞，潺谖有声，显示水体的动态之美，极大地丰富了我国园林水景的创造。园林建筑从极华丽的殿堂楼阁到极朴素的茅舍草堂，它们的个体形象和群体布局均丰富多样而不拘一格，这从敦煌壁画和传世的唐画中也能略窥其一斑。

4. 成熟前期—两宋

从北宋到清雍正朝的七百多年间，中国古典园林持续发展而臻于完全成熟。两宋作为成熟时期的前半期，是中国古典园林发展中一个极其重要的承先启后阶段。

宋朝作为我国文化艺术发展的一个高潮期，其最大特点在于文人造园。文人园林作为一种风格几乎涵盖了私家造园活动，他们将诗歌与绘画中的意境用园林的筑山理水等手法表现得淋漓尽致，极大地推动了造园艺术的发展。使得园林呈现为“画化”的表述，景题、匾联的运用，又赋予园林以“诗化”的特征。它们不仅更具体形象地体现了园林的诗画情趣，同时也深化了园林意境的蕴涵。文人园林的兴盛，成为中国古典园林达到成熟境地的一个重要标志。

皇家园林较多地受到文人园林的影响，园林规划设计讲求精致细腻，但数量和建设规模并不逊于隋唐，卞京的帝苑多达九处，其中最著名的是宋徽宗所建的寿山艮岳，这是一座因风水之说而建立在皇城东北角的园林，耗费大量人力物力，从江南收罗异石运至都城为造园之用，在城市造园，属于城市园林。此时，还出现了结合城市近郊风景建设的自然风景园，以杭州西湖为代表。公共园林虽不是造园活动的主流，但较之以前更为活跃普遍。

这一时期园林特征表现为各造园要素都趋于成熟。园林建筑的全部形式已基本呈现，尤其是建筑小品、建筑细部、室内家具陈设之精美，较之唐代又更胜一筹，这在宋人的诗词及绘画中屡屡见到。叠石、置石均显示其高超技艺，理水已能够缩移摹拟大自然界全部的水体形象与石山、土石山、土山的经营相配合而构成园林的地貌骨架。苏轼嗜石，家中以雪浪、仇池二石最为著名，米芾对奇石所定的“瘦、透、皱、漏”四字品评标准，沿用至今。观赏植物由于园艺技术发达而具有丰富的品种，为成林、丛植、片植、孤植的植物造景提供了多样选择余地。文人画写意的创作方法真正普遍地介入造园艺术，所以说，“写意山水园”的塑造到宋代才得以最终完成。

5. 成熟后期—元、明、清

元、明、清是中国古典园林发展的鼎盛时期，这一时期的园林建设主要表现在两个方面：一是以北京为主的皇家园林；二是以江南为主的私家园林。其他如山岳风景区、名胜风景区、城郊风景点等也有较大发展。到正德、嘉靖两朝，奢靡之风大盛，各地亭园华美的现象比比皆是。入清以后，自从康熙平定国内反抗，政局较为稳定之后开始建造离宫苑囿，从北京香山行宫、静明园、畅春园、清漪园（颐和园）到承德避暑山庄，工程迭起。

明清时候的皇家园林其规模与气势更胜从前，往往可居可游，一般与离宫结合在一起。如京城近郊的颐和园，不仅可在里面居住游玩，还将商街店面设于其中，且园中有园，其规模与奢华可见一斑。另一著名的皇家园林当属圆明园，此园在康熙时开始修建，历经百余年建设而成，与法国的凡尔赛宫合称世界园林史上的两大奇迹。

与此同时，私家园林也处在一个高度繁荣的建设时期，以江南为胜。江南在明清一直是重要的经济发展中心，文人雅士和富商贵族们大量修建私属园林。乾隆六下江南，各地官员、富豪大事兴建行宫和园林，以冀邀宠于一时，使运河沿线和江南有关城市掀起一阵造园热潮，其中最典型的当推盐商们的造园热。当时扬州城内有园数十，瘦西湖两岸十里楼台一路相接形成了沿水上游线连续展开的园林带。江南名园如拙政园、寄畅园、留园、网师园、瞻园等。私家园林不像北方皇家园林那样讲求宏大和奢华的场面与布局，而是小巧雅致、意趣横生，空间层次丰富多变，水面处理灵活，建筑形式多样化，特别是对借景、对景等设计手法运用颇多，追求“虽由人作，宛自天开”的意境。清时期园林的兴盛造就了一批从事造园活动的专家，如计成、周秉臣、张涟、叶洮、李渔、戈裕良等，其中计成著有《园冶》一书，是我国古代最系统的园林艺术论著，是江南民间造园艺术成就达到高峰境地的重要标志。

清末民初，封建社会完全解体，历史急剧变化，西方文化大量涌入，中国园林的发展亦相应地产生了根本性的变化，结束了它的古典时期，皇家园林与私家园林的建设衰退，开始进入近现代园林的发展阶段。由于受西方思潮的影响，建筑出现西方的折中主义样式，欧洲式的公园被引入中国，1906 年，无锡、金匮建造“锡金花园”，成为我国自己建设的最早的公园。辛亥革命前后，在广东、汉口、成都等地相继出现一些公园。

新中国成立后，政府开始在城市街头、城郊等公共场地建设园林绿地，供市民共同使用。20 世纪 80 年代以来，随着改革开放及中国经济的迅速发展，各类型的园林建设活动开始大量开展，且以吸收西方现代园林设计思潮与手法为主。

（二）中国古典园林的基本特征

天人合一、君子比德、神仙思想是影响中国古典园林向着风景式方向发展的本质意识形态因素。“天人合一”包含两层意义：一是人是天地生成的，人的生活服从自然界的普遍规律；二是人生的理想和社会的运作应该和大自然谐调，保持两者的亲和关系。“君子比德”是从功利、伦理的角度来认识大自然，将大自然的某些外在形态、属性与人的内在品德联系起来，典型的如“智者乐水，仁者乐山。智者动，仁者静”，这种“人化自然”哲理必然会导致人们对山水的尊重。“神仙思想”产生于周末，盛行于秦汉，其中以东海仙山和昆仑山最为神奇，流传也最广，成为我国两大神话系统的渊源。这三个重要意识形态因素的哲理主导，使中国古典园林从雏形开始就不同于欧洲规整式园林的“理性自然”和“有秩序的自然”。

1. 本于自然，高于自然

自然风景以山、水为地貌基础，以植被做装点。山、水、植物是构成自然风景的基本要素，当然也是风景式园林的构成要素。但中国古典园林不是一般地利用或简单地模仿自然，而是有意识地加以改造、调整、加工、剪裁，正如“一拳则太华千寻，一勺则江湖万顷”，从而表现一个精练概括的、典型化的自然，既本于自然又高于自然的园林空间。

2. 建筑美与自然美的融揉

中国古典园林中的建筑，无论其性质、功能如何，都力求将其与山、水、花木等其他造园要素有机地组织在一起，突出彼此谐调、互相补充的一面，从而在园林总体上使得建筑美和自然美融合起来，达到人工与自然的高度和谐。

3. 诗画的情趣

园林是综合性的艺术，中国古典园林的创作能充分地把握这一特性运用各个艺术门类，将诗词歌赋、绘画书法等艺术熔铸于园林，使得园林从总体到局部都包含着浓郁的诗画情趣，即通常所谓的诗情画意。

4. 意境的蕴涵

意境是中国艺术创作和鉴赏方面的一个极重要的美学范畴。简单说来，意即主观的理念、感情，境即客观的生活、景物。意境产生于艺术创作中。此两者的结合，即创作者把自己的感情、理念熔铸于客观生活、景物之中，从而引发鉴赏者类似的情感激动和理念联想。中国古典园林中意境的体现可通过浓缩自然山水创设“意境图”、预设意境的主题和语言文字等方式来体现。

二、外国园林的发展

世界上最早的园林可以追溯到公元前 16 世纪的埃及，从古代墓画中可以看到祭司大臣的宅园采取方直的规划、规则的水槽和整齐的栽植。一般习惯于将古希腊、罗马为代表的欧洲建筑体系视为西方建筑，将以法国、英国、意大利等为代表的规则式园林称为西方园林。

（一）古代园林设计

埃及气候干旱，处于沙漠地区的人们尤其重视水和绿荫。从古王国开始就有了种植果木和蔬菜的园子，称为果园，分布在尼罗河谷地，公元前 3500 年就出现有实用意义的树木园、葡萄园、蔬菜园。与此同时，出现了供奉太阳神庙和崇拜祖先的金字塔陵园，成为古埃及园林形成的标志。古埃及园林可划分为宫苑园林、圣苑园林、陵寝园林和贵族花园四种类型。一般庭园成矩形，绕以高垣，园内以墙体分隔空间，或以棚架绿廊分隔成若干小空间，互有渗透与联系。

古巴比伦园林包括亚述及迦勒底王国在美索不达米亚地区建造的园林，其主要类型有猎苑、宫苑、圣苑三种。公元前 7 世纪的“悬园”是历史上第一名园，也被称为“空中花园”，被列为世界七大奇迹之一。它由多层重叠的花园组成，顶上有殿宇、树丛和花园，山边层层种植花草树木，并将水引上山作成人工溪流和瀑布，远观有将庭园置于空中之感。另一重要的园林形式则是波斯庭园，由于气候干燥，庭园布局由十字交叉的水池构成，发展成为伊斯兰园林的传统。

古希腊是欧洲文明的摇篮，以苏格拉底、柏拉图、亚里士多德为杰出代表的古希腊哲学、美学、数理学研究，对整个欧洲园林产生了重大影响。数学和几何学的发展使西方园林朝着有秩序的、有规律的、协调均匀的方向发展。园林类型多样，主要可划分为庭院园林、圣林、公共园林和学术园林四种类型，成为后世欧洲园林的雏形。园林被看作是建筑整体的一部分，因为建筑是几何形空间，园林空间布局也采用规则形式以求得与建筑的协调，体现均衡、稳定的秩序美。

古罗马境内多丘陵山地，在延续古希腊园林文化的基础上发展出极具特色的庄园，在园林类型上分为宫苑园林、别墅庄园园林、中庭式（柱廊式）园林和公共园林四大类型。园林布局结合山地地形多为台地状，这为后来文艺复兴时期著名的意大利台地园提供了基础。在植物种植形式上，罗马人比较重视多用低矮植物修剪成各种几何形式、文字和动物的象征图案，称为绿色雕塑或植物雕塑，形成早期规则式园林的基础。

古代园林涵盖范围宽广，对后来西方各类型园林的形成提供了基础，成为西方规则式园林的源头，且不同国家、地区的园林特性，也决定了西方园林未来以几种不同风格的园林闻名于世。

（二）中世纪欧洲的庭院

中世纪社会动荡，大多延续古希腊、古罗马的光辉。在中世纪西欧的造园中，可以分为两个阶段，一是以意大利为中心发展的寺院庭园时期；二是城堡庭园时期。而庭园的形式通常有两种：一种是装饰性庭院—回廊式中庭。寺院园林多是由建筑围绕形成中庭，柱廊形成建筑的边界，中庭的中心位置一般设有水池、喷泉等，形成视觉中心。周围四块草地，种植以花卉、果树装饰，作为修道士休息、社交的场所。另一种是为了栽培果树、蔬菜或药草的实用性庭院，大都布局简单。中世纪前期西欧的造园是以意大利为中心的修道庭院，后期是以法国和英国为中心的城堡式庭院。

（三）文艺复兴时期意大利造园

意大利位于欧洲南部亚平宁半岛上，境内多山地和丘陵，独特的地形和气候条件是意大利台地园林形成的重要自然因素。由于文艺复兴不同时期的发展，可将园林形式分为美第奇式园林、台地园林和巴洛克式园林三种。

文艺复兴初期多为美第奇式园林，重视园林选址，要求符合远眺、俯瞰等借景条件。园地依山就势形成多个台层，且各台层相对独立，整体布局自由，没有明确的中轴线。建筑往往位于最高层以借景园内外，建筑风格尚保留一些中世纪痕迹。喷泉水池可作为局部中心，并与雕塑结合。水池造型比较简洁，理水技巧大方。绿丛植坛图案简单，多设在下层台地。

文艺复兴中期流行台地园林。整体布局同样依山势形成多个台层，但布局严谨，有明确的中轴线贯穿全园，联系各个台层，使之成为统一的整体，庭院轴线有时分主次轴，甚至不同轴线成垂直、平行或放射状。中轴线以上多以水池、摘泉、雕塑以及造型各异的台阶、坡道等加强透视效果，景物对称布置在中轴线两侧。庭院作为建筑室内向室外的延续，强调室内外空间效果的统一性。

文艺复兴后期主要流行巴洛克式园林。受巴洛克建筑风格的影响，园林中增加多数装饰小品。园内建筑体量较大，占有明显的控制全园的地位。园中的林荫道综合交错，甚至用三叉式林荫道布置方式。植物修剪技术空前发达，绿色雕塑图案和绿丛植坛的花纹也日益复杂精细。

（四）法国古典主义园林

17 世纪的法国继承和发展了意大利造园艺术，上布阿依索的《论造园艺术》成为西方最早的园林专著，直到出现勒诺特式园林将法国的古典园林艺术推向一个高潮。

安德烈·勒诺特（1613～1700）生于巴黎，出身园艺师家庭，学过绘画、建筑，曾到意大利游学，深受文艺复兴影响。回国后从事造园设计，博得“王之园师”的美称，提出“强迫自然接受匀称的法则”。勒诺特的设计具有统一的风格和共同的构图原则，根据法国地势平坦的地理特点与生活风尚，设计大面积草坪、花坛、河渠，将高瞻远景变为前景的平眺。由于他既继承了法兰西园林民族形式的传统，又结合其他艺术手法与自然条件而创作出新的园林形式，通常把这个时期法国的园林形式称为勒诺特式，并流行于整个法国乃至全欧洲。

法国古典主义园林最主要的代表：孚一勒维贡府邸花园和凡尔赛宫苑都是勒诺特的作品。尤其是凡尔赛，整个宫苑全面积是当时巴黎市区的1/4，总体布局采用明显的中轴线，以广大的空间适应盛大集会和游乐，以壮丽华美满足君主穷奢极欲的生活要求。宫殿放在城市和林莽之间，前面通过干道伸向城市，后面穿过花园伸进林莽，这条轴线就是整个构图的中枢。在中轴线上是一条纵向1560米长，横向长1013米，宽120米的十字形大运河，这条运河原来是低洼沼泽区，在具有泄水蓄水功能的同时，又以反光和倒影使宫苑显得更加宏伟宽阔。宫的南北两个侧翼，各有一大片图案式花坛群，在南面的称南坛园，台下有柑橘园、树木园，在北面的称北坛园，有花坛群、大型绿丛植坛的布置和理水设计。

法国古典主义园林，体现“伟大风格”，追求宏大壮丽的气派，体现皇权至上的思想。常用轴线放射状布局，有序布置宫殿等建筑物，水景和植物为主要造园元素。水景设计开阔平静，巧妙运用水池和河渠的方式，这种大片的静水使法国古典主义园林更加典雅。植物常用规整绿篱构筑花坛，巧妙地、大胆地组织植物题材构成风景线，并创造各个风景线上的不同视景焦点，或喷泉、或水池、或雕像互相都可眺望，这样连续地四面八方展望，视景一个接着一个，好似扩展、延伸到无穷无尽。勒诺特园林形式的产生，揭开了西方园林发展史上的新纪元。

（五）英国自然风景园林

英国是大西洋中的岛国，属海洋性气候，这为植物生长提供了良好的自然条件，并且英国是以畜牧业为主的国家，草原面积占国土的70%，森林占10%，这种自然景观为英国自然园林风格的形成奠定了天然的环境条件。再加上18世纪英国田园文学的兴起和自然风景画派的出现，在中国园林“虽由人作，宛自天开”的思想影响下，自然风景园林也更深入人心。英国申斯通的《造园艺术断想》，首次使用了风景造园学一词，风景式园林的产生，对欧洲园林艺术是一场深刻的革命。从18世纪初到19世纪的百年间，自然风景园林成为造园新时尚，园林专家辈出。威廉·肯特（1686～1748）是英国风景园林的奠基人之一。他的学生，朗斯洛特·布朗（1715～1783）继肯特之后成为英国园林界泰斗，他设计的园林遍布全英国，被誉为“大地的改造者”。胡弗莱·雷普顿（1752～1818）是18世纪后期最著名的风景园林大师，主张风景园林要由画家和造园家共同完成，给自然风景园林增添了艺术魅力。威廉·钱伯斯更极力传播中国园林艺术风格，为自然风景园林平添高雅情趣和意境。

英国自然风景园林可以划分为宫苑园林、别墅园林、府邸花园三种类型。自然风景园林追求广阔的自然风景构图，注重从自然要素直接产生的情感，模仿自然、表现自然、回归自然。成熟期的英国园林排除直线条道路、几何形水体和花坛，中轴对称布局和等距离的植物种植形式。尽量避免人工雕琢痕迹，以自由流畅的湖岸线、动静结合的水面、缓缓起伏的草地上高大稀疏的乔木或丛植的灌木取胜。在园林理水方面摒弃了规则式园林几何形水池、喷泉，利用自然湖泊或设置人工湖，湖中有岛，并有堤桥连接，湖面辽阔，有曲折的湖岸线，近处草地平缓，远方丘陵起伏，森林茂密。著名的邱园，是英国自然风景园林的代表作品。邱园以邱宫为中心，在其周围建园，形成了多个中心，其主要内容是植物园，具有中国风格的园林建筑如亭桥塔假山岩洞等为邱园增添风采。

英国风景式园林以其返本复出的自然主义和天然纯朴自由的风格冲破了长期统治欧洲的规则式园林教条的束缚，极大地推动了当时欧洲各国园林风格的变迁，对近代欧洲乃至世界各国园林的发展产生了深远的影响。

（六）伊斯兰园林

伊斯兰园林始自波斯，公元前5世纪的波斯“天堂园”，四面有墙，墙的作用是和外面隔绝，便于把天然与人为的界限划清。从8世纪被伊斯兰教徒征服后，波斯庭院开始把平面布置成方形“田”字。用纵横轴线分作四区，十字林荫路交叉处设中心水池，以象征天堂。在西亚高原冬冷夏热、大部分地区干燥少雨的情况下，水是庭院的生命，更是伊斯兰教造园的灵魂。

公元14世纪前后兴造的阿尔罕布拉宫，是伊斯兰园林的典型代表作品。由大小六个庭院和七个厅堂组成，以1377年所造的“狮庭”最为精美。庭中植有橘树，用十字形水渠象征天堂，中心喷泉的下面由十二石狮圈成一周，作为底座。各庭之间以洞门联系互通，隔以漏窗，可由一院窥见邻院。建筑物色彩丰富，装饰以抹灰刻花做底，染成红蓝金墨，间以砖石贴面，夹配瓷砖，嵌装饰阿拉伯文字。

伊斯兰园林对印度河流域的造园也影响颇深。构成古印度庭园的主要元素是水和凉亭，由于地处热带气候区，庭园植物以绿荫树为主，而不用花草造园。在历代国王中以沙•贾汉时代的伊斯兰庭院最为发达，泰姬陵就是这一时期的印度伊斯兰式建筑和庭院的代表。它是一座优美而平坦的庭园，该园的特征就是它的主要建筑物均不位于庭园中心，而是偏于一侧，即在通向巨大的圆拱形天井大门之处，以方形池泉为中心，开辟了与水渠垂直相交的大庭园，迎面而立的大理石陵墓的动人的形体倒映在一池碧水之中。庭园也以建筑轴线为中心，取左右均衡的极其单纯的布局方式，用十字形水渠造成四个分园，在它的中心处筑造了一个高于地面的白色大理石的美丽喷水池。

（七）日本园林

日本园林深受中国文化的影响，尤其是在唐宋山水园和禅宗思想由中国传入日本以后发展很快，并且结合日本国土的地理条件和风俗特点，形成了具有独特风格的日本园林形式。日本庭园以少胜多、小中见大的园林特点尤胜于其他风格的园林形式，善于利用每一平方米的空间，给人创造出一种悦目爽神而又充满诗情画意的境界。

日本民族所特有的山水庭的主题是在小块庭地上表现一幅自然风景的全景图。这是结合自然地形地貌组织园林景观，并将外界的风景引入园林里来，是自然风景模型的缩小，是完全忠实于自然的/是自然主义的写实，但又富有诗意和哲学的意味，是象征主义的写意。

日本庭园形式大致可分为下列几种：

1. 筑山庭

又称山水庭或筑山泉水庭，主要有山和池，即利用地势高差或以人工筑山引入水流，加工成逼真的山水风景。另一种抽象的形式，称作枯山庭。在狭小的庭园内，将大山大水凝缩，用白砂表现海洋、瀑布或溪流，是内涵抽象美的表现。

2. 平庭

即在平坦地上筑园，主要是再现某种原野的风致。其中可分许多种：芝庭—以草皮为主；台庭—以青苔为主；水庭—以池泉为主；石庭—以砂为主；砂庭—不同于石庭，有时伴以苔、水、石作庭；林木庭—根据庭园的不同要求配置各种树木。

3.茶庭

附随茶室的庭园，是表现茶道精神的场所。庭院四周用竹篱围起来，有庭门和小径，通到茶室，以飞石、洗手钵为观赏的主要部分，设置石灯笼，以浓荫树作背景，主要表现自然的片断和茶道的精神。

三、现代园林的产生与特征

（一）西方现代园林的产生

18世纪末开始的英国工业革命导致环境恶化，政府划出大量土地用于建设公园和新居住区环境。随着工业城市的出现和现代民主社会的形成，英国的皇家园林开始对公众开放。随即法国、德国等国家争相效仿，开始建造一些为城市自身以及城市居民服务的开放型园林。传统园林的使用对象和使用方式发生了根本性变化，开始向现代景观空间转化。

19世纪中叶，美国也出现了大量的城市公园。1854年，继承唐宁思想的奥姆斯特傳在纽约修建了360hm²的中央公园，传播了城市公园的思想，影响深远。城市公园的产生是对城市卫生及城市发展问题的反映，是提高城市生活质量的重要举措之一。城市公园成为真正意义上的大众园林，它通常用地规模较大，环境条件复杂，要求在设计时综合考虑使用功能、大众行为、环境、技术手段等要素，有别于传统园林的设计理论与方法。可以说，19世纪欧美的城市公园运动拉开了西方现代园林发展的序幕。城市公园运动尽管使园林在内容上与以往的传统园林有所变化，但在形式上并没有创造出一种新的风格。真正使西方现代园林形成一种有别于传统园林风格的是20世纪初西方的工艺美术运动和新艺术运动而引发的现代主义浪潮，正是由于一大批富有进取心的艺术家们掀起的一个又一个的运动，才创造出具有时代精神的新的艺术形式，从而带动了园林风格的变化。

19世纪中期，在英国以拉斯金和莫里斯为首的一批社会活动家和艺术家发起的“工艺美术运动”是由于厌恶矫饰的风格、恐惧工业化的大生产而产生的，因此在设计上反对华而不实的维多利亚风格，提倡简单、朴实、具有良好功能的设计，在装饰上推崇自然主义和东方艺术。

在工艺美术运动的影响下，欧洲大陆又掀起了一次规模更大、影响更加广泛的艺术运动靳艺术运动。新艺术运动是19世纪末20世纪初在欧洲发生的一次大众化的艺术实践活动，它反对传统的模式，在设计中强调装饰效果，希望通过装饰的手段来创造出一种新的设计风格，主要表现在追求自然曲线形和直线几何形两种形式。新艺术运动中的园林以庭园为主，对后来的园林产生了广泛的影响，它是现代主义之前有益的探索和准备，同时预示着现代主义时代的到来。

现代主义受到现代艺术的影响甚深，现代艺术的开端是马蒂斯开创的野兽派。它追求更加主观和强烈的艺术表现，对西方现代艺术的发展产生了重要的影响。20世纪初，受到当时几种不同的现代艺术思想的启示，在设计界形成了新的设计美学观，它提倡线条的简洁、几何形体的变化与明亮的色彩。现代主义对园林的贡献是巨大的，它使得现代园林真正走出了传统的天地，形成了自由的平面与空间布局、简洁明快的风格和丰富的设计手法。

（二）西方现代园林的代表人物及其理论

西方现代园林设计从20世纪早期萌芽到当代的成熟，逐渐形成了功能、空间组织及形式创新为一体的现代设计风格。

现代园林设计一方面追求良好的使用功能，另一方面注重设计手法的丰富性和平面布置与空间组织的合理性。特别是在形式创造方面，当代各种主义与思想、代表人物纷纷涌现，现代园林设计呈现出自由性与多元化特征。

1.唐纳德（1910～1979，英国）

唐纳德是英国著名的景观设计师，他于1938年完成的《现代景观中的园林》一书，探讨在现代环境下设计园林的方法，从理论上填补了这一历史空白。在书中他提出了现代园林设计的三个方面，即功能的、移情的和艺术的。

唐纳德的功能主义思想是从建筑师卢斯和柯布西耶的著作中吸取精髓，认为功能是现代主义景观最基本的考虑。移情方面来源于唐纳德对于日本园林的理解，他提倡尝试日本园林中石组布置的均衡构图的手段，以及从没有情感的事物中感受园林精神所在的设计手法。在艺术方面，他提倡在园林设计中，处理形态、平面、色彩、材料等方面运用现代艺术的手段。

1935年，唐纳德为建筑师谢梅耶夫设计了名为“本特利树林”的住宅花园，完美地体现了他提出的设计理论。

2.托马斯·丘奇（1902～1998，美国）

托马斯·丘奇是20世纪美国现代景观设计的奠基人之一，是20世纪少数几个能从古典主义和新古典主义的设计完全转向现代园林的形式和空间的设计者之一。20世纪40年代，在美国西海岸，私人花园盛行，这种户外生活的新方式，被称之为“加洲花园”，是一个艺术的、功能的和社会的构成，具有本土性、时代性和人性化的特征。它使美国花园的历史从对欧洲风格的复制和抄袭转变为对美国社会、文化和地理的多样性的开拓，这种风格的开创者就是托马斯·丘奇。“加洲花园”的设计风格，平息了规则式和自然式的斗争，创造了与功能相适应的形式，使建筑和自然环境之间有了一种新的衔接方式。丘奇最著名的作品是1948年的唐纳花园。

3.劳伦斯·哈普林（1916～，美国）

劳伦斯·哈普林是新一代优秀的景观规划设计师，是第二次世界大战后美国景观规划设计最重要的理论家之一，他视野广阔，视角独特，感觉敏锐，从音乐、舞蹈、建筑学及心理学、人类学等学科吸取了大量知识。这也是他具有创造性、前瞻性和与众不同的理论系统的原因。哈普林最重要的作品是1960年为波特兰大市设计的一组广场和绿地。3个广场由爱悦广场、柏蒂格罗夫公园、演讲堂前庭广场（Auditoriun Fore-court现称为Ira c keller Fountain）组成，它由一系列改建成的人行林荫道连接在这个设计中，充分体现了他对自然的独特的理解。他依据对自然的体验来进行设计，将人工化了的自然要素插入环境，无论从实践还是理论上来说，劳伦斯·哈普林在20世纪美国的景观规划设计行业中，都占有重要的地位。

4.布雷·马克斯（1909～1994，巴西）

布雷·马克斯是20世纪最杰出的造园家之一。布雷·马克斯将景观视为艺术，将现代艺术在景观中的运用发挥得淋漓尽致。他的形式语言大多来自米罗和阿普的超现实主义，同时也受到立体主义的影响，在巴西的建筑、规划、景观规划设计领域展开了_

系列开拓性的探索。他创造了适合巴西的气候特点和植物材料的风格。他的设计语言如曲线花床，马赛克地面被广为传播，在全世界都有着重要的影响。

四、景观设计的多样化发展趋势

从20世纪20年代至60年代起，西方现代园林设计经历了从产生、发展到壮大的过程，70年代以后园林设计受各种社会的、文化的、艺术的和科学的思想影响，呈现出多样的发展。

（一）生态主义与现代园林

1969年，美国宾夕法尼亚大学为园林教授麦克哈格（1920～2001）出版了《设计结合自然》一书，提出了综合性生态规划思想，在设计和规划行业中产生了巨大反响。20世纪70年代以后，受生态和环境保护主义思想的影响，更多的园林设计师在设计中遵循生态的原则，生态主义成为当代园林设计中一个普遍的原则。

（二）大地艺术与现代园林

20世纪60年代，艺术界出现了新的思想，一部分富有探索精神的园林设计师不满足于现状，他们在园林设计中进行大胆的艺术尝试与创新，开拓了大地艺术这一新的艺术领域。这些艺术家摒弃传统观念，在旷野、荒漠中用自然材料直接作为艺术表现的手段，在形式上用简洁的几何形体，创作出这种巨大的超人尺度的艺术作品。大地艺术的思想对园林设计有着深远的影响，众多园林设计师借鉴大地艺术的手法，巧妙地利用各种材料与自然变化融合在一起，创造出丰富的景观空间，使得园林设计的思想和手段更加丰富。

（三）“后现代主义”与现代园林

进入20世纪80年代以来，人们对现代主义逐渐感到厌倦，于是“后现代主义”这一思想应运而生。与现代主义相比，后现代主义是现代主义的继续与超越，后现代的设计是多元化的设计。历史主义、复古主义、折中主义、文脉主义、隐喻与象征、非联系有序系统层、讽刺、诙谐都成了园林设计师可以接受的思想。1992年建成的巴黎雪铁龙公园带有明显的后现代主义的特征。

（四）“解构主义”与现代园林

“解构主义”最早是法国哲学家德世达提出的。在20世纪80年代成为西方建筑界的热门话题。“解构主义”可以说是一种设计中的哲学思想，它采用歪曲、错位变形的手法，反对设计中的统一与和谐，反对形式、功能、结构、经济彼此之间的有机联系，产生一种特殊的不安感。解构主义的风格并没有形成主流，被列为解构主义的景观作吊也极少，但它丰富了景观设计的表现力，巴黎为纪念法国大革命200周年建设的九大工程之一的拉•维莱特公园是解构主义景观设计的典型实例，它是由建筑师屈米（1944～）设计的。

（五）“极简主义”与现代园林

极简主义产生于20世纪60年代，它追求抽象、简化、几何秩序，以极为单一简洁的几何形体或数个单一形体的连续重复构成作品。极简主义对于当代建筑和园林景观设计都产生相当大的影响，不少设计师在园林设计中从形式上追求极度简化，用较少的形状、物体和材料控制大尺度的空间，或是运用单纯的几何形体构成景观要素和单元，形成简洁有序的现代景观。具有明显的极简主义特征的是美国景观设计师彼得•沃克的作品。

西方现代园林从产生、发展到壮大的过程都与社会、艺术和建筑紧密相连。各种风格和流派层出不穷，但是发展的主流始终没有改变，现代园林设计仍在被丰富，与传统进行交融，和谐完美是园林设计者们追求的共同目标。

第三节　景观设计原理

一、景观设计空间原理

空间序列组织是关系到景观整体结构和布局的全局性问题。良好的景观空间环境涉及空间尺度、空间围合以及与自然的有机联系等。空间往往通过形状、色彩、光影来反映空间形态，最终表达空间的比例尺度、阴影轮廓、差异对比、协调统一、韵律结构等，空间的存在也是为了满足功能和视觉需求的。

（一）空间要素

景观空间形态与周围建筑的体形组合、立面所限定的建筑环境、街道与建筑的关系、场地的几何形式与尺度、场地的围合程度与方式、主体建筑物与场地的关系，以及主体标志物与场地的关系、场地的功能等有着密切的关系。

景观的空间要素主要分为基面要素、竖直要素，设施要素三大方面：

（1）基面要素是指参与构成环境底界面要素，包括城市道路、步行道、广场、停车场、绿地、水池塘等。

（2）竖直要素是指构成空间围合的要素，如建筑物、连廊、围墙，成行的树木、绿篱、水幕等。

（3）设施要素是指景观环境中具有各种不同功能的景观设施小品如提供休息、娱乐的座椅、花架，提供信息的标志牌、方向标；此外还有提供通信、照明、管理等服务的各类设施小品。

（二）空间尺度

1.规划设计尺度

从规划设计的角度，景观设计分为6个尺度，即：区域尺度（100km×100km）、社区尺度（10km×10km）、邻以尺度（1000m×1000m）、场所尺度（100m×100m）、空间尺度（10m×10m）、细部尺度（1m×1m）（《景观设计师便携手册》）。无论项目类型如何，景观设计师都必须具备对所有尺度产生影响的生态、文化和经济过程的基本知识。

2.社会距离

（1）亲密距离：0～0.45m，是指父母和儿女、恋人之间的距离，是表达爱抚、体贴、安慰、舒适等强烈感情的距离。

（2）个体距离：0.45～1.3m，是亲朋好友之间进行各种活动的距离，非常亲近，但又保留个人空间。

（3）社交距离：1.3～3.75m，是同事之间、一般朋友之间、上下级之间进行日常交流的距离。

（4）公共距离：3.75m以上的距离，适合于演讲、集会、讲课等活动，或彼此毫不相干的人之间的距离。

3.人体尺度

人体本身的尺度和活动受限于一定的范围。美国有关机构对人的活动空间做过调查，步行是参与景观的重要方式，步行距离根据目的、天气状况、文化差异而定，大多数人能接受的步行距离是不超多500m。人在活动时，对面前的突间有，个舒适的尺度要求。根据不同活动人与人之间的空间距离要求是：公共集会—1.8m，购物—2.7～3.6m，正常步行—4.5～5.4m，愉快地漫步—10.5m以上。

人的视觉尺度也是景观设计重要的参考因素：人类天生的视力状况是：3～6m是能看清表情、可以进行交谈的距离，12m是可以看清面部表情的最大距离，24m是可以看清人脸的最大距离，135m是可以看清一个人动作的最大距离，1200m是可以看清人轮廓的最大距离。

（三）空间围合

我们以空间的高宽比来描述围合空间程度，一般从1∶1～1∶4，不同比例下会产生不同的视觉效果。其实，景观空间的围合程度反映了从景观空间的中心欣赏周围边界及其建筑的感受程度。空间感、领域感的形成，是精心组织空间和周围环境边界的结果。空间围合有很多种方式。

不同高度的景墙对空间、视线与功能会有不同的作用。在对空间的需求中，人们的生理实用性较容易得到满足。

（四）空间序列

任何艺术形式都具有其特有的序列，如文学、音乐、戏剧等。例如，音乐形象是在声音系列运动中呈现出来的，用有组织的音乐形象来表达人的情感，通过对声音的有目的的选择和组织，以及对节奏、速度、力度等因素的控制，组成曲式，构成创造音乐形象的物质材料。

景观空间通过其特有的艺术语言：空间组合、体形、比例、尺度、质感、色调、韵律以及某些象征手法等，构成丰富复杂如乐曲般的体系，体现一种造型的美，形成艺术形象，制造一定的意境，引起人们的联想与共鸣。文学和音乐的序列都可以成为景观空间序列的借鉴。景观空间序列由入口空间、主题空间（系列主题）和呼应空间组成。

三、景观设计视觉原理

视觉是人类对外界最重要的感知方式，通过视觉获得外界信息，一般认为对于正常人75%～80%的信息是通过视觉获得的，同时90%的行为是由视觉引起的，可见在对景观的认识过程中，视觉比听觉、嗅觉、触觉等发挥着更大的作用。

（一）视距

景观效应的产生取决于观察者和对象之间的距离。杨·盖尔在《交往与空间》中提到社会性视距（0～1000m），他提出：在500～1000m的距离内，人们根据背景、光照、移动可以识别人群；在100m可以分辨出具体的个人；在70～100m可以确认一个人的年龄、性别和大概的行为动作；在30m能看清面部特征、年龄和发型；在20～25m大多数人能看清人的表情和心绪，在这种情况下，才会使人产生兴趣，才会有社会交流的实现。因此，20～25m是场所设计的重要尺度。

（二）视野

有良好的视野，同时保证视线不受干扰，才能完整而清晰地看到“景观”。视野是脑袋和眼睛固定时，人眼能观察到的范围。观赏景观时，眼睛在水平方向上能观察到120°的范围，清晰范围大约45°；在垂直方向能观察到130°的范围，清晰范围也是

45°，中心点1.5°范围最为清晰。

在景观环境的整体设计中，应主次有别，主要的空间亦可以看见其他为人们的参观、交往提供场所的小环境，同时，为人的活动与行为给予引导。

视角作为被观赏对象的高度与视距之比，其实就是竖向上的视野，对全面整体的欣赏景观意义重大。

（三）视差

人的视觉系统总要用一定时间才能识别图像元素，科学实验证明，人眼在某个视像消失后，仍可使该物像在视网膜上滞留0.1～0.4s。而一个画面在人脑中形成印象则需要2～3s。

这个原理可以运用在乘车观赏的沿路景观设计中。若以每小时60km的车速行进，每2～3s行进30～50m，这就要求沿路建筑或绿化植物的一个构图单元要超过50m长度才能给人留下印象。事实也是如此，很多城市高速公路连接线两侧的植物景观单元长度一般都超过50m。

同时，景是通过人的眼、耳、鼻、舌、身等多种感觉器官接受的。景的感受不是单一的，往往是多因素综合的结果；同一景色对不同的民族、文化背景、职业、年龄、性别、社会经历、兴趣爱好、即时情绪的人，也会产生不同的感受。视觉意义上的空间，其空间形象、小品、雕塑等会吸引人们的、目光，带来某种心理感受。同时环境中奇异的造型、鲜艳的色彩、强烈的光影效果都会吸引人们去注意。

三、艺术构图法则

构成景观的基本要素是点、线、面、体、质感、色彩，如何组合这些要素，构成秩序空间创造优美的高品质的环境，必须遵循美学的一般规律，符合艺术构图法则。

（一）统一与变化

统一与变化是形式美的主要关系。统一意味着部分与部分及整体之间的和谐关系；变化则表明其间的差异。统一应该是整体的，变化应该是在统一的前提下有秩序的变化，变化是局部的。过于统一易使整体单调乏味、缺乏表情，变化过多则易使整体杂乱无章、无法把握。因此，在设计中要把握好统一整体中间变化的“度”。其主要意义是要求在艺术形式的多样变化中，保持其内在的和谐与统一关系，既显示形式美的独特性，又具有艺术的整体性。

（二）节奏与韵律

韵律是由构图中某些要素有规律地连续重复产生的。重复是获得节奏的重要手段，简单的重复单纯、平稳；复杂的、多层面的重复中各种节奏交织在一起，有起伏、动感，构图丰富，但应使各种节奏统一于整体节奏之中。

1.简单韵律

简单韵律是由一种要素按一种或几种方式重复而产生的连续构图。简单韵律使用过多易使整个气氛单调乏味，有时可在简单重复基础上寻找一些变化。

2.渐变韵律

渐变韵律是由连续重复的因素按一定规律有秩序地变化形成的，如长度或宽度依次增减，或角度有规律地变化。

3.交错韵律

交错韵律是一种或几种要素相互交织、穿插所形成的。

（三）均衡与对称

均衡指景观空间环境各部分之间的相对关系，有对称和不对称平衡两种形式，前者是简单的、静态的；后者是随着构成因素的增多而变得复杂、具有动态感。均衡的目的是为了景观空间环境的完整和安定感。

（四）比例与尺度

比例是使得构图中的部分与部分或整体之间产生联系的手段。比例与功能有一定的关系，在自然界或人工环境中，但凡具有良好功能的东西都具有良好的比例关系。例如人体、动物、树木、机械和建筑物。不同比例的形体具有不同的形态感情。

1. 黄金分割比

分割线段使两部分之比等于部分与整体之比的分割称为黄金分割，其比值（ϕ＝1.618…）称为黄金比。两边之比等于黄金比的矩形称为黄金比矩形，它被认为是自古以来最均衡优美的矩形。

2. 整数比

线段之间的比例为2∶3，3∶4，5∶8等整数比例的比称为整数比。由整数比构成的矩形既有匀称感、静态感，而由数列组成的复比例如2∶3∶5∶8∶13等构成的平面具有秩序感、动态感。现代设计注重明快、单纯，因而整数比的应用较广泛。

3. 平方根矩形

由包括无理数在内的平方根$\sqrt{n}$（$\sqrt{n}$为正整数）比构成的矩形称为平方根矩形。平方根矩形自古希腊以来一直是设计中重要的比例构成因素。以正方形的对角线作长边可作得$\sqrt{2}$矩形，以$\sqrt{2}$矩形的角线作长边可得到$\sqrt{3}$矩形，依此类推可作得平方根$\sqrt{n}$巨形。

4. 勒·柯布西耶模数体系

勒·柯布西耶模数体系是以人体基本尺度为标准建立起来的，它由整数比、黄金比和费波纳齐级数组成。勒·柯布西耶进行这一研究的目的就是为了更好地理解人体尺度，为建立有秩序的、舒适的环境设计提供一定的理论依据。这对内、外部空间的设计都很有参考价值。该模数体系将地面到脐部的高度1130mm定为单位A，其高为A的ϕ倍（A×ϕ≈1130×1.618≈1829mm），向上举手后指尖到地面的距离为2A。将A为单位形成的ϕ倍费波纳齐级数列作为红组，由这一数列的倍数形成的数组作为蓝组，这两组数列构成的数字体系可作为设计模数。

第四节　景观设计的技术应用

景观设计的技术应用主要表现在以下几个方面：

一、景观材料

景观设计离不开材料的应用，材料的质感、肌理、色泽和拼接的工艺是景观设计师进行景观创作和造型的物质手段。不同材料的运用创造出的环境效果和环境氛围会完全不一样。

常用的材料包括：石材、金属、玻璃、木材、竹材、砖、瓦以及现代复合材料等。

合理有效地运用这些材料不仅是满足环境景观功能作用的重要手段，同时在形成美观舒适的空间界面，创造特定的环境氛围等方面有着重要的作用。

二、施工工艺

景观环境的形成与景观施工技术的高低密切相关，景观施工是根据景观设计图纸进行综合的种植、安装和铺设建造的过程。

在设计过程中，应该注意选择合适的材料，并充分考虑到材料经施工拼接后形成的整体效果。要考虑到植物、材料的运输和施工工序给最后的景观效果带来的影响。要综合考虑到有机和无机材质的运用。与此同时，还要考虑至施工时对现有物质、地貌的影响及作用等。

三、声光电等现代技术

随着现代技术的发展和社会生活功能的日益完善，现代人对景观环境的追求不仅局限于传统的静态环境造景方式，而是多技术、全方位的观感需求。比如，太阳能作为一种清洁无污染的能源，发展前景非常广阔，太阳能发电已成为全球发展速度最快的技术。灯光喷泉是一种将水或其他液体经过一定压力通过喷头喷洒出来具有特定形状的组合体，提供水压的一般为水泵，经过多年的发展，现在已经逐步发展为几大类：音乐喷泉、程控喷泉、音乐程控喷泉、激光水幕电影、趣味喷泉等，加上特定的灯光、控制系统，起到净化空气、美化环境的作用。

综合运用声光电技术使现代景观有了更进一步的飞跃，也符合现代人们的生活品味要求。

四、计算机运用

计算机的发展与运用为景观设计提供了科学、精确的表现手段。它能够形成形象、仿真的效果，为修改、复制、保存和异地传输等方面提供了便利的条件。

第二章　园林设计的原则与美学形式

进行园林设计时，既要考虑园林设计的各种要素与功能，又要考虑其景观设计的原则与美学形式。园林艺术是作为表现艺术存在于城市之中，不能再现具体的事物形象，而只有通过对园林造型的形式处理，尤其是对园林空间的艺术化、形式化进行营构，从而表现出其审美意义和象征含义，以触发人的想象，从直观感受进入悠远、深邃的审美意境之中，从而完成人们对园林景观所产生的"情景交融"的审美意象，所以要遵循一定的艺术原则和美学形式。

第一节　园林景观设计的原则

园林景观是由园林的地形、建筑及小品、植物、园林、水体及园林设施等方面来实现的，因此，园林景观设计的原则就是这些景观要素设计的具体原则，现分述如下。

一、园林地形设计的原则

地形的设计在园林设计中占有最为基础的地位，即地形的处理好坏直接关系到园林设计的成功与否。所以，我们应了解并遵循地形设计的基本原则。

（一）功能性原则

地形的塑造首先要满足各功能设施的需要。如建筑等应多设置在高地平坦地形；水体应根据水景的不同类型来选择用地，如叠水应选择高地形，池沼则需要凹地形；植物配置时要增加空间纵深感，植物就应种在高地上。

（二）经济性原则

地球的土地资源是有限的，所以必须遵循经济性原则，就地取材改造地形，尽量做到土方平衡，减少外运内送土方量及挖湖堆山，以最少的投入获得最大景观效益。

（三）美学原则

地形的营造在满足功能的前提下，也应考虑景观的审美感受，通过一定的形式美法则来表现其观赏性，陶冶人们的情操和满足人们的审美情趣。另外，地形设计必须与园林建筑景观相协调，以淡化人工建筑与环境的界限，使地形、水体与绿化景观融为一体。

（四）因地制宜原则

园林地形设计还有一个十分重要的原则，那就是因地制宜。因地制宜其实也是对经济性原则的一种呼应。因地制宜要求园林地形设计师在充分了解原有地形（包括丘陵、山地、湖泊、林地等自然地貌景观以及基地调查和分析）的基础上，再根据需要加以改造，巧妙地加以利用，使得新景观的坡度要求与原有的基地地形条件尽量相吻合，减少改造工程量和过程难度，这也是对地形的最佳利用。

二、园林水体设计的原则

（一）节水原则

在地球能源快枯竭的时代，各地出现严重干旱，生活用水都难以保证，节水性设计显得尤为突出了。节水原则可以体现在园林水景的前期规划和后期管理两个阶段。在前期规划阶段，要充分考虑节约用水的可行方案和措施，从布局和选材两个方面具体加以实施。在后期管理阶段，要善于发现节约水资源的方法，例如对人工湖景观的管理方面，就可以利用雨水回收的办法进行换水。建立和使用有效的雨水回收系统，不仅节约了水资源，同时还减少了对给水排水系统的压力。

（二）经济原则

水景的设置中的经济原则，要求设计师在设置水景时不能一味地追求高档次、豪华的视觉效果，还要注意节约建造成本以及后期的运营成本和维护费用。水体的初期设计及日后运营还要考虑业主所能承受的经济能力，真正能够发挥好水景的观赏目的。这样既能节约成本，还能增进人们热爱自然、亲近自然、欣赏自然的目的。

（三）景观原则

水有较好的可塑性，在环境中的适应性很强，无论春夏秋冬均可肖成一景。水体丰富的景观有很大一部分来自它的倒影效果：池底所选用的材料、颜色、深浅不同会直接影响到观赏的效果，所产生的景观也会随之变化。水面可以产生丰富的动静变化，无论是随风而至的涟漪，还是水中鱼儿嬉戏的场景，都可以展现水体柔美、纯净、流动的特质。水体还可以与建筑物、石头、雕塑、植物、灯光照明或其他艺术品组合相搭配，创造出更好的景观效果。

（四）艺术原则

不同的水体形态表现不同的意境，通过模拟自然水体形态，来创造亭台楼阁、小桥流水、鸟语花香的景观意境。如在阶梯形的石阶上，水泄流而下；在一定高度的山石上，瀑布奔流而落；在一块假山石上，泉水喷涌而出等水景。另外可以利用水面产生倒影，当水面波动时，会出现扭曲的倒影，水面静止时则出现宁静的倒影，从而增加了园景的层次感和景观构图艺术性。

（五）亲水性原则

由于人们天生亲水的特性，设计水景要从使用者的角度来考虑如何为游人提供一个观水、亲水、听水、戏水的休闲空间水景，来激发人们的思想感情，揭示人们的内心世界，得到一种艺术的感受与欢乐，从而引起共鸣。

（六）安全性原则

水体设计中安全性也是不容忽视的。要注意水电管线不能外漏，以免发生意外；水容易产生渗漏现象，所以要做好防水、防潮层、地面排水等问题；水景还要有良好的自动循环系统，这样才不会成为死水，从而避免视觉污染和环境污染；注意管线和设施的隐蔽性设计，如果显露在外，应与整体景观搭配；寒冷地区还要考虑结冰造成的问题；再有就是根据功能和景观的需求控制好水的深度。

三、园林道路设计的原则

（一）以人为本原则

道路规划中的以人为本原则是指强调公众的参与性，这一点主要在进行道路规划时通过周边设置一些园林小品从而给游人带来一定的愉悦感，使得游人在行进的途中可以欣赏沿途的风景而不至于孤立于环境之中。

（二）安全性原则

安全性原则对于道路规划设计是最基本的原则，它包括众多道路设计时的具体处理方式，如两条道路间的夹角问题、交叉路口的道路条数以及安全视距、主次道路的车流及人流分析等，这些对于安全都起着举足轻重的作用，因此应当本着基本的安全数据并结合基本情况合理地进行道路设置。

（三）经济性原则

在进行道路规划时要本着经济性原则，在保证路基稳定的前提下，充分利用现有的地形地貌，减少土方用量，合理地布局园林道路，降低工程造价，在满足其功能性的同时考虑道路的趣味性创造。

（四）与整体风格相协调

道路规划同整体风格相协调，主要是指道路的流线设计和铺装设计同园林的主题性质和布局方式相协调。如规则式布局的园林道路主要以直线型为主，在铺装材料上也多选择预制材料；而自然式布局的园林一般设置曲线型的道路，以卵石等铺装地面，使整个环境看起来更加贴近自然。

四、园林小品设计的原则

园林小品在园林中起着画龙点睛的作用，因此，在设计时要特别注意以下几个原则。

（一）满足使用功能的需求

满足使用功能的需求，这一点主要针对功能性小品来讲，这些功能性小品既是优质小景观，也是功能极大的园林设施，如形态和质地各异的座椅等。此类小品设计除了应具有优美时尚的外观造型外，还必须符合功能和技术上的要求。小品的尺度规格应由人类的生理构造特点决定，符合一定的尺寸比例，太大或太小都不能给游人带来舒适之感。

（二）满足审美情趣的要求

对于园林小品来讲，其最初的出发本质即是创造雅致浓缩、富于动感的景观以满足人们审美情趣的要求。而且，即使是同样的小品景观也‘因所处环境的不同而同周围的景物和人群发生不同的联系，因而在创作小品之时必须使其充满灵活多变的体态、气质和表情，创造不同的审美感受。

（三）满足景观塑造的需要

园林中的小品都具有使用和造景的双重性，只是相对个别来讲侧重点有所不同。园林小品的功能是第一位的，造景观赏是第二位的，因此，应在满足功能要求的前提下，尽可能创造一种极具美感的观赏环境。

（四）满足整体环境的要求

无论园林小品的体量大小如何，它们无疑是整个园林环境中不可或缺的重要组成部分，特别是对于环境中的标志性小品和具有特定功能的配套设施来讲更是有着重要的意义。如配电房、变电所等，若将其做艺术化处理，做成建筑小品的形式则可以使园林建筑小品与整体环境相协调，起到点缀环境和美化的作用；倘若处理不当，也有可能会破坏甚至毁掉整个园林环境。

（五）满足空间序列的需求

在园林小品的规划设计中，我们应当追求空间序列的变化，使空间能够彼此渗透，增添空间层次。对于园林小品的空间布局没有固定的模式，多采用不规则式自由布局，加之自身曼妙的形态，创造多变的空间序列是一项较为容易的工作。

第二节　园林景观设计的美学形式

任何成功的艺术作品都是形式与内容的完美结合，园林景观设计艺术也是如此。园林的形式美是植物及其“景”的形式，即景物的材料、质地、体态、线条、光泽、色彩和声响等因素，一定条件下在人的心理上产生的愉悦感反应。园林景观设计的美学形式大致包括多样与统一、对比与调和、节奏与韵律、比例与尺度、均衡与稳定、比拟与联想等规范化的形式艺术规律。

一、多样与统一

多样与统一是形式美法则中最高、最基本的原则。多样指构成整体的各个部分在形式上的差异性；统一是指这种差异性的彼此协调。在园林设计中，无论从园林风格形式、植物、建筑，还是色彩、质地、线条等方面，都要讲求在多样之中求得统一，这样富有变化，不单调。如假山造型，轮廓线要有变化，变化中又必须求得统一。又如扬州瘦西湖五亭桥，设计者采用五个体量、大小、形状都有一些变化的园林建筑，而这些对比又都在设计者高超的技巧下统一在整体的视觉效果中，使其在变化中求得统一、秩序，体现出和谐。

二、对比与调和

对比与调和是艺术构图的一个重要手法，它是运用布局中的某一因素（如体量、色彩）等程度不同的差异，取得不同艺术效果的表现形式。园林景色要在对比中求调和，在调和中求对比，使景色既丰富多彩，又要突出主题，风格协调。

构图中各种景物之间的比较，总有差异大小之别。差异大的，差异性大于共性，甚至大到对立的程度，称之为对比；差异小的即共性多于差异性，称之为调和。但须注意的是对比与调和只存在于同一性质的差异之间，如体量大小、空间开敞与封闭、线条的曲与直、颜色的冷与暖、光线的明与暗、材料质感的粗糙与光滑等，而不同性质的差异之间不存在调和与对比，如体量大小与颜色冷暖是不能比较的。

（一）对比

在造型艺术构图中，把两个完全对立的事物作比较，叫做对比。通过对比能使对立着的双方达到相辅相成、相得益彰的艺术效果，使景色生动、活泼、突出主题，让人看到此景表现出兴奋、热烈、奔放的感受。对比是造型艺术构图中最基本的手法，所有的长宽、高低、大小、形象、光影、明暗、浓淡、深浅、虚实、疏密、动静、曲直、刚柔、方向等。量感到质感，都足从对比中得来的。

1. 形象的对比

园林布局中构成园林景物的线、面、体和空间常具有各种不同的形状，如长宽、高低、大小等的不同形象的对比。以短衬长、长者更长；以低衬高，高者更高；以小衬大，大者更大，造成人们视觉上的变幻。

园林景物中应用形状的对比与调和常常是多方面的，如建筑与植物之间的布置，建筑是人工形象，植物是自然形象，将建筑与植物配合在一起，以树木的自然曲线与建筑的直线形成对比，来丰富立面景观。又如植物与园路、植物中的乔木与灌木、地形地貌中的山与水等均可形成形象对比。

2. 体量的对比

体量相同的东西，在不同的环境中，给人的感觉是不同的。如放在空旷广场中，会感觉其小；放在小室内，会感觉其大，这是“大中见小、小中见大”的道理。在园林绿地中，常用小中见大的手法，在小面积用地内创造出自然山水之胜。为了突出主体；强调重点，在园林布局中常常用若干较小体量的物体来衬托一个较大体量的物体，如颐和园的“佛香阁”与周围的廊，廊的体量都较小；显得“佛香阁”更高大、更突出。

3. 方向的对比

园林景观中体现的方向上对比，最多见的就是垂直和水平方向的对比，垂直方向高耸的山体与横向平阔的水面相互衬托，避免了只有山或只有水的单调。又如建筑组合上横向、纵向的处理使空间造型产生方向上的对比，水面上曲桥产生不同方向的对比等。在空间布置上，忽而横向，忽而纵向，忽而深远，忽而开阔，造成方向上的对比，增加空间在方向上变化的效果。

4. 空间的对比

在空间处理上，大园的开敞明朗与小园的封闭幽静形成对比。如颐和园中苏州河的河道由东向西，随万寿山后山脚曲折蜿蜒，河道时窄时宽，两岸古树参天，影响到空间时开时合、时收时放，交替向前通向昆明湖。合者，空间幽静深透；开者，空间宽敞明朗；在前后空间大小的对比中，景观效果由于对比而彼此得到加强。最后来到昆明湖，则更感空间之宏大，湖面之宽阔，水波之浩渺，使游赏者的情绪由最初的沉静转为兴奋。这种对比手法在园林景观空间的处理上是变化无穷的。开朗风景与闭锁风景两者共存于同一园林中，相互对比，彼此烘托，视线忽远忽近，忽放忽收，可增加空间的对比感、层次感，达到引人入胜的效果。

5. 明暗的对比

明暗对比手法，在古典园林景观设计中应用较为普遍。如苏州留园和无锡蠡园的入口处理，都是先经过一段狭小而幽暗的弄堂和山洞，然后进入主庭院，深感其特别明快开朗，有“山重水复疑无路，柳暗花明又一村”之感。在园林绿地中，布置明朗的广场空地供人活动，布置幽暗的疏林、密林供游人散步休息。在密林中留块空地，叫林间隙地，是典型的明暗对比。

6. 虚实的对比

虚给人以轻松，实给人以厚重。在园林设计中，山水对比，山是实，水是虚；建筑与庭院对比，则建筑是实，庭院是虚；建筑四壁是实，内部空间是虚；墙是实，门窗是虚；岸上的景物是实，水中倒影是虚。由于虚实的对比，使景物坚实而有力度，空灵而又生动。园林景观设计十分重视布置空间，以达到“实中有虚，虚中有实，虚实相生”的目的。

7. 色彩的对比

色彩的对比与调和包括色相和明度的对比与调和。色相的对比是指相对的两个补色（如红与绿、黄与紫）产生对比效果；色相的调和是指相邻近的色如红与橙、橙与黄等。颜色的深浅叫明度，黑是深，白是浅，深浅变化即黑到白之间变化。一种色相中明度的变化是调和的效果。园林景观设计中色彩的对比与调和是指在色相与明度上，只要差异明显就可产生对比的效果，差异近似就产生调和效果。利用色彩对比关系可引人注目，如“万绿丛中一点红”。

8. 质感的对比

在园林绿地中，可利用植物、建筑、道路、广场、山石、水体等不同的材料质感，造成对比，增强效果。不同材料质地给人不同的感觉，如粗面的石材、混凝土、粗木等给人稳重感，而细致光滑的石材、细木等给人轻松感。利用材料质感的对比，可构成雄厚、轻巧、庄严、活泼的效果，或产生人工胜自然的不同艺术效果。

9. 动静的对比

六朝诗人王籍《人若耶溪》诗里说蝉噪林愈静，鸟鸣山更幽。”诗中的“噪”和“静”、“鸣”和“幽”都是自相矛盾的两个方面，然而，林荫深处有蝉的“噪”声，却更增添环境几分寂静之感，山谷之中有鸟啼鸣，也增了环境幽邃的气氛。例如，夜深人静的秒钟滴答声，更表明了四周的万籁俱寂。在深山之中的泉水叮咚，打破了山的幽静，更反衬着环境的静。因此，在庭院中处理几处滴水，能把庭院空间提高到诗一般的境界，这就是动静对比。

（二）调和

调和手法在园林景观设计中的应用，主要是通过构景要素中的岩石、水体、建筑和植物等风格和色调的一致而获得的。尤其当园林景观设计的主体是植物尽管各种植物在形态、体量以及色泽上有千差万别，但从总体上看它们之间的共性多于差异性，在绿色这个基调上得到了统一。总之，凡用调和手法取得统一的构图，易达到含蓄与幽雅的美。

三、节奏与韵律

自然界中有许多现象常是有规律重复出现的，例如海潮，一浪一浪向前，颇有节奏感。有规律的再现称为节奏；在节奏的基础上深化而形成的既富于情调又有规律、可以把握的属性称为韵律。在园林绿地中，也常有这种现象。如道旁种树，种一种树好，还是两种树间种好；带状花坛是设计一个长花坛好，还是设计成几个同形短花坛好这都牵涉构图中的韵律与节奏问题。只有简单的重复而缺乏有规律的变化，就令人感到单调、枯燥。所以韵律与节奏是艺术设计的必要条件，艺术构图多样统一的重要手法之一。

韵律包括简单韵律、交替韵律、渐变韵律、起伏韵律、拟态韵律、交错韵律等。

（一）简单韵律

由同种景观要素等距离的、反复的、连续出现的构图，如树木或树丛的连续等距的出现；园林建筑物的栏杆、道路旁的灯饰、水池中的汀步等。

（二）交替韵律

由两种或两种以上的景观要素等距离的、反复的、连续出现的构图。如行道树用一株桃树一株柳树反复交替的栽植，两种不同花坛的等距交替排列，登山道一段踏步与一段平面交替；又如园路的铺装，用卵石、片石、水泥、板、砖瓦等组成纵横交错的各种花纹图案，连续交替出现。交替韵律设计得宜，能引入入胜。

（三）渐变韵律

渐变的韵律是园林景观中相似的景观元素在一定范围内作规则的逐渐增加或减少所产生的韵律，如体积的大小变化等。渐变韵律也常在各组成分之间有不同程度或繁简上的变化。园林景观设计中在山体的处理上，建筑的体形上，经常应用从下而上愈变愈小。如桥孔逐渐变大和变小等，如河南省松云塔（北魏）每层的密度都有一些渐变。

（四）起伏韵律

由一种或几种景观要素在大体轮廓所呈现出的较有规律的起伏曲折变化所产生的韵律。如自然林带的天际线就是一种起伏曲折的韵律的体现。

（五）拟态韵律

既有相同点又有不同点的多个相似的景观要素反复出现的连续构图，如漏景的窗框一样，漏窗的花饰又各不相同等；又如花坛的外形相同，但花坛内种的花草种类、布置又各不相同。

总之，韵律与节奏本身是一种变化，也是连续景观达到统一的手法之一。

造型艺术是由形状、色彩、质感等多种要素在同一空间内展开的，其韵律较之音乐更为复杂。因为它需要游赏者能从空间的节奏与韵律的变化中体会到设计者的“心声”，即“言外之意、弦外之音”。

四、比例与尺度

园林绿地构图的比例是指园景和景物各组成要素之间空间形体体量的关系不是单纯的平面比例关系。园林绿地构图的尺度是景物与人的身高、使用活动空间的度量关系。这是因为人们习惯用人的身高和使用活动所需要的空间作为视觉感知的度量标准。如台阶的宽度不小于30cm（人脚长）、高度为12～19cm为宜，栏杆、窗台高1m左右。又如人的肩宽决定路宽，一般园路的宽度能容两人并行，以1.2～1.5m较合适。

在园林里如果人工造景的尺度超越人们习惯的尺度，可使人感到雄伟壮观。如颐和园从“佛香阁”至智慧海的假山蹬道，处理成一级高差30～40cm，走不了几步，人就感到很累，产生比实际高的感受。如果尺度符合一般习惯要求或者较小，则会使人感到小巧紧凑，自然亲切。

比例与尺度受多种因素的变化影响，典型的例子如苏州古典园林。它是明清时期江南私家山水园，园林各部分造景都是效法自然山水，把自然山水经提炼后缩小在园林之中，园林道路曲折有致，尺度也较小，所以整个园林的建筑、山、水、树、道路等比例是相称的，就当时少数人起居游赏来说，其尺度也是合适的。但是现在，随着旅游事业的发展，国内外游客大量增加，游廊显得矮而窄，假山显得低而小，庭院不敷回旋，其尺度就不符现代功能的需要。所以不同的功能，要求不同的空间尺度。另外不同的功能也要求不同的比例，如颐和园是皇家宫苑，气势雄伟，殿堂、山水比例均比苏州私家园林要大。

五、均衡与稳定

这里所说的均衡是指园林布局中左与右、前与后的轻重关系等；稳定是指园林布局在整体上轻重的关系而言。

（一）均衡

在园林布局中要求园林景物的体量关系符合人们在日常生活中形成的平衡安定的概念，所以除少数动势造景外，一般艺术构图都力求均衡。

均衡可分为对称均衡和非对称均衡。对称均衡的布置常给人庄重严整的感觉，但对称均衡布置时，景物常常过于呆板而不亲切。不对称均衡的构图是以动态观赏时“步移景异”、景色变幻多姿为目的的。它是通过游人在空间景物中不停地欣赏，连贯前后成均衡的构图。以颐和园的谐趣园为例，整体布局是不对称的，各个局部又充满动势，但整体十分均衡。

（二）稳定

自然界的物体，由于受地心引力的作用，为了维持自身的稳定，靠近地面的部分往往大而重，在上面的部分则小而轻，如山、土坡等。从这些物理现象中，人们就产生了重心靠下、底面积大可以获得稳定感的概念。

在园林布局上，往往在体量上采用下面大、向上逐渐缩小的方法来取得稳定坚固感。我国古典园林中的高层建筑物如颐和园的“佛香阁”，西安的大雁塔等，都是超过建筑体量上由底部较大而向上逐渐递减缩小，使重心尽可能低，以取得结实稳定的感觉。

六、比拟与联想

在园林艺术设计中，通过形象思维，运用比拟和联想形式，能够创造出比园景更为广阔、久远、丰富的内容，创造出诗情画意，给园林景物平添无限的意趣。

（一）模拟

利用园林中可置的有限材料发挥无限的想象空间，使人们在观景时由此及彼，联想到名山大川、天然胜地。

（二）对植物的拟人化

运用植物特性美、姿态美给人以不同的感染，产生比拟与联想。如“松、竹、梅”有“岁寒三友”之称，“梅兰竹菊”有“四君子”之称，常是诗人画家吟诗作画的好题材。在园林绿地中适当运用，会增色不少。

（三）运用园林建筑、雕塑造型产生的比拟联想

例如园林建筑、雕塑造型中的卡通式的小房、蘑菇亭、月洞门等，使人犹入神话世界。

（四）遗址访古产生联想

我国历史悠久，古迹、文物很多，当参观游览时，自然会联想到当时的情景，给人以多方面的教益。如杭州的岳坟、灵隐寺，武昌的黄鹤楼，上海豫园的点春堂（小刀会会馆），北京颐和园，成都的武侯祠、杜甫草堂，苏州虎丘等，给游人带来许多深思和回忆。

第三节　园林建筑设计原则和特点

一、环境优先原则

园林建筑是构成景观的重要元素，它们存在于各种各样的自然或人工环境之中，成为被观赏的“景观”或是“观景”的场所，因此环境也成为园林建筑设计过程中需要首先考虑的因素。自古以来，中国传统园林建筑的重要特征之一就是与自然和谐相处，体现出源于自然而高于自然的设计智慧，中国传统的人居环境理念也可以用“天人合一”来概括，强调人与天地的共荣共生，即《管子·五行》所述的“人与天调，然后天地之美生”的思想，这其中就蕴含着尊重环境，环境优先的原则。天人合一的思想与对自然美鉴赏的统一也成为传统美学的核心，相应的产生了绚烂的山水文学、山水画、山水园林，出现了风景名胜区。在这种美学思潮的影响下，人们处理建筑与自然环境的关系不是持着与大自然对立的态度，相反，乃是持着亲和的态度，从而形成了建筑和谐于自然的环境意识。例如西晋大官僚石崇在洛阳近郊修建河阳别业金谷园：“其制宅也，却阻长堤，前临清渠，柏木几于万余株，流水周于舍下”。诸如此类的描述，文献记载中屡见不鲜。从此以后，那些建置在城市以外的山水风景地带的佛寺、道观、别业、山村聚落都十分重视相地选址，目的不仅为了满足各自功能的需要，还在于如何发挥建筑群体

横向铺陈的灵活性而因山就势，嵌合于局部的山水地貌，协调于总体的自然环境。它们无异于点燃大地风景使其凝练生动，臻于画境的“风景建筑”，这正是汉民族在建筑与大自然关系的处理上所体现的独特的环境意识，虽非完全自觉，但却十分明显。历来的山水“画论”和堪舆学说，对于这种环境意识都曾作过部分的美学和科学的阐述。

就环境自身而言，宏观环境包括区域的生态系统、物理环境等，中观可囊括场地的地形、地貌与植被等要素，微观可至毗邻该园林建筑的道路、广场、岸线等等。从类型上看，园林建筑的设计环境又可大致分为山体环境、滨水环境与城市环境等等。在园林建筑设计过程中，要做到环境优先原则首先就是要尊重各个类型场地的科学特征。以山体环境为例，如五台山、恒山、泰山、武当山、庐山、衡山等均为典型的断块山；武夷山、龙虎山、丹霞山等是丹霞地貌的名山；华山、黄山、三清山、天柱山等是花岗岩地貌的名山，其山体的形态、色彩、走势等等都体现了它们在地质学上的典型的岩性特征。相应的，在这些环境中设计园林建筑时就要着重把握特定生态环境的形象之美、动态之美、色彩之美以及声音之美。仍旧以山体环境为例，其轮廓、造型、质地、岩性特征对于其生态美的塑造就起着决定性的作用。如清代皇家园林的集大成之作避暑山庄，其整体布局就结合山体特征形成了四个圈层与环境相协调。避暑山庄占地面积约 5.64km²，营造者仿中国地理形貌特征，集全国名胜为一园，上述四个层次大体依照非规则扇形放射线形式展开。中心部分是位于南部的宫殿区，第二个层次是湖区，第三是平原区，第四是山岳区。山岳区的建筑群虽然都只剩下残址废墟，但仍能看出它们在总体规划上配合地形的意图。山岳区北部沿“松林峪”一带，山势高，岗峦挺秀，四望都是动人的自然景色，所以这里的建筑要求有开阔的视野，有意要看得远，看得多，看得尽。如像广元宫、敞晴阁、山近轩、放鹤亭、水月庵等这几处建筑群，大都雄踞峰顶山梁之类的制高点上，显得本身气度凝重，同时互相之间又都能够看得到，风景构图上有彼此呼应的效果。而山岳区的南半部“梨树峪”一带多小丘陵盆地，景界不大，不宜远眺；故建筑布置的原则与前者恰相反，就近利用溪流、山岩、树木、花卉等，诱导人们往近处看，往身边细致处看，另具有一种亲切宁静的气氛。上述这些园林建筑之所以到现在仍被奉为经典，其中的一个重要原因就是它们与自然环境的巧妙关系。

环境优先原则的另外一个深层次意义是要以生态与可持续发展的观点对待环境。早在古代，先民们就注意到“天时、地利、人和”的协调统一，《周易·乾卦》云，“夫大人者，与天地合其德，与日月合其明，与四时合其序，与鬼神合其吉凶。先天而天弗违，后天而奉天时”。另外，儒家的“天人合一”，道家的“自然无为”的思想都以人与大自然之间的这种亲和协调的意识作为哲学基础。至当下，对于生态环境的重视产生于 20 世纪 60 年代末至 70 年代初，核战争、粮食奇缺、生物圈质量恶化、物资福利分配不均、能源和原料短缺等，成为人们谈论的“全球问题”。1972 年，西方的一些科学家组成了罗马俱乐部，并提出了关于人类处境报告—《增长的极限》，这个报告为沉醉于 20 世纪 60 年代经济和技术增长的巨大成就的西方世界敲响了警钟：地球的容纳量是有限的，经济增长不可能长期持续下去，如果人口和资本“按照现在的方式继续增长，最终的结果只能是灾难性的崩溃”。进入新的世纪，我国城市发展的压力巨大，一方面，我国人口基数大、城市化水平起点低，改革开放以来，中国城市化步入快速发展时期；另一方面，城市发展面临着十分严峻的资源短缺矛盾，主要表现在土地、水、能源等方面。土地的短缺将影响城市空间的合理利用，城市运转效率下降；水资源的压力会给城市生活、生产带来严重的威胁，迫使城市远距离引水，采取高成本的节水技术；能源的短缺不可能改变以煤为主的能源结构，“三废”污染资源的绝对量将日益上升。由此可见，以环境限度为衡量指标，在不超出生态系统承载能力的限度下改善人类生活环境与生活质量是园林建筑尊重生态环境的重要内容。在园林建筑设计过程中降低能源消耗，利用可再生资源，减少污染与废弃物，提高环境质量，提高综合效益，使用本土材料与自然能源，强调与自然要素之间的积极协调，形成了可持续发展的风景园林建筑设计的多种设计思维。这其中又包括结合气候的园林建筑设计，根据园林建筑的规模、重要程度、功能等因素，可以将与风景园林建筑运作系统关系密切的气候条件分为三个层次，即宏观气候、中观气候和小气候。宏观气候是园林建筑所在地区的总的气候条件，包括降雨、日照、常年风、湿度、温度等资料。中观气候是园林建筑所在地段由于特别的地理因素对宏观气候因素的调整。如果建筑地处河谷、森林地区或山谷地区，这种局部性特别地理因素对风景园林建筑的影响就会相当明显。小气候主要是指各种有关人为因素，包括人为空间环境对园林建筑的影响。例如相邻建筑之间的空间关系可以影响到建筑的自然采光、通风及观景、赏景等等。还有效法自然有机体的设计，建筑师对有机生命组织的高效低能特性及其组织结构和理性的探讨，使生态建筑有与建筑仿生学相结合的趋势。提取有机体的生命特征规律，创造性地用于园林建筑创作，是生态建筑研究的又一方向。

另外，环境优先原则也体现在技术层面，主要表现在以下方面：

（1）侧重于传统的低技术，在传统的技术基础上，按照资源和环境两个要求，改造重组所运用的技术。它偏重于从乡土建筑、地方建筑的角度去挖掘传统、乡土建筑在节能、通风、利用乡土材料等方面的方法，并加以技术改良，不用或少用现代技术手段来达到建筑生态化的目的。这种实践多在非城市地区进行，形式上强调乡土、地方特征。

（2）传统技术与现代技术相结合的中间技术，偏重于在现代建筑手段、方法论的基础上，进行现实可行的生态建筑技术革新，通过精心设计的建筑细部，提高对建筑和资源的利用效率，减少不可再生资源的耗费，保护生态环境。如外墙隔热、不断改进的被动式太阳能技术等手段，这类技术多在城市地区实践。

（3）用先进手段达到建筑生态化的高新技术，把其他领域的新技术，包括信息技术、电子技术等，按照生态要求移植过来，以高新技术为主体，即使使用一些传统技术手段来利用自然条件，这种利用也是建立在科学分析研究的基础之上的，以先进技术手段来表现等等。

二、景观优先原则

园林建筑是人在优美的环境之中进行活动的重要场所，其主要功能之一就是为人提供室内外的休闲活动空间，如休息、活动、学习、娱乐等，同时也是人欣赏、享受自然景观的载体，人们可以在园林建筑所营造的优美空间中尽情地倾听悦耳的鸟鸣、潺潺的水声、飒飒的风声，呼吸清新的空气和感受花木的芳香等等。因此，创造景观并使园林建筑自身成为景观是达成以上这些功能至关重要的内容，而这些都可以被概括为景观优先原则。早在明代，计成在《园冶》中就谈到了在造园时要重视与景观的关系，在《园说》一篇中写道，“凡结林园，无分村郭，地偏为胜，开林择剪蓬蒿；景到随机，在涧共修兰芷。径缘三益，业拟千秋，围墙隐约于萝间，架屋蜿蜒于木末。山楼凭远，纵目皆然；竹坞寻幽，醉心既是。轩楹高爽，窗户虚邻；纳千顷之汪洋，收四时之烂漫”。

这其实就体现了古代造园家处理建筑与景观之间关系的智慧，无论是选址、建造厅堂、组织空间序列都时时关注建筑自身与自然景观的关系。在选址时尽量选择具有自然胜迹的地方，在整理场地时则需要依照自然的形式自由灵活地进行修建与布局，只有处处以景观为核心并优先考虑景观的影响，最终营造出的园林才能够做到“纳千顷之汪洋，收四时之烂漫”的境界。这些被优先纳入设计范畴的景观可能是紫气青霞，可能是远峰萧寺，也可能是斜飞雉堞，甚至于白苹红寥，它们与园林建筑共同增加了景观的层次与丰富度，营造了多样化的优美空间，实现了“景观”与“观景”的完美融合。

在园林建筑设计的过程中，景观优先原则可以通过借景、组景、强化景观效果等方式实现。在《园冶》中就着重谈到了借景，“夫借景，林园之最要者也。如远借，邻借，仰借，俯借，应时而借构园无格，借景有因”，“园虽别内外，得景则无拘远近”。可见，借景在园林建筑设计中是极为重要的，借景的目的是把各种在形、色、香上能增添艺术情趣、丰富园林画面构图的外界因素，引入到环境空间中，从而使园林景观更具特色和变化。借景的主要内容有借形、借声、借色、借香等。

其实，借景还只是实现景观优先原则的第一步，在中国古典园林中，建筑无论多寡，也无论其性质、功能如何，都力求与山、水、植被等环境要素有机地组织在一系列风景画面中，突出彼此协调、互相补充的积极一面，限制彼此对立、互相排斥的消极一面，甚至能够把后者转化为前者，从而在园林总体上使得建筑美与自然美融合起来，达到人工与自然高度协调的境界。而这种高度协调境界的达成其实都是建立在景观优先原则的基础上的，甚至为了使建筑更好的协调于自然环境之中，古代匠人还创造出了许多别致的建筑形式与细节处理方法。例如经常在古典园林中出现的廊，本是联系建筑物、划分空间的手段，却可以浮于水面，形成飘然凌波的“水廊”，或依山而上，形成随势起伏的“爬山廊”，如纽带一般把人为的建筑与天成的自然贯穿结合在一起，体现了对景观的尊重。在这个过程中，尤其要关注空间的“虚实”结合，中国传统艺术的各个门类都十分重视虚实关系的处理。往往以虚托实，最大限度地发挥虚的作用，如绘画的画面上留大片空白；书法与篆刻的“计白当黑”；诗词的“不著一字，尽得风流”；音乐的“此时无声胜有声”；戏剧之运用极简单的道具“出之贵实而用之贵虚”，建筑艺术当然也不例外。由于建筑实体围合而成的各种尺度的空间—庭、院、天井的重要性绝不亚于实体本身，在许多情况下空间虚体甚至成为建筑群的中心。木构架为室内空间的分隔提供了极大的灵活度，得以创造室内流动空间的艺术效果，加强内外空间的有机联系。建筑群的横向铺陈必然要求一系列的空间组织，这便是时空结合的渐进的序列过程。若为山地建筑群，则又形成许多高低错落的台地院落空间。一组建筑群往往就是各种空间的复合体，犹如一曲空间交响乐。所以说，中国古典建筑无论个体的设计或者群体的规划都具有独特的空间意识，这在园林建筑和乡土建筑中则尤为突出。

另外，还可以借助园林建筑自身的布局强化特定场所的景观效果。园林景观建筑的主要功能之一是塑造具有观赏架子的景观，在于创造并保存人类生存的环境与扩展自然景观的美，艺术性是园林景观建筑的固有属性。建筑往往是园林景观中的主要画面中心，是构图中心的主体，没有建筑难以成景，难言园林之美。园林景观建筑在园林景观构图中常有画龙点睛的作用，重要的建筑物常常作为园林景观的一定范围内甚至整个园林的构景中心，这一点与环境中的雕塑作品有相同之处。因此，园林景观建筑自身在视觉上的可观赏性是需要强化的。作为观赏园内外景物的场所，一栋建筑常成为画面的关键，而一组建筑物与游廊相连成为动观全景的观赏线。因此，建筑的位置、朝向、开敞或封闭、门窗形式及大小要考虑赏景的要求，使观赏者能够在视野范围内摄取到最佳的景观效果。园林景观中的许多组景手法如主景与次景、抑景与扬景、对景与障景、夹景与框景、俯景与仰景、实景与虚景等其实均与具体建筑的形态布局相关。在园林中，建筑形态可以更加灵活多变，不必拘泥于一正两厢，伦理象征或多或少被冲淡甚至完全消失，建筑布局获得最大的自由度。建筑与山、水、花木有机的组织为一系列风景画面，使得园林在总体上达到一个更高层次的建筑美与自然美相互交融的境界。优秀的园林作品，尽管建筑密度很大却不会让人感到囿于人工环境之中。虽然处处有建筑，但处处洋溢着大自然的盎然生机，园林犹如咫尺之间的城市山林，别开幻境的壶中天地。在这里，人们可以暂时摆脱尘俗，“仰观宇宙之大，俯察品类之盛”，仿佛从社会的人、生物的人超脱为自在的人，甚至尊贵如帝王者亦得以离开深化的拘束，恢复人性的怡悦。从四面八方看去，这些建筑形象都是完整的、均衡的，无所谓正、侧、背的区别，能最充分的显示其造型美，并发挥“点景”的作用。在建筑的体量与外立面设计上也可以继续强化景观效果，我国传统的木构建筑的一些特点也就更有利于它们在这方面的作用，如像柔和生动被誉为“如鸟斯革如翚斯飞”的屋顶，灵活轻巧的木框架结构，颜色丰富而鲜明的彩画油饰和粉刷，精致的细部装修，多种多样的建筑材料等，使得建筑物无论在体形上或色彩上都能适应种种复杂的自然环境、地形情况而创造建筑美与自然美的高度统一。例如，圆明园与颐和园这两座园苑内的许多建筑群即充分运用了这些特点，在“一正两厢”的传统布置的基础上追求种种不规则的曲折变化之趣。如圆明园内的“清夏斋”作“工”字形，“涵秋馆”作“口”字形，“淡泊宁静”作“田”字形万方安和”作“万”字形，“眉月轩”作偃月形，“湛翠轩”作曲尺形，以及各式不同的殿堂样式和十字流杯的亭子，抓山叠落各式游廊等不胜枚举。可以看得出，过去的造园师们在建筑设计和规划方面绝不草率从事，对每一栋建筑物的位置、外形、轮廓线、色调、体型的虚实关系等都经过缜密的考虑推敲，不仅赋予它们本身以丰富的表现力，并且因它们的存在使周围的自然环境获得了一种精致的艺术加工。因此几乎每一佳境都以建筑为重心，离开建筑物也就无以言园林之美了。

三、个性化特色

建筑学科是介于科学技术与艺术创作之间的一门学科，这对于园林建筑而言更是如此。传统上，科学家的工作是从大量的科学实践与观测数据中提炼出普遍定理，寻找普适性原则，就如现代主义建筑师们的努力一般。因此，科学实践通常是通过否定或者终结前者的方式呈线性结构向前发展。而艺术创作则具有更加强烈的主观性，常表现为艺术家多角度、多方面的自我超越，因而，也就形成了历史过程中连绵不断的艺术高峰。但是，在 20 世纪 60 年代出现的交叉学科思想如系统理论、符号理论以及托马斯·库恩的科学范式理论启发人们以新的角度看待上述问题，在建筑创作领域也开始更加重视文化和社会心理中所存在的多样性与复杂性，更加强调在设计的过程中除了“简单自明”的普遍性之外存在更多的特异性，并在它们之间寻求一种恰当的平衡。

从审美心理上讲，优秀的景观建筑需要提供不一般的审美体验，这就是其个性所在。审美愉悦是通过扩张和澄清构成人们意识生活的行为来达到的，而人们的感觉和想象的更新则往往是通过新奇的方式来达到的，它们来自最初的吸引与兴奋，之后，才可能进一步的感知，获取更为丰富的信息。

从空间体验上讲，布鲁诺·塞维将空间作为建筑的本质，“美观的建筑就必须是其内部空间吸引入、令人振奋，在精神方面使我们感到高尚的建筑，而难看的建筑必定是那些内部空间令人厌恶和使人退避的建筑”。为了丰富对于空间的美感，在园林建筑中可以采用种种方法来布置空间、组织空间、创造空间，特殊的空间体验造就了特定景观建筑令人难以忘怀的印象。例如留园的入口空间，其空间组合异常曲折、狭长、封闭，处于其内，人的视野被极度的压缩，甚至有沉闷、压抑的感觉，但当走到了尽头而进入园内的主要空间时，便顿时有一种豁然开朗的感觉。

从上文的论述可以看出，如果是将对园林建筑的体验作为纯粹的艺术欣赏，它倾向于打破知觉和理解习惯的惰性，这种习惯总体上来自实践中已被证明有益的东西，但却阻塞了强烈愉悦的源泉。广泛的说，既然人们的视觉经验与每日的实用和期望相关，那么他们就不能看见他们所看的东西。但是，从空间体验上看，观察者对周围环境的兴趣和愉悦感取决于感觉的两个补充原则：新奇性引发刺激的需求和熟悉的需求。第一个是对变化的反应，第二个是对不变的反应。例如中国古典园林中“开合有致，步移景异”的空间处理方法，就是通过开合收放、疏密虚实的变化在游人熟悉的一般性序列中营造宽窄、急缓、闭敞、明暗、远近的区别，进而在视点、视线、视野、视角等方面反复变换，使游人在感到新奇的同时享受空间之美。可见，这两种反应相互矛盾，人们的感觉在需要变化和新奇的同时，也在规律和重复之中寻找安全。可以说，没有什么东西能够无中生有，对于园林建筑的个性而言也是如此，传统既是潜在的新思想的发射台，也是潜在的障碍。因此，园林建筑创作中个性化设计的任务就是理解二者之间的关系，即二者之间互相补充、互相融合、互相激发或阻碍的关系。既尊重人类文化和自然环境的多样性，同时也要忠实于其统一价值，并进而在设计主题中剔除那些并不重要的实践，同时仍然保持作为主要动机和成果的探索和开放精神。例如，清代的皇家园林之所以可以达到很高的成就，就在于其景观建筑设计及园林设计均融合南北风格，兼具各种功能，以天然山水与人文建筑相结合突出地表现自然美见胜，即所谓的循规而不僵死，叛道而不离经。

若要在园林建筑设计中实现个性化设计原则，其核心是要在创新实践中正确地处理过去、现在与未来的关系，而个性正产生于它们之间的平衡与张力之中。创新的最重要的特征在本质上是一个整合的过程。创新不只是打断过去，而且是要揭示一个新秩序，这个新秩序至少部分地根植于原来的传统中。同样的，最成功的当代景观建筑作品可能是这样一些作品：它们从传统中吸取和当代仍然相关的部分；同时，通过类推过程，根据现在的情况映射出未来的远景。

可以说，个性化的创作不是极端的个人“英雄主义”，不是虚夸的标新立异，不是创作者“语不惊人死不休”的炫技欲望，而是在传统与未来之间寻求张力。这就要求设计者对每一个观念保持开放的心态，自始至终保持对美的尊崇，对文化的尊崇，对自然的尊崇，同时对那些似乎高不可及、难以逾越和占据支配地位的“既成事实”持有怀疑精神和不断超越的精神。

四、地域性特色

建筑作为一种文化，它是经济、技术、哲学、艺术等要素的有机综合体，具有时空性和地域性。斯蒂文·霍尔就曾经提出“建筑不像音乐、绘画、雕塑、电影及文学那样，是受地域限制的产物，并总是与某一个地区的经历纠缠在一起的”。对园林建筑设计而言，上述地域性特征往往表现得更为鲜明。不同时代的经典园林建筑作品通常都是那些能够恰当地体现各个特定地域特征的建筑，它们在塑造多样而富有特色的城市景观风貌中往往发挥着巨大的作用。建筑的地域性，或称地方性，是指建筑与所处地方的自然条件、经济形态、文化环境和社会结构的特定关联，它是建筑的基本属性。建筑的地域性从建筑产生之日起就有，是建筑与生俱来的属性，它们同时也是一个地区建筑形式与该地区的自然和社会条件相互作用并取得平衡的结果。然而，自进入21世纪以来，随着信息化时代的到来，园林文化的交流与融合达到了前所未有的高度。艺术、科技、技术等多个领域的地域文化均在全球范围内广泛传播，文化的交流和发展，开创了世界各地景观大发展的局面，但也产生了一些负面影响，如景观文化地缘的消失，景观模式的大量雷同，外来物种的引入，均在不断地威胁着地域景观系统的完整性、稳定性与安全性，往往对当地的景观文化系统的独特性及原有生态平衡造成巨大的冲击，这样的状况已经引起世界的广泛关注。人们逐渐感受到建筑和城市所在地区、民族的艺术审美上的差异逐渐消失的危机。随着世界格局的多极化、经济与生活方式的多样化，人们充分意识到单一文化模式的危害性，认识到只有保持丰富多彩的各种文化，才能维持文化生态系统的新陈代谢和生态平衡，促使世界文化的多元构成，成为时代的必然需求。地域性建筑也因此受到越来越多人的关注。

因此，强调园林建筑的地域性表达，使其成为传承地域文化的载体，成为时代赋予设计者的责任。一般而言，地域性是人类各种活动过程的产物，它客观、真实地记载了人类文明的进程，是人类文化和科学技术的结晶，表述了在不同历史阶段人类对自然环境以及人文环境的认识和理解。园林建筑的地域性特征通常表现在以下方面：回应当地的地形、地貌和气候等自然条件；运用当地的地方性材料、能源和建造技术；吸收包括当地建筑形式在内的建筑文化成就；有其他地域没有的特异性并具明显的经济性。

从认知学派的角度讲，地域性即是在强调园林建筑的可解与可索性。认知学派是景观分析与评价的学派之一，它把包括风景园林建筑在内的景观作为人的生存空间、认识空间来评价，强调建筑对人的认知及情感反应上的意义，试图用人的进化过程及功能需要去解释人对风景园林建筑的审美过程。该学派认为“崇高”感和“美”感是由人的两类不同情欲引起的，其中一类涉及人的“自身保存”，另一类则涉及人的“社会生活”。前者在生命受到威胁时，才表现出来，与痛苦、危险等紧密相关，是“崇高”感的来源；后者则表现为人的一般社会关系和繁衍后代的本能，这是“美”感的来源。在对风景园林建筑的审美过程中，既要具有可被辨识和理解的特性—“可解性”，又要具有可以不断被探索和包含着无穷信息的特性—“可索性”，如果这两个都具备则风景园林建筑的质量就高。就像人们总是习惯以一个人的口音来判断他来自哪里一样，人们也习惯以一个地方的气候、环境以及建筑来判断自己身在何处；同样也习惯以建筑的屋顶形式、坡度大小、空间布局、建筑用材等来判断这个建筑的所在地。从人们的一贯判断习惯不难看出，在我国历史上，建筑的地域性特征是比较强的，这才有了我们较常提到的江南水乡、岭南建筑文化、四川山地建筑、客家建筑文化、干阑式建筑文化、蒙古包、新疆维族民居、西藏的碉楼、北方的四合院、纳西族的井干式木棱房、西北的窑洞等等。人们也正是依靠这种可解与可索的地域性特征来对个人、民族及国家的认同进行定位。

在依照注重地域性进行园林建筑的设计时，尤其要尊重环境（包括自然和人文环境）、尊重历史、尊重当地生活习俗、满足现代生活需求、适应现代经济社会发展。在这个原则下，或是探寻地方建筑技术、地方建筑材料在现代条件下的运用；或是运用现代材料、技术、构造方式加以创造性的发挥、发展，定能创造出具有个性化的地域建筑创作之路。

每个地域都有各自的历史，自然就会有历史的积淀。它存留在建筑和城市中，或融会在每个人的生活之中，形成当地的建筑文化。作为文化结晶和凝聚的地域建筑，是地域文化在物质环境和空间形态上的体现。同时，地域建筑及其产生的地域建筑环境（包括城镇聚落环境）一旦形成，就会对置身其中的人们的思想、行为、心理、生活方式等产生潜移默化的影响，造就一种新的文化情景。因此，在进行地域性建筑创作时，我们要把地域文化特征作为设计依据，同时我们还要注意结合地域自然条件，因为建筑只有适应本地区的气候条件，巧妙地结合自然环境，才能创造出具有宜人空间和强烈地域特征的建筑形态。

中国在历史上有着丰富多彩的建筑文化遗产，但是在近两个世纪里我们科学技术的发展严重地滞后了，园林建筑文化也不例外，这使我们至今在国际竞争中仍明显地处于弱势地位。因此，在今天的全球化进程中，我们一方面要有一种文化自觉的意识、文化自尊的态度、文化自强的精神，面对强势文化的挑战，要像保护生物多样性一样，对建筑文化的多样性进行必要的保护、发掘、提炼、继承和弘扬；另一方面更要以开放、包容的心态和批判的精神，认真学习和吸收全世界优秀的园林建筑文化和先进的科学技术，自觉地融入全球化的现代进程。惟其如此，我们古老的园林建筑文化才有可能焕发出蓬勃的生命力、创造力和竞争力，才有可能真正实现中国园林建筑的现代化。

第三章 园林规划设计的内容与步骤

园林规划设计的内容是相关周林部门对园林绿地的具体规划安排，合理的设计内容和正确的设计步骤有助于园林绿地的建设发展。

第一节 园林规划设计的内容与专业分工

园林规划设计内容可从两个角度阐述，其相应的规划部门和具体内容均不同，园林规划设计作为一门知识面广、实践性强的学科，需要多专业规划设计人员共同参与，以满足园林绿地建设各方面的要求。

一、园林规划设计的内容

园林规划从大的方面讲，是指明未来园林绿地发展方向的设想安排，其主要任务是按照国民经济发展需要，提出园林绿地发展的战略目标、发展规模、速度和投资等。这种规划是由各级园林行政部门制定的。由于这种规划是若干年以后园林绿地发展的设想，因此常制订出长期规划、中期规划和近期规划，用以指导园林绿地的建设，这种规划也叫发展规划。另一种是指对某一个园林绿地（包括已建和拟建的园林绿地）所占用的土地进行安排和对园林要素如山水、植物、建筑等进行合理的布局与组合，如一个城市的园林绿地规划，结合城市的总体规划，确定出园林绿地的比例等。要建一座公园，也要进行规划，如需要划分哪些景区，各布置在什么地方，要多大面积以及投资和完成的时间等。这种规划是从时间、空间方面对园林绿地进行安排，使之符合生态、社会和经济的要求，同时又能保证园林规划设计各要素之间取得有机联系，以满足园林艺术要求。这种规划是由园林规划设计部门完成的。

通过规划虽然在时空关系上对园林绿地建设进行了安排，但是这种安排还不能给人们提供一个优美的园林环境。为此要求进一步，对园林绿地进行设计。所以园林绿地设计就是为了满足一定目的和用途，在规划的原则下围绕园林地形，利用植物、山水、建筑等园林要素创造出具有独特风格、有生机、有力度、有内涵的园林环境，或者说设计就是对园林空间进行组合，创造出一种新的园林环境。园林绿地设计的内容包括地形设计、建筑设计、园路设计、种植设计及园林小品等方面的设计。

二、园林规划设计的专业分工

园林规划设计是一个综合性很强的工作，项目的完成往往需要多专业规划设计人员共同配合。

一般说来，从总体规划设计的层面看，完成一个园林规划设计项目除了园林专业外，根据项目的具体情况，还需要项目策划、城市规划、地理、GIS、生态、动植物、给排水、供电等多专业人员配合。园林规划设计师的工作重点为：分析建设条件，研究存在问题，确定园林方案的构思与立意、确定园林主要职能和建设规模，控制开发的方式和强度，进行平面布局与交通组织、植物规划等。从扩初设计与施工图设计的层面上看，一个园林设计的项目需要园林、结构、给排水、供电等多个专业的设计人员共同配合才能完成，另外根据不同项目的要求，有些项目还需要增加建筑、道桥、雕塑、设备等其他专业的设计人员。园林规划设计师的工作主要是负责各类园林小品、构筑物、园路铺装、构造节点设计以及植物配置等方面的问题。

园林规划设计涉及各专业的工作内容，各专业的协同工作不可避免地会形成各种具体矛盾。这些矛盾既需要各专业相互了解，相互配合，又需要有人专门负责它们之间的协调统一。由于上述国林规划设计师的工作内容与特点，园林规划设计中的各种矛盾往往集中在园林专业的工作中，所以，一般情况下，这种协调统一工作是由园林规划设计师来主持的。

园林规划设计工作中园林专业的这种特点对园林规划设计师提出了很高的要求，一个称职的园林规划设计师首先需要关心社会，了解人民的生活与需要，树立为人民服务的观点。在业务方面，不但要掌握本专业的知识技能，同时还应具有较广泛的文化知识和艺术修养。为了与其他专业协作，还要了解一定的其他各个专业的知识，并在这样的基础上不断提高自己分析问题和解决问题的能力，善于解决规划设计工作中的各种错综复杂的矛盾，才能和各专业一起，密切配合，协同工作，优质高效地完成整个规划设计任务。

第二节　园林规划设计的步骤

一般来说，园林规划设计的步骤可以分为规划设计前期、规划设计、后期服务三个阶段。

一、规划设计前期阶段

（一）接受任务书

一般情况，建设项目的业主（俗称“甲方”）通过直接委托或招标的方式来确定设计单位（俗称“乙方”）。乙方在接受委托或招标之后，必须仔细研究甲方制定的规划设计任务书，并与甲方人员尤其是甲方的项目主要负责人多交流、沟通，以争取尽可能地了解甲方的需求与意图。

设计任务书是确定建设任务的初步设想，一般情况下主要包括以下内容：

（1）项目的作用和任务、服务半径、使用要求。

（2）项目用地的范围、面积、位置、游人容量。

（3）项目用地内拟建的政治、文化、宗教、娱乐、体育活动等大型设施项目的内容。

（4）建筑物的面积、朝向、材料及造型要求。

（5）项目用地在布局风格上的特点。

（6）项目建设近、远期的投资计划及经费。

（7）地貌处理和种植设计要求；

（8）项目用地分期实施的程序；

（9）完成日程和进度。

（二）收集资料

在进行园林规划设计之前对项目情况进行全面、系统的调查与资料收集，可为规划设计者提供细致、可靠的规划设计依据。

1. 项目用地图纸资料

（1）地形图：根据面积大小，提供1∶5000、1∶2000、1∶1000、1∶500等不同比例基地范围内的总平面地形图。一般来说，基地面积大的规划类项目需要大比例的地形图，反之，基地面积小的设计类项目需要小比例地形图。图纸应明确显示以下内容：设计范围（红线范围、坐标数字）。基地范围内的地形、标高及现状物（现有建筑物、构筑物、山体、植物、道路、水系，还有水系的进、出口位置、电源等）的位置。现状物中，要求保留、利用、改造和拆迁等情况要分别注明。四周环境情况．与市政交通联系的主要道路名称、宽度、标高点数值以及走向和道路排水方向、周围机关、单位、居住区、村落的名称、范围，以及今后发展状况。

（2）遥感影像地图：遥感影像地图一般按获取渠道不同分为航空像片和卫星像片。一般情况下，在对基地面积大的项目如森林公园、湿地公园等进行规划设计时必须借助遥感影像地图完成各种现状分析。

（3）局部放大图（1∶200）：主要为局部单项设计用。该图纸要满足建筑单体设计及其周围山体、水系、植被、园林小品及园路的详细布局。

（4）要保留使用的主要建筑物的平、立面图：平面位置应注明室内外标高，立面图要标明建筑物的尺寸、色彩、建筑使用情况等内容。

（5）树木分布位置现状图（1∶500，1∶200）：主要标明要保留树木的位置，并注明种类、胸径、生长状况和观赏价值等。有较高观赏价值的树木最好附有彩色照片。

（6）地下管线图（1∶500、1∶200）：一般要求与施工图比例相同。图内应包括要保留和拟建的上水、雨水、污水、化粪池、电信、电力、暖气沟、煤气、热力等管线位置及井位等。除平面图外，还要有剖面图，并需要注明管径的大小，管底或管顶标高，压力及坡度等。

2. 其他资料

（1）项目所在地区的相关资料：自然资源，如地形地貌、水系、气象、动物、植物种类及生态群落组成等；社会经济条件，如人口、经济、政治、金融、商业、旅游、交通等；人文资源，如历史沿革、地方文化、历史名胜、地方建筑等。

（2）项目用地周边的环境资料：周围的用地性质、城市景观、建筑形式、建筑的体量色彩、周围交通联系、人流集散方向、市政设施、周围居民类型与社会结构等。

（3）项目用地内的环境资料：自然资源，如地形地貌、土壤、水位及地下水位、植被分布、日照条件、温度、风、降雨、小气候等；人工条件，如现有建筑、道路交通、市政设施、污染状况等；人文资源，如文物古迹、历史典故等。

（4）上位规划设计资料：在规划设计前，要收集项目所在区域的上一级规划、城市绿地系统规划等相关资料情况，以了解对项目用地规划设计的控制要求，包括用地性质以及对于用地范围内构筑物高度的限定、绿地率要求等。

（5）相关的法规资料：园林规划设计中涉及的一些规范是为了保障园林建设的质量水平而制定的，在规划设计中要遵守与项目相关的法律规范。

（6）同类案例资料：规划设计前，有时需要选择性质相同、内容相近、规模相当、方便实施的同类典型案例进行资料收集。内容包括一般技术性了解（对设计构思、总体布局、平面组织和空间组织的基本了解）和使用管理情况收集两部分。最终资料收集的成果应以图文形式表达出来。对同类案例的调研可以为基地下一步规划设计提供很好的参考。

（7）其他资料：如项目所在地区内有无其他同类项目；建设者所能提供用于建设的实际经济条件与可行的技术水平；项目建设所需主要材料的来源与施工情况，如苗木、山石、建材等。

（三）勘察现场

无论现场面积大小、设计项目的难易，设计者都必须到现场进行认真勘查。一方面核对、补充所收集的图纸资料，如：现状的建筑、树木等情况，水文、地质、地形等自然条件；另一方面，设计者到现场，可以根据周围环境条件，进入艺术构思阶段。“俗则屏之，嘉则收之”，发现可利用、可借景的景物要予以保留，不利或影响景观的物体，在规划过程中加以适当处理。根据具体情况（如面积较大，情况较复杂等），必要时，勘查工作要进行多次现场勘查的同时，要拍摄一定的环境现状照片，以供规划设计时参考。

以上的任务内容繁多。在具体的规划设计中，我们或许只用到其中的一部分工作成果。但是要想获得关键性资料，必须认真细致地对全部内容进行深入系统的调查、分析和整理。

二、规划设计阶段

（一）方案规划设计

方案设计的要求如下：应满足编制初步设计文件的需要；应能据以编制工程估算；应满足项目审批的需要。方案设计包括设计说明与设计图纸两部分内容。

1. 设计说明

（1）现状概述：概述区域环境和设计场地的自然条件、交通条件以及市政公用设施等工程条件；简述工程范围和工程规模、场地地形地貌、水体、道路、现状建构筑物和植物的分布状况等。

（2）现状分析：对项目的区位条件、工程范围、自然环境条件、历史文化条件和交通条件进行分析。

（3）设计依据：列出与设计有关的依据性文件。

（4）设计指导思想和设计原则：概述设计指导思想和设计遵循的各项原则。

（5）总体构思和布局：说明设计理念、设计构思、功能分区和景观分区，概述空间组织和园林特色。

（6）专项设计说明：竖向设计、园路设计与交通分析、绿化设计、园林建筑与小品设计、结构设计、给水排水设计、电气设计。

（7）技术经济指标：计算各类用地的面积，列出用地平衡表和各项技术经济指标。

（8）投资估算：按工程内容进行分类，分别进行估算。

2. 设计图纸

（1）区位图：标明用地在城市的位置和周边地区的关系。

（2）用地现状图：标明用地边界、周边道路、现状地形等高线、道路、有保留价值的植物、建筑物和构筑物、水体边缘线等。

（3）现状分析图：对用地现状做出各种分析图纸。

（4）总平面图：标明用地边界、周边道路、出入口位置、设计地形等高线、设计植物、设计园路铺装场地；标明保留的原有园路、植物和各类水体的边缘线、各类建筑物和构筑物、停车场位置及范围。标明用地平衡表、比例尺、指北针、图例及注释。

（5）功能分区图或景观分区图：用地功能或景区的划分及名称。

（6）园路设计与交通分析图标明各级道路、人流集散广场和停车场布局；分析道路功能与交通组织。

（7）竖向设计图：标明设计地形等高线与原地形等高线；标明主要控制点高程；标明水体的常水位、最高水位与最低水位、水底标高；绘制地形剖面图。

（8）绿化设计图：标明植物分区、各区的主要或特色植物（含乔木、灌木），标明保留或利用的现状植物；标明乔木灌木的平面布局。

（9）主要景点设计图：包括主要景点的平、立、剖面图及效果图等。

（10）其他必要的图纸。

（二）初步设计

初步设计的要求如下：应满足编制施工图设计文件的需要；应满足各专业设计的平衡与协调；应能据以编制工程概算；提供申报有关部门审批的必要文件。设计文件内容包括：

1.设计总说明

包括设计依据、设计规范、工程概况、工程特征、设计范围、设计指导思想、设计原则、设计构思或特点、各专业设计说明、在初步设计文件审批时需解决和确定的问题等内容。

2.总平面图

比例一般采用1∶500、1∶1000。内容包括基地周围环境情况、工程坐标网、用地范围线的位置、地形设计的大致状况和坡向、保留与新建的建筑和小品位置、道路与水体的位置、绿化种植的区域、必要的控制尺寸和控制高程等。

3.道路、地坪、景观小品及园林建筑设计图　比例一般采用1∶50、1∶100，1∶200。内容包括：

（1）道路、广场应有总平面布置图，图中应标注出道路等级、排水坡度等要求。

（2）道路、广场主要铺面要求和广场、道路断面图。

（3）景观小品及园林建筑的主要平面、立面、剖面图等。

4.种植设计图内容包括：

（1）种植平面图，比例一般采用1∶200、1∶500，图中标出应保留的树木及新栽的植物。

（2）主要植物材料表，表中分类列出主要植物的规格、数量，其深度需满足概算需要）。

（3）其他图纸，根据设计需要可绘制整体或局部种植立面图、剖面图和效果图。

5.结构设计文件

（1）设计说明书，包括设计依据和设计内容的说明。

（2）设计图纸，比例一般采用1∶50，1∶100、1∶200，包括结构平面布置图、结构剖面等。

6.给水排水设计文件

（1）设计说明书：①设计依据、范围的说明；②给水设计，包括水源、用水量、给水系统、浇灌系统等方面说明；③排水设计，包括工程周边现有排水条件简介、排水制度和排水出路、排水量、各种管材和接口的选择及敷设方式等方面说明。

（2）设计图纸给水排水总平面图，图纸比例一般采用：1∶300，1∶500，1∶1000。

（3）主要设备表。

7. 电气设计文件

（1）设计说明书，包括设计依据、设计范围、供配电系统、照明系统、防雷及接地保护、弱电系统等方面的说明。

（2）设计图纸，包括电气总平面图、配电系统图等内容。

（3）主要设备表。

8. 设计概算文件

由封面、扉页、概算编制说明、总概算书及各单项工程概算书等组成，可单列成册。

（三）施工图设计

施工图设计应满足施工、安装及植物种植需要；满足施工材料采购、非标准设备制作和施工的需要。设计文件包括目录、设计说明、设计图纸、施工详图、套用图纸和通用图、工程预算书等内容。只有经设计单位审核和加盖施工图出图章的设计文件才能作为正式设计文件交付使用。园林规划设计师应经常深入施工现场，一方面解决现场的各类工程问题，另一方面通过现场经验的积累，提高自己施工图设计的能力与水平。

1. 设计总说明

（1）设计应依据政府主管部门批准文件和技术要求、建设单位设计任务书和技术资料及其他相关资料。

（2）应遵循的主要的国家现行规范、规程、规定和技术标准。

（3）简述工程规模和设计范围。

（4）阐述工程概况和工程特征。

（5）各专业设计说明，可单列专业篇。

2. 总平面图

比例一般采用1∶300、1∶500，1∶1000。包括各定位总平面、索引总平面、竖向总平面、道路铺装总平面等内容。

（1）定位总平面，可以采用坐标标注、尺寸标注、坐标网格等方法对建筑、景观小品、道路铺装、水体各项工程进行平面定位。

（2）索引总平面，对各项工程的内容进行图纸及分区等索引。

（3）竖向总平面，内容包括，标明人工地形（包括山体和水体）的等高线或等深线（或用标高点进行设计）；标明基地内各项工程平面位置的详细标高，如建筑物、园路、广场等标高，并要标明其排水方向；标明水体的常水位、最高水位与最低水位、水底标高；标明进行土方工程施工地段内的原标高，计算出挖方和填方的工程量与土石方平衡表等。

（4）道路铺装总平面，标明道路的等级、道路铺装材料及铺装样式等。

（5）根据工程不同具体情况的其他相关内容总平面。

工程简单时，上述图纸可以合并绘制。

3. 道路、地坪、景观小品及建筑设计

道路、地坪、景观小品及建筑设计应逐项分列，宜以单项为单位，分别组成设计文件。设计文件的内容应包括施工图设计说明和设计图纸。施工图设计说明可注于图上。施工图设计说明的内容包括设计依据、设计要求、引用的通用图集及对施工的要求。单项施工图纸的比例要求不限，以表达清晰为主。施工详图的常用比例 1∶10、1∶20，1∶50，1∶100。单项施工图设计应包括平、立、剖面图等。标注尺寸和材料应满足施工选材和施工工艺要求。单项施工图详图设计应有放大平面、剖面图和节点大样图，标注的尺寸、材料应满足施工需求。标准段节点和通用图应诠释应用范围并加以索引标注。

4. 种植设计

种植设计图应包括设计说明、设计图纸和植物材料表。

（1）设计说明：种植设计的原则、景观和生态要求；对栽植土壤的规定和建议；规定树木与建筑物、构筑物、管线之间的间距要求；对树穴、种植土、介质土、树木支撑等作必要的要求；应对植物材料提出设计要求。

（2）设计图纸：种植设计平面图比例一般采用 1∶200，1∶300，1∶500；设计坐标应与总图的坐标网一致：①应标出场地范围内拟保留的植物，如属古树名木应单独标出；②应分别标出不同植物类别、位置、范围；③应标出图中每种植物的名称和数量，一般乔木用株数表示，灌木、竹类、地被、草坪用每平方米的数量（株）表示；④种植设计图，根据设计需要宜分别绘制上木图和下木图；⑤选用的树木图例应简明易懂，不同树种甚至同一树种应采用相同的图例；⑥同一植物规格不同时，应按比例绘制，并有相应表示；重点景区宜另出设计详图。

（3）植物材料：表植物材料表可与种植平面图合一，也可单列；①列出乔木的名称、规格（胸径、高度、冠径、地径）、数量宜采用株数或种植密度；②列出灌木、竹类、地被、草坪等的名称、规格（高度、蓬径），其深度需满足施工的需要；③对有特殊要求的植物应在备注栏加以说明；④必要时，标注植物拉丁文学名。

5. 结构

结构专业设计文件应包含计算书（内部归楼）、设计说明，设计图纸。

（1）计算书（内部技术存档文件）：一般有计算机程序计算与手算两种方式。

（2）设计说明：①主要标准和法规，相应的工程地质详细勘察报告及其主要内容；②采用的设计荷载、结构抗震要求；③不良地基的处理措施；④说明所选用结构用材的品种、规格、型号、强度等级、钢筋种类与类别、钢筋保护层厚度、焊条规格型号等；⑤地形的堆筑要求和人工河岸的稳定措施；⑥采用的标准构件图集，如特殊构件需作结构性能检验，应说明检验的方法与要求；⑦施工中应遵循的施工规范和注意事项。

（3）设计图纸：包括基础平面图、结构平面图、构件详图等内容。

6. 给水排水

给水排水设计文件应包括设计说明、设计图纸、主要设备表。

（1）设计说明：①设计依据简述；②给排水系统概况，主要的技术指标；③各种管材的选择及其敷设方式；④凡不能用图示表达的施工要求，均应以设计说明表述；⑤图例。

（2）设计图纸：①给水排水总平面图；②水泵房平、剖面图或系统图；③水池配管及详图；④凡由供应商提供的设备如水景、水处理设备等应由供应商提供设备施工安装图，设计单位加以确定。

（3）主要设备表：分别列出主要设备、器具、仪表及管道附件配件的名称、型号、规格（参数）、数量、材质等。

7. 电气包括设计说明、设计图纸、主要设备材料表。

（1）设计说明：①设计依据；②各系统的施工要求和注意事项（包括布线和设备安装等）；③设备订货要求；④图例。

（2）设计图纸：①电气干线总平面图（仅大型工程出此图）；②电气照明总平面图，包括照明配电箱及各类灯具的位置、各类灯具的控制方式及地点、特殊灯具和配电（控制）箱的安装详图等内容；③配电系统图（用单线图绘制）。

（3）主要设备材料表：应包括高低压开关柜、配电箱、电缆及桥架、灯具、插座、开关等，应标明型号规格、数量，简单的材料如导线、保护管等可不列。

8. 预算

预算文件组成内容应包含封面、扉页、预算编制说明、总预算书（或综合预算书）、单位工程预算书等，应单列成册。封面应有项目名称、编制单位、编制日期等内容。扉页有项目名称、编制单位、项目负责人和主要编制人及校对人员的署名，加盖编制人注册章。

三、后期服务阶段

后期服务是园林规划设计工作内容极其重要的环节。首先，园林规划设计师应为甲方做好服务工作，协调相关矛盾，与施工单位、监理单位共同完成工程项目；其次，一些园林规划设计的成果如地形、假山、种植的设计，在施工过程中可变性极强，只有设计师经常深入现场不断把控，才能保证项目的建成效果，充分地体现设计意图。最后，由于图纸与现实总有实际的偏差，因此，有时设计师在施工现场中需要对原设计进行合理的调整，才能达到更好的建成效果。

（一）施工前期服务

施工前需要对施工图进行交底。甲方拿到施工设计图纸后，会联系监理方、施工方对施工图进行看图和读图。看图属于总体上的把握，读图属于对具体设计节点、详图的理解。之后，由甲方牵头，组织设计方、监理方、施工方进行施工图设计交底会。在交底会上，甲方、监理、施工各方提出看图后所发现的各专业方面的问题，各专业设计人员将对口进行答疑。一般情况下，甲方的问题多涉及总体上的协调、衔接；监理方、施工方的问题常提及设计节点、大样的具体实施。双方侧重点不同。由于上述三方是有备而来，并且有些问题往往是施工中的关键节点，因而设计方在交底会前要充分准备，会上要尽量结合设计图纸当场答复，现场不能回答的，回去考虑后尽快做出答复。另外，施工前设计师还要对硬质工程材料样品以及对绿化工程中备选植物进行确认。

（二）施工期间服务

施工期间，设计师应定期与不定期地深入施工现场，解决施工单位提出的问题。能解决的，现场解决；无法解决的，要根据施工进度需要，协调各设计专业尽快出设计变更图解决。同时，也应进行工地现场监督，以确保工程按图施工。参加施工期间的阶段性工程验收，如基槽、隐蔽工程的验收。

（三）施工后期服务

施工结束后，设计师还需要参加工程竣工验收，以签发竣工证明书。另外，有时在工程维护阶段，甲方要求设计师到现场勘察，并提供相应的报告叙述维护期的缺点及问题。

第四章　AutoCAD园林景观设计绘图

第一节　二维园林图形绘制

一、二维图元的绘制

二维图元即二维图形的基本单元，所有二维图形都是由二维图元构成的。二维图元包括点、直线、射线、构造线、多线、多段线、样条曲线、圆、圆弧、椭圆、椭圆弧、矩形、正多边形、修订云线、手绘线等。

（一）点的绘制

要使用点，首先要定义点样式。所谓点样式就是点的显示方式。

1. 定义点样式的方式如下。

（1）菜单方式：“格式”→“点样式”。

（2）命令行方式：Ddptype。

执行命令后均会打开“点样式”对话框，通过对话框可以对点样式进行设置。对话框的上部列出了20种点样式，要使用哪一种点样式，需单击那种点样式的图案。“点大小”用于指定点的显示大小，指定时需在文本框内输入所需的数字。“相对于屏幕设置大小”是指点的大小按屏幕的百分之几进行显示。“按绝对单位设置大小”是指点的大小按几个单位进行显示。选定单选项后，单击确定，完成点样式的设置。这样所有的点，包括原来绘制的点和将要绘制的点，均按这个样式进行显示。

2. 要绘制点，需启动点绘制命令

但绘制单点、多点、等分点的命令是不同的。

（1）要绘制单点，需启动单点绘制命令。启动单点绘制命令的方法如下。①菜单方式：“绘图”→“点”→“单点”。②命令行方式：Point（po）。执行命令后，根据提示输入点的坐标，就完成了单点的绘制。

（2）要绘制多点，需启动多点绘制命令。启动多点绘制命令的方法如下。①菜单方式：“绘图”→“点”→“多点”。②绘图工具条方式：“点”按钮·。执行命令后，根据提示依次输入点的坐标，一次可以完成多个点的绘制。要结束该命令，按Esc键。

（3）要绘制等分点，需启动定数等分或定距等分命令。

定数等分命令是在对象的长度或周长方向上，按用户指定的数目等分对象，并在等分点处放置点或块。可等分的对象包括直线、圆、圆弧、椭圆、椭圆弧、多段线和样条曲线。

①启动定数等分命令的方法如下。

A. 菜单方式：“绘图”→“点”→“定数等分”。

B. 命令行方式：Divide　　（div）。

执行命令后，命令行提示“选择要定数等分的对象：”，这时光标变为拾取框，移动光标到要等分的对象上，当图形对象亮显时，单击拾取对象，此时命令行提示“输入线段数目或[块（B）]：”，输入要等分的段数（不是插入的点数，而是点数加一），即在要等分的位置上插入了多个点。此多个点，将被放入上一个选择集。

定距等分命令是在对象的长度或周长方向上，按用户指定的距离等分对象，并在等分点处放置点或块。可等分的对象包括直线、圆、圆弧、椭圆、椭圆弧、多段线和样条曲线。

②启动定距等分命令的方法如下。

A. 菜单方式：“绘图”→“点”→“定距等分”。

B. 命令行方式：Measure（me）。

执行命令后，命令行提示“选择要定距等分的对象：”，这时光标变为拾取框，移动光标到要等分的对象上，当图形对象亮显时，单击拾取对象，此时命令行提示“指定线段长度或[块（B）]：”，输入要等分的距离，即在要等分的位置上插入了多个点。此多个点，将被放入上一个选择集。

定距等分命令绘制点对象时，将沿选定对象按指定间隔放置点对象，并从最靠近对象拾取点的端点处开始放置。若是闭合多段线，则定距等分从它们的初始顶点（绘制的第一个点）处开始。圆的定距等分从设置为当前捕捉旋转角（由 snapang 定义的参数）的自圆心的角度开始，如果捕捉旋转角为零，则从圆心右侧的象限点开始逆时针定距等分圆。如果对象总长不能被所选长度整除，则最后绘制的点到对象端点的距离不等于指定的长度。

（二）直线的绘制

AutoCAD 所绘制的直线是由两点定义的直线段。执行一次直线命令可以绘制 n 条直线段，每一条直线段就是一个独立的图形对象，可以单独进行编辑。

启动“直线”命令的方法如下。

菜单方式：“绘图”→“直线”。

“绘图”工具条方式：“直线”按钮。

命令行方式：Line（I）。

执行命令后，命令行提示“指定第一点：”，使用输入点的方法输入第一点的坐标，命令行提示“指定下一点或[放弃（U）]：”，使用输入点的方法输入第二点的坐标，如果要回撤一步操作（不是放弃命令的执行），输入 U，回车确认。如果要继续画直线，则依提示输入第三点、第四点……。如果要首尾相连，则要输入 C，回车结束命令。输入多点后如果要直接结束命令，可以回车，或者敲空格键，或按 Esc 键，或右键选择确认。

（三）射线的绘制

AutoCAD 所绘制的射线是由指定点和通过点两点定义的线。线向第二点的方向无限延伸。执行一次射线命令可以绘制 n 条以第一点为起点的射线，每一条射线是一个独立的图形对象，可以单独进行编辑。由于无限延伸，因此射线通常用作辅助线。但射线经打断、修剪操作可以形成直线段。

启动“射线”命令的方法如下。

菜单方式：“绘图”→“射线”。

命令行方式：Ray。

执行命令后，命令行提示“指定起点：”；输入第一点的坐标，命令行提示“指定通过点：”；输入第二点的坐标，命令行提示“指定通过点：”；继续指定通过点。若要结束命令，可以回车，或者敲空格键，或按 Esc 键，或右键确认。

（四）构造线的绘制

构造线是由第一个指定点为通过点，第二个点确定方向的双向无限延伸的线。执行一次构造线命令可以绘制 n 条以第一点为通过点的构造线，每一条构造线是一个独立的图形对象，可以单独进行编辑。由于双向无限延伸，因此构造线通常用作辅助线。但构造线经打断、修剪可以形成射线或者直线段。

启动“构造线”命令的方法如下。

菜单方式：“绘图”→“构造线”。

“绘图”工具条方式：“构造线”按钮 。

命令行方式：XLine （xl）。

执行命令后，命令行提示“指定点或[水平（H）/垂直（V）/角度（A）/二等分（B）/偏移（O）]：”；输入第一点的坐标，命令行提示“指定通过点：”；输入第二点的坐标，命令行提示“指定通过点：”；指定通过点，……。若要结束命令，可以回车，或者敲空格键，或按 Esc 键，或右键确认。

AutoCAD 还可以绘制水平构造线、垂直构造线、按指定角度倾斜的构造线。和直线平行的构造线以及二等分角度线位置上的构造线。

绘制水平构造线：执行命令 xl 后，命令行提示“指定点或[水平（H）/垂直（V）/角度（A）/二等分（B）/偏移（O）]：”；输入 h 回车，命令行提示“指定通过点：”；输入点坐标，绘制第一条水平构造线，命令行提示“指定通过点”；输入点坐标，绘制第二条水平构造线，……。若要结束命令，可以回车，或者敲空格键，或按 Esc 键，或右键确认。

绘制垂直构造线：执行命令 xl 后，命令行提示“指定点或[水平（H）/垂直（V）/角度（A）/二等分（B）/偏移（O）]：”；输入 v 回车，命令行提示“指定通过点：”；

输入点坐标，绘制第一条垂直构造线，命令行提示“指定通过点：”；输入点坐标，绘制第二条垂直构造线，……。若要结束命令，可以回车，或者敲空格键，或按 Esc 键，或右键确认。

绘制一定倾斜角度的构造线：执行命令后，命令行提示“指定点或[水平（H）/垂直（V）/角度（A）/二等分（B）/偏移（O）]：”；输入 a 回车，命令行提示“输入构造线的角度（0）或[参照（R）]：”；直接回车则绘制水平构造线，如果指定点，则命令行提示“指定第二点：”；输入第二点，命令行提示“指定通过点：”；输入点，则绘制了第一条倾斜的构造线，命令行提示“指定通过点：”；输入点，则绘制了第二条倾斜的构造线……。如果要输入的角度不是基于 X 轴，而是基于某个直线段，则在命令行提示“输入构造线的角度（0）或[参照（R）]：”时，输入 r 回车，则提示“选择直线对象：”；拾取对象，再输入角度，那么程序将以直线为基准，绘制倾斜的构造线。若要结束命令，可以回车，或者敲空格键，或按 Esc 键，或右键确认。

绘制和直线平行的构造线：执行命令后，命令行提示“指定点或[水平（H）/垂直（V）/角度（A）/二等分（B）/偏移（O）]：”；输入 o 回车，命令行提示“指定偏移距离或[通过（T）]<>：”；输入偏移的距离，命令行提示“选择直线对象：”；拾取直线或可以形成直线段的对象的直线部分，命令行提示“指定向哪侧偏移：”；输入点，则绘制了第一条平行于直线的构造线，命令行提示“选择直线对象：”；拾取直线或可以分解为直线段的对象的直线部分，命令行提示“指定通过点：”；输入点，则绘制了第二条平行于对象的构造线，……。如果要按通过方式绘制和直线平行的构造线，则在命令行提示“指定偏移距离或[通过（T）]<>：”时，输入 t 回车，命令行提示“选择直线对象：”；拾取直线或可以形成直线段的对象的直线部分，命令行提示“指定通过点：”；输入点，则完成了构造线的绘制……。若要结束命令，可以回车，或者敲空格键，或按 Esc 键，或右键确认。

绘制在二等分角度线的位置上的构造线：执行命令后，命令行提示“指定点或[水平（H）/垂直（V）/角度（A）/二等分（B）/偏移（O）]：”；输入 b 回车，命令行提示“指定角的顶点：”；输入点，命令行提示“指定角的起点：”；输入点，命令行提示“指定角的端点：”；输入点，则绘制了第一条等分角的构造线，命令行提示“指定角的端点：”；输入点，则绘制了第二条等分角的构造线……。若要结束命令，可以回车，或者敲空格键，或按 Esc 键，或右键确认。

（五）多线的绘制

多线是由多条直线段构成的一个图元。由于这个图元是由多个元素构成的，因此在使用这个图元之前必须首先定义多线样式。所谓多线样式就是定义了基本元素、封口、填充、连接等多线要素的多线格式。对多线样式的定义是通过多线样式管理器来完成的。

启动多线样式管理器命令的方法如下。

菜单方式：“格式”→“多线样式（M　）…”。

命令行方式：Mlstyle。

执行命令后，弹出“多线样式”管理器对话框多线样式的管理均是通过这个框来完成。

“样式（S）”列表框列出了当前文件中已经定义了的多线样式，单击选中一个样式，这个样式的说明会显示在“说明”文本框内，外观会显示在“预览”框内。要使用一个样式，首先要选中这个样式，然后单击“置为当前（U）”按钮。要重命名一个样式，首先要选中这个样式，然后单击“重命名（R）”按钮。要删除一个已有的样式，首先要选中这个样式，然后单击“删除（D）”按钮。要保存一个样式，首先要选中这个样式，然后单击“保存（A）…”按钮。在弹出的“保存多线样式”对话框中，指定保存的路径和名称，就可以对已有的多线样式以文件方式保存，并在其他文件中使用。要使用一个保存的多线样式，首先单击“加载（L）…”按钮。在弹出的“加载多线样式”对话框中，找到并选中这个文件，单击确定，就可以把这个多线样式加载到当前文件中。

要新建一个多线样式，单击“新建（N）…”按钮，弹出“创建新的多线样式”对话框，在“新样式名（N）”中输入将要创建的多线样式名，单击“基础样式（S）”列表框，选择一个已有的样式作为基础样式，单击“继续”，在弹出的“新建多线样式：”对话框中，对基础样式稍做更改就可方便地创建一个新的多线样式。

“新建多线样式：”对话框中，“封口”是指多线的两端如何处理。封口时对起点和端点分别进行定义，处理的方式有直线、外弧、内弧和倾斜角度几种。要使用哪种处理方式，就要选中相应的复选项；要设定起点和端点的倾斜角度，可以在相应的文本框中直接输入。“填充”是指多线内采用什么颜色填充，即背景色。要使用某种颜色，需单击右侧的列表框，选中这种颜色。“显示连接（J）”是指多线显示不显示连接线，如果需要，选中复选项。“图元”是指多线的构成元素，多线中的每一条线就是一个元素。要增加元素，需单击“添加”按钮，然后在“偏移”文本框中输入偏移量，在“颜色”列表框中指定颜色，在“线型”文本框中指定线型。要删除一个元素，首先要选中元素，然后单击“删除”。要修改某个元素的特性，首先要选中这个元素，然后在下面特性项目中对这个元素的特性进行修改。操作完毕，单击确定，完成新建多线样式的定义。

要修改某个多线样式，首先要在“多线样式”管理器中选中这个样式，然后单击“修改（M）…”，弹出“修改多线样式”对话框，修改多线样式和新建多线样式的操作完全相同。

多线样式若已经使用则不允许修改、删除和重命名。

定义了多线样式就可以使用它进行多线的绘制。启动多线绘制命令的方法如下。

菜单方式：“绘图”→“多线”。

命令行方式：Mline（ml）。

执行命令后，命令窗口提示如下。

“当前设置”：对正=上，比例=20.00，样式=STANDARD。

“指定起点或[对正（J）/比例（S）/样式（ST）]：”，输入点。

命令行提示：“指定下一点：”，输入点。

命令行提示：“指定下一点或[放弃（U）]：”，继续绘制，输入点，要放弃一步操作，输入u。

令行提示：“指定下一点或[闭合（C）/放弃（U）]：”，继续绘制，输入点；要放弃一步操作，输入u；要首尾相连，输入c；要结束命令，可以回车，或者敲空格键，或按Esc键，或右键确认。

启动一次多线命令，不论图形多复杂，绘制的都是一个图元。

多线绘制是在一定设置下进行的操作，这些设置包括对正、比例、样式。对正就是对齐，是指多线如何向输入的点对齐。对正方式有上、下、无。上是指多线最上端的线和输入的点对齐；下是指多线最下端的线和输入的点对齐；无是指多线的正中间和输入的点对齐。要更改对正方式，在命令提示“指定起点或[对正(J)/比例(S)/样式(ST)]：”时，输入j回车，选择上对正，输入t；选择下对正，输入b；选择无对正，输入z，回车确认。比例是指图元偏移量在使用时按多少倍使用，要更改比例，在命令提示“指定起点或[对正（J）/比例（S）/样式（ST）]：”时，输入s回车，输入比例值，回车确认。样式设置用于指定当前样式。要使用其他样式，在命令提示“指定起点或[对正（J）/比例（S）/样式（ST）]：”时，输入st回车，输入样式名，回车确认；如果忘记了样式名称，可以输入“？”（半角的符号），回车，程序会在文本窗口中列出可以使用的样式名称以供选择。

（六）多段线的绘制

多段线是由直线段、弧或两者相互连接的序列线段组成的。每个线段在绘制前都可以定义其自己的线宽，线宽的定义是由定义起点的线宽和端点的线宽来完成的。一个多段线是一个图元。

启动多段线命令绘制多段线的方法如下。

菜单方式：“绘图”→“多段线”。

“绘图”工具条方式：“多段线”按钮。

命令行方式：PLine（pl）。

启动命令后，命令行提示“指定起点：”，输入点；命令行提示“指定下一个点或[圆弧（A）/半宽（H）/长度（L）/放弃（U）/宽度（W）]：”，输入点，则绘制了第一个直线段，命令行提示“指定下一个点或[圆弧（A）/半宽（H）/长度（L）/放弃（U）/宽度（W）]：”，输入点，则绘制了第二个直线段，命令行提示“指定下一点或[圆弧（A）/闭合（C）/半宽（H）/长度（L）/放弃（U）/宽度（W）]：”，……。若要放弃一步操作，输入 u 回车，若要首尾相连，输入 c 回车结束命令。

若要指定线宽，可以选择半宽或宽度。半宽是指线的一半宽度，宽度是指线的宽度。要定义半宽时输入 h 回车，输入起点的半宽，再输入端点的半宽。要定义宽度时输入 w 回车，输入起点的宽度，再输入端点的宽度。定义完成，则可以按定义的线宽绘制下一个线段。

绘制直线段时可以通过指定长度的方式绘制，但绘制的直线段是在上一段的方向上延伸。操作时，输入 l 回车，输入线段长度，回车确认。

若要绘制圆弧，则在命令行提示“指定下一个点或[圆弧（A）/半宽（H）/长度（L）/放弃（U）/宽度（W）]：”时，输入 a，回车确认，命令行提示“指定圆弧的端点或[角度（A）/圆心（CE）/闭合（CL）/方向（D）/半宽（H）/直线（L）/半径（R）/第二个点（S）/放弃（U）/宽度（W）]：”，输入点，则绘制了与上一段相切的弧。

绘制圆弧时同样可以通过定义线宽来绘制具有线宽的一段弧。操作同直线段。

圆弧还可以通过指定角度、圆心、方向、半径、第二点等方式来进行绘制。角度方式是指定圆心角和端点（或圆心，或半径）绘制一段的圆弧；圆心方式是指定圆心并指定圆弧端点（或圆弧角度，或圆弧弦长）绘弧；方向方式是指定圆弧的切线方向和圆弧的端点绘弧；半径方式是指定圆弧半径和圆弧的端点（或圆心角）绘弧；第二点方式是指定第二点和端点绘弧。

Ⅰ.角度方式：在命令行提示“指定圆弧的端点或[角度（A）/圆心（CE）/闭合（CL）/方向（D）/半宽（H）/直线（L）/半径（R）/第二个点（S）/放弃（U）/宽度（W）]：”时，输入 a，回车，命令行提示“指定包含角：”，输入角度，命令行提示“指定圆弧的端点或[圆心（CE）/半径（R）]：”，输入点，完成一段弧的绘制。如果输入的圆心角为负，则为反向的弧。

Ⅱ.圆心方式：在命令行提示“指定圆弧的端点或[角度（A）/圆心（CE）/闭合（CL）/方向（D）/半宽（H）/直线（L）/半径（R）/第二个点（S）/放弃（U）/宽度（W）]：”时，输入 ce，回车，命令行提示“指定圆弧的圆心：”，输入点，命令行提示“指定圆弧的端点或[角度（A）/长度（L）]：”，输入点，完成一段弧的绘制。

方向方式：在命令行提示“指定圆弧的端点或[角度（A）/圆心（CE）/闭合（CL）/方向（D）/半宽（H）/直线（L）/半径（R）/第二个点（S）/放弃（U）/宽度（W）]：”时，输入 d，回车，命令行提示“指定圆弧的起点切向：”，输入点，命令行提示“指定圆弧的端点：”，输入点，完成一段弧的绘制。

Ⅲ.半径方式：在命令行提示“指定圆弧的端点或[角度（A）/圆心（CE）/闭合（CL）/方向（D）/半宽（H）/直线（L）/半径（R）/第二个点（S）/放弃（U）/宽度（W）]：”时，输入 r，回车，命令行提示“指定圆弧的半径：”，输入半径值，命令行提示“指定圆弧的端点或[角度（A）]：”，输入点，完成一段弧的绘制。

Ⅳ.第二点方式：在命令行提示“指定圆弧的端点或[角度（A）/圆心（CE）/闭合

（CL）/方向（D）/半宽（H）/直线（L）/半径（R）/第二个点（S）/放弃（U）/宽度（W）]：”时，输入 s，回车，命令行提示“指定圆弧上的第二个点：”，输入点，命令行提示“指定圆弧的端点：”，输入点，完成一段弧的绘制。

（七）样条曲线的绘制

样条曲线是经过或接近一系列给定点的光滑曲线。启动样条曲线命令绘制样条曲线的方法如下。

菜单方式：“绘图”→“样条曲线”。

“绘图”工具条方式：“样条曲线”按钮。

命令行方式：Spline（spl）。

绘制样条曲线时，可以指定样条曲线的控制方式。样条曲线的控制方式有两种：拟合点、通过点。默认情况下，拟合点与样条曲线重合，而控制点定义控制框。控制框提供了一种便捷的方法，用来设置样条曲线的形状。修改控制方式的方法如下。

启动命令后，在命令行提示“指定第一个点或[方式（M）/阶数（D）/对象（O）]：”，输入 m，命令行提示“输入样条曲线创建方式[拟合（F）/控制点（CV）]<CV>：”，选择拟合，输入 f；选择控制点，输入 cv，然后进行绘制样条曲线。

在控制点方式下，命令行提示“指定第一个点或[方式（M）/阶数（D）/对象（O）]：”，输入点，命令行提示“输入下一个点或[放弃（U）]：”输入点，命令行提示“输入下一个点或[闭合（C）/放弃（U）]：”输入点，……。不再输入点时，回车结束命令。

在拟合方式下，命令行提示“指定第一个点或[方式（M）/节点（K）/对象（O）]：”，输入点，命令行提示“输入下一个点或[起点切向（T）/公差（L）]：”，输入点，命令行提示“输入下一个点或[端点相切（T）/公差（L）/放弃（U）]：”，输入点，……。不再输入点时，回车结束命令。注意，要更改起点切向，需在第一点后进行更改，要更改端点切向，需在输入最后一个点后进行更改。所谓的切向就是以输入点和起点或端点的连线作为切线的方向，以控制如何平滑曲线。

拟合方式下，绘制样条曲线的过程中可以随时设置拟合公差。所谓拟合公差是指在平滑曲线时允许的最大偏离量。更改拟合公差后，所有控制点都服从这个新公差。

修改公差的操作方法：在命令提示行提示“输入下一个点或[起点切向（T）/公差（L）]：”时，输入l，回车，命令行提示“指定拟合公差<0.0000>：”，输入值，则完成了拟合公差的修改。

样条曲线也可以由多段线转换形成。操作方法是：在命令行提示“指定第一个点或[方式（M）/阶数（D）/对象（O）（l）：”或者“指定第一个点或[方式（M）/节点（K）/对象（O）]：”时，输入 o，回车确认，命令行提示“选择对象：”，拾取多段线，回车确认，多段线被转变为样条曲线。

（八）圆的绘制

绘制圆，需要几个参数，提供的参数不同，绘制圆的步骤就不同。启动绘制圆的命令的方法如下。

菜单方式：“绘图”→“圆”。

“绘图”工具条方式：“圆”按钮  。

命令行方式：Circle（c）。

菜单方式可以在二级菜单中直接选取某种方式绘制圆，其他两种方式需先选择绘制圆的方法。

执行 c 命令后，命令行提示“指定圆的圆心或[三点（3P）/两点（2P）/切点、切点、半径（T）]：”，输入点作为圆心，命令行提示“指定圆的半径或[直径（D）]<>:”，输入半径值，命令结束。也可以指定直径来绘制圆，如果需要输入直径，在命令提示“指定圆的半径或[直径（D）]<>：”时，输入 d，然后输入直径值。

除了指定圆心绘制圆，还可以按三点方式、两点方式、切点切点半径方式进行圆的绘制。三点方式是指定圆上三个点的方式；两点方式是指定直径上两个端点的方式；切点切点半径方式是指定相切的两个对象，然后指定直径的方式。

三点方式：在命令行提示“指定圆的圆心或[三点（3P）/两点（2P）/切点、切点、半径（T）]：”时，输入 3p 回车，命令行提示“指定圆上的第一个点：”，输入点，命令行提示“指定圆上的第二个点：”，输入点，命令行提示“指定圆上的第三个点：”，输入点，完成圆的绘制。

两点方式：在命令行提示“指定圆的圆心或[三点（3P）/两点（2P）/切点、切点、半径（T）]：”时，输入 2p 回车，命令行提示“指定圆直径的第一个端点：”，输入点，命令行提示“指定圆直径的第二个端点：”，输入点，圆绘制完成。

切点切点半径方式：在命令行提示“指定圆的圆心或[三点（3P）/两点（2P）/切点、切点、半径（T）]：”时，输入 t 回车，命令行提示“指定对象与圆的第一个切点:”，拾取相切对象上要绘制圆一侧的点，命令行提示“指定对象与圆的第一个切点：”，拾取相切对象上要绘制圆一侧的点，命令行提示“指定圆的半径<>：”，输入半径值，完成圆的绘制。

另外在菜单中还可以按相切、相切、相切的方式绘制圆。操作方法如下。

“绘图”→“圆”→“相切、相切、相切”，执行命令后，命令行提示“指定圆上的第一个点：_tan 到”，拾取相切对象上要绘圆一侧的一个点，命令行提示“指定圆上的第二个点：_tan 到”，拾取相切对象上要绘圆一侧的一个点，命令行提示“指定圆上的第三个点：_tan 到”，拾取相切对象上要绘圆一侧的一个点，完成圆的绘制。

（九）圆弧的绘制

圆弧的绘制和圆相似，只不过需要更多的参数。因此绘制圆弧的方式更多。

启动绘制圆弧命令的方法如下。

菜单方式：“绘图”→“圆弧”。

“绘图”工具条方式：“圆弧”按钮。

命令行方式：Arc（a）。

菜单方式可以在二级菜单中直接选取某种方式绘制圆弧，其他两种方式需随时选择绘制圆弧的方法。默认方式是三点绘制圆弧。

执行 a 命令后，命令行提示“指定圆弧的起点或[圆心（C）]：”，输入点，命令行提示“指定圆弧的第二个点或[圆心（C）/端点（E）]：”，输入点，命令行提示“指定圆弧的端点：”，输入点，命令结束。指定圆弧的起点后，可以选择圆心或端点参数进行操作。

选择圆心的操作方法：在命令行提示“指定圆弧的第二个点或[圆心(C)/端点(E)]：”时，输入 c 回车，命令行提示“指定圆弧的圆心：”，输入点，命令行提示“指定圆弧的端点或[角度（A）/弦长（L）L”，输入端点，完成弧的绘制。也可以使用角度或弦长来控制圆弧的端点。如果使用“角度”，命令行提示“指定圆弧的端点或[角度（A）/弦长（L）]：”时，输入 a 回车，命令行提示“指定包含角：”，输入角度值，完成圆弧的绘制。如果使用“弦长”，命令行提示“指定圆弧的端点或[角度(A)/弦长(L)]：”时，输入 1 回车，命令行提示“指定弦长：”，输入弦长值，完成圆弧的绘制。

选择端点的操作方法：在命令行提示“指定圆弧的第二个点或[圆心（C）/端点（E）]：”，输入 e 回车，命令行提示“指定圆弧的端点：”，输入点，命令行提示“指定圆弧的圆心或[角度（A）/方向（D）/半径（R）]：”，输入点作为圆心，则以圆心到起点为半径、以圆心和端点连线为终点线完成弧的绘制。也可以使用“角度”“方向”或“半径”来控制圆弧的绘制。如果使用“角度”，在命令行提示“指定圆弧的圆心或[角度（A）/方向（D）/半径（R）]：”时，输入 a 回车，命令行提示“指定包含角：”，输入角度值，完成圆弧的绘制。如果使用“方向”，在命令行提示“指定圆弧的圆心或[角度（A）/方向（D）/半径（R）]：”时，输入 d 回车，命令行提示“指定圆弧的起点切向：”，输入点，以点与起点的连线作为切线完成圆弧的绘制。如果使用“半径”，在命令行提示“指定圆弧的圆心或[角度（A）/方向（D）/半径（R）]：”时，输入 r 回车，命令行提示“指定圆弧的半径：”，输入半径值，完成圆弧的绘制。

绘制圆弧也可以先指定圆心，在命令提示“指定圆弧的起点或[圆心（C）]：”时，输入 c，命令行提示“指定圆弧的起点：”，输入点，命令行提示“指定圆弧的端点或[角度（A）/弦长（L）]：”，输入点，命令结束。也可以使用“角度”或“弦长”来控制圆弧的端点。如果使用“角度”，命令行提示“指定圆弧的端点或[角度(A)/弦长(L)]：”时，输入 a 回车，命令行提示“指定包含角：”，输入角度值，完成圆弧的绘制。如果使用“弦长”，命令行提示“指定圆弧的端点或[角度（A）/弦长（L）]：”时，输入 I 回车，命令行提示“指定弦长：”，输入弦长值，完成圆弧的绘制。

在执行 a 命令后，命令行提示“指定圆弧的起点或[圆心（C）]：”时，直接回车，则以最后绘制的直线或圆弧的端点作为起点，并立即提示指定新圆弧的端点。这将创建一条与最后绘制的直线、圆弧或多段线相切的圆弧。这种操作和菜单方式的“绘图”→“圆弧”→“继续”完全相同。

二、图案填充

图案填充是用亮显某个区域或标识某种材质（例如钢或混凝土）的线和点组成的标准图案对某区域进行填充而形成的图形对象。因此可以采用实体填充或颜色渐变填充。

（一）启动图案填充命令的方法

菜单方式：“绘图”→“图案填充”。

“绘图”工具条方式：“图案填充”按钮®。

命令行方式：Hatch（h）。

命令启动后，弹出“图案填充和渐变色”对话框，必须对对话框中的参数进行设置才可进行填充图案。

（二）图案填充选项卡

图案填充选项卡是填充图案时所需设置的参数的集合。

1.“类型和图案”是对类型和图案的定义。

（1）“类型”：包括预定义、自定义、用户定义3种类型。预定义是程序预先定义好的图案类型，预定义的图案是在acad.pat和acadiso.pat文件中定义。用户定义是以指定间距和角度，

使用当前线型的填充图案类型。自定义是用户定义在支持路径[“选项”对话框→“文件”选项卡→“支持文件搜索路径”]下“*.pat”文件中的图案。要使用哪个类型的图案，单击“类型”右侧列表框的下拉箭头，选中这个类型。

（2）“图案”：是预定义、用户定义的图案。要使用哪个图案，单击“图案”列表框，选中这个图案的名称。或者，单击“图案”列表框右侧的按钮，弹出“填充图案选项板”对话框，在对话框内选中要用的图案，单击确定，返回“图案填充和渐变色”对话框。

（3）“颜色”：填充图案时要使用的背景颜色。要指定颜色，需单击“颜色”列表框，选中要使用的颜色。或者，单击“颜色”列表框右侧的按钮，选择要使用的颜色。

（4）“样例”：显示了当前图案的形状。双击图案，可以打开“填充图案选项板”对话框，对选中的图案进行改选。

（5）“自定义图案”：在“类型”指定为“自定义”时，“自定义图案”用于指定自定义的图案，使用时，单击“自定义图案”列表框，选中要使用的自定义图案名称。或者，单击“自定义图案”列表框右侧按钮，打开“填充图案选项板”对话框，在对话框中，单击要使用的自定义的图案文件，单击确定，完成图案选择。

2.“角度和比例”

用于设定填充的图案的角度和比例。

（1）“角度”：是指填充图案在填充时倾斜的角度，角度不同效果也不同。要输入角度，可以单击“角度”右侧的图文框直接输入一个值，也可以单击“角度”图文框选择一个预设值。

（2）“比例”：图案定义值在填充图案时使用的倍率。通过调整比例大小，可以调整填充图案的疏密度。放大或缩小预定义或自定义图案。只有将“类型”设定为“预定义”或“自定义”，此选项才可用。

（3）“双向”：对于用户定义的图案，绘制与原始直线成90°角的另一组直线，从而构成交叉线。只有将“类型”设定为“用户定义”此选项才可用，需要双向填充用户定义的图案时选中这个复选项。

（4）“相对图纸空间”：在图纸空间缩放填充图案时使用上面定义的比例。使用此选项可以按适合于命名布局的比例显示填充图案。该选项仅适用于命名布局。要使用相对图纸空间的方式，选中这个复选项。

（5）“间距”：用于指定用户定义图案中的直线间距。只有将“类型”设定为“用户定义”，此选项才可用。

（6）“ISO笔宽”：设置笔的宽度值，用于缩放ISO预定义图案。只有将“类型”设定为“预定义”，并将“图案”设定为一种可用的ISO图案，此选项才可用。要更改ISO笔宽，单击右侧的列表框选择预设的笔宽。

3.“图案填充原点”

控制填充图案生成的起始位置。默认情况下，所有图案填充原点都对应于当前UCS的原点。某些填充图案（例如砖块图案）需要与图案填充边界上的一点对齐，这时就需要将填充原点对齐到边界点上。

（1）“使用当前原点”：使用存储在HPORIGIN系统变量中的图案填充原点。

（2）“指定的原点”：使用下面选项指定的新图案填充原点。

（3）“单击以设置新原点”：直接指定新的图案填充原点。单击按钮以设置原点。

（4）“默认为边界范围”：根据图案填充对象边界的矩形范围计算新原点。可以选择该范围的4个角点及其中心。复选这个选项后，可以在下方的列表框中选择要使用的左下或右下、右上、左上、正中选项。

（5）“存储为默认原点”：将新的图案填充原点的值存储在HPORIGIN系统变量中。复选这个复些选项后，上面设置的原点将存储为当前原点。

4.“边界”用于指定图案填充的边界。

（1）“添加：拾取点”：采用拾取点的方式定义填充边界。指定边界时，单击“添加：拾取点”按钮，进入绘图空间，在每个要填充的区域内拾取一点，回车确认，返回对话框。

（2）“添加：选择对象”：采用选择对象的方式定义填充边界。指定边界时，单击“添加：选择对象”按钮，进入绘图空间，拾取每个要填充的对象，回车确认，返回对话框。

（3）“删除边界”：从定义的边界内删除一部分作为边界的对象。操作时单击“删除边界”按钮，进入绘图空间，拾取每个要删除作为边界的对象，回车确认，返回对话框。

（4）“重新创建边界”：围绕选定的图案填充或填充对象创建多段线或面域，并使其与图案填充对象相关联。

（5）“查看选择集”：用于查看已选择的选择集。单击“查看选择集”按钮，进入绘图空间，已选中的对象反相显示。回车返回“图案填充和渐变色”对话框。

5.“选项”

用于指定填充图案后形成的图案填充的设置。

（1）“注释性”：指定图案填充为注释性。此特性会自动完成缩放注释过程，从而使注释能够以正确的大小在图纸上打印或显示。若要使图案填充为注释性，选中这个复选项。

（2）“关联”：指定图案填充为关联性图案填充，即图案填充和边界对象关联。关联的图案填充在用户修改其边界对象时会自动更新。若使用关联性图案填充，选中这个复选项。

（3）“创建独立的图案填充”：用于指定形成的图案填充是一个对象还是几个对象。当指定的边界为几个单独的闭合边界时，如果要创建单个图案填充对象，复选这个选项。

（4）“绘图次序”：为图案填充指定绘图次序。图案填充可以放在所有其他对象之后、所有其他对象之前、图案填充边界之后、图案填充边界之前或不指定次序。在指定次序时，单击下方列表框，选中所需的选项。

（5）“图层”：为新图案填充指定放置的图层，以替代当前图层。选择“使用当前值”可使用当前图层。为新图案填充指定图层时，单击下方列表框，选中所需的图层。

（6）“透明度”：设定新图案填充的透明度，替代当前对象的透明度。选择“使用当前值”可使用当前对象的透明度设置。指定透明度时，可以在文本框中直接输入值，也可以使用滑动块指定透明度值。

6.“孤岛”

用于指定在最外层边界内图案填充边界的算法。

算法有 3 种：普通、外部、忽略。要使用哪种算法，需选中相应的复选项。

（1）“孤岛检测”：控制是否检测内部闭合边界（称为孤岛）。若需检测内部孤岛，选中这个复选项。

（2）“普通”：从外部边界向内填充。如果遇到内部孤岛，填充将暂停，直到遇到孤岛中的另一个孤岛。

（3）“外部”：从外部边界向内填充。此选项仅填充指定的区域，不会影响内部孤岛。

（4）“忽略”：忽略所有内部的对象，填充图案时将整个边界内部全部填充。

7.“边界保留”

用于指定是否创建封闭图案填充的边界对象。

（1）“保留边界”：创建封闭每个图案填充对象的边界对象。若需要创建，选中这个复选项。

（2）“对象类型”：用于指定创建的边界对象的类型。边界对象可以是多段线，也可以是面域。指定类型时，单击“对象类型”列表框，选择多段线或面域。

8.“边界集”

用于定义从指定点定义边界时要分析的对象集。当使用“选择对象”定义边界时，选定的边界集无效。默认情况下，使用“添加：拾取点”选项来定义边界时，程

序将分析当前视口范围内的所有对象。通过重定义边界集，可以在定义边界时忽略某些对象，而不必隐藏或删除这些对象。对于大图形，重定义边界集也可以加快生成边界的速度，因为程序要检查的对象较少。指定边界集时，单击列表框右侧的“新建”按钮，进入绘图空间，选择对象，确认选择，返回对话框。

9.“允许的间隙”

设定将对象用作图案填充边界时可以忽略的最大间隙。默认值为 0，此值指定对象必须封闭区域而没有间隙。设置时，在“允许的间隙”文本框中输入一个数（从 0 到 5000），以此值作为边界搜索时可以忽略的最大间隙。任何小于或等于指定值的间隙都将被忽略，并将边界视为封闭。

10.“继承选项”

控制当用户使用“继承特性”选项创建图案填充时是否继承图案填充原点。“使用当前原点”：使用当前图案填充原点的设置。要使用当前原点，单选这个选项。“用源图案填充原点”：使用源图案填充的图案填充原点。要使用源的原点，单选这个选项。

11.“继承特性”

使用选定的图案填充的特性（图案、比例、角度）对指定的边界进行图案填充。在选定要继承其特性的图案填充对象之后回车确认，或者在绘图区域中单击鼠标右键，使用快捷菜单中的选项，可以在“选择对象”和“拾取内部点”之间切换以方便指定填充边界。

设置完毕，单击预览，预览填充效果，有不满意的地方，在绘图区域中单击或按 Esc 键返回到对话框，修改相应的设置。没有问题时，单击鼠标右键或按 Enter 键接受图案填充。

对边界内的区域进行填充时，除了使用图案、实体外，还可以使用颜色进行填充。

使用颜色进行填充，先要对“渐变色”选项卡进行设置。

12.“颜色”

用于设置填充的颜色。

使用单色时，选中“单色”单选项；使用双色时，选中“双色”单选项。使用什么颜色，可以双击列表框，从弹出的对话框中选择颜色。

渐变列表列出了 9 种渐变方式，要使用任何一种单击选中。

“方向”：用于指定渐变色的角度以及其是否对称。

“居中”：指定对称渐变色配置。如果没有选定此选项，渐变填充将朝左上方渐变，创建光源在对象左边的图案。选中这个选项，则从中心向外渐变。

“角度”：用于设置颜色渐变的角度。此角度是相对于当前 UCS 的角度。此设置与指定给图案填充的角度互不影响。

完成设置，单击预览，符合要求时单击鼠标右键或按 Enter 键接受颜色填充。

第二节　二维园林图形编辑

二维图形的编辑操作可以完善绘制的图形对象，使绘制的图形更合理、精确，同时使绘图更高效。二维图形的编辑不应理解为仅仅是图形的修修改改，而应是图形绘制的一部分。通过编辑可以快速形成相近或相似的图形，或者通过编辑可以批量作业，从而提高作业效率。

一、对象选择

无论先选择还是后选择，对象选择总是对象编辑的前提。而 AutoCAD 提供了很多对象选择的方式，每种选择方式都有自己的特点和适合的绘图环境，合理利用选择方式是提高工作效率的关键。对象选择的操作与选择的环境有关，如果在“选择集”选项卡中，选中了“先选择后执行”，在十字光标状态下就可以选择。否则只有在 AutoCAD 提示对象选择时，光标才会变成拾取框，这时才可以采用任何一种对象选择方式选择对象。无论哪种方式，冻结状态图层上的对象都不能被选中，锁定状态图层上的对象可以预览，但依然不能被选中。

对象选择方式如下。

1. 单选（si）

单击拾取。移动光标到对象上，当对象亮显时单击拾取对象，对象即被选中。

2. 窗口（w）

指定两点形成窗口，窗口中的所有对象都会被选中，与窗口相交的对象和窗口外部的对象都不能被选中。

3. 上一个（P）

选择最近的选择集。从图形中删除对象时将不能使用“上一个”。如果在两个空间中切换也将忽略“上一个”选择集。

4. 窗交（c）

指定两点形成窗口，窗口内部或与之相交的所有对象都会被选中。窗交显示的方框为虚线或高亮度方框，这与窗口选择框不同。

5. 框选（box）

指定两点形成窗口，如果形成窗口的点是从右至左指定的，则框选与窗交等效，即窗口内部和与之相交的所有对象都会被选中。如果窗口的点是从左至右指定的，则框选与窗口等效，即窗口内部的所有对象都会被选中，而相交的对象都不能被选中。

6. 全部（all）

选择模型空间或当前布局中除冻结图层或锁定图层上的对象之外的所有对象。

7. 栏选（f）

指定一系列的点形成选择栏，与选择栏相交的所有对象都会被选中，被选择栏包围的对象不能被选中。选择栏可以自我交叉。

8. 圈围（wp）

指定点形成多边形，多边形圈围的对象全部被选中，但相交的对象不能被选中。该多边形可以为任意形状，但不能与自身相交或相切，所以该多边形在任何时候都是闭合的。

9. 圈交（cp）

指定点形成多边形，多边形内部和与之相交的所有对象。该多边形可以为任意形状，但不能与自身相交或相切，所以该多边形在任何时候都是闭合的。

10. 添加（a）

切换到添加模式。添加模式可以使用任何对象选择方法将选定对象添加到选择集。

11. 删除（r）

切换到删除模式。删除模式可以使用任何对象选择方法从当前选择集中删除对象。删除模式的替换模式是在选择单个对象时按下 Shift 键。

12. 多个（m）

在对象选择过程中连续多次单独选择对象而形成选择集，但选择时不亮显它们。这样会加速复杂对象的选择。

13. 上一个（|）

选择最近创建的对象。对象必须在当前空间（模型空间或图纸空间）中，并且一定不要将对象的图层设定为冻结或关闭状态。

14. 放弃（u）

放弃最近添加到选择集中的对象。

15. 编组（g）

指定编组，编组中的全部对象都会被选中。这种方式首先要对对象进行编组。

对象编组时，执行 Group（g）命令，命令行提示“选择对象或[名称（N）/说明（D）:”，输入 n 回车；命令行提示“输入编组名或[?]：”，输入名称（不能超过 31 个字符，不能使用空格）；命令行提示“选择对象或[名称（N）/说明（D）]：”，使用任意一种方法选择对象，回车确认，编组创建完成。

要管理编组，在命令行内执行-g，命令行提示“[?/排序（O）/添加/删除（印/分解旧/重命名（REN）/可选（S）/创建（C）]<创建>：”，要对创建的所有编组进行列表，输入“？”；要对创建的编组中的对象重新排序，输入 0；要向编组中添加对象，输入 a；要删除编组中的对象，输入 r；要分解创建的编组，输入 e；要对编组重命名，输入 ren；要改变编组的属性（包含可选、不可选。可选，选中一个对象即选中编组；不可选，选中组中的一个对象时不能选中编组），输入 s。然后根据提示完成编组管理。如果要创建编组，这时直接回车。

16.子对象（su）

用户可以逐个选择原始对象，这些对象是复合实体的一部分或三维实体上的顶点、边和面。可以选择这些子对象的其中之一，也可以创建多个子对象的选择集。选择集可以包含多种类型的子对象。在三维选择时按住 Ctrl 键操作与选择“子对象”选项相同。

17.对象（0）

结束选择子对象的功能，使用户可以使用对象选择方法。

18.循环选择

选择相邻或重叠的对象通常是很困难的。当对象相邻时，单击一个尽可能接近要选择的对象的点，从弹出的列表框中单击要选择的对象，就可以选定对象。

19.默认模式

系统默认的选择方式是单选或框选。

“选项”设置为用 Shift 键向选择集中添加时，添加（a）模式将不能使用。两者不是替代关系，“Shift 键”选项，不但可以向选择集中添加，还可以从选择集中删除对象。

二、修改对象

（一）删除

删除是将图形对象物理删除。

执行命令的方法如下。

菜单方式：“修改”→“删除”。

命令行方式：Erase （e）。

执行命令后，命令行提示“选择对象：”，采用合适的方法选择对象，右击或回车确认。

快捷菜单方式：选择要删除的对象，在绘图区域中单击鼠标右键，单击“删除”。

（二）复制

复制是在当前图形内复制单个或多个对象，这个复制区分于编辑菜单的复制命令，它不能用于文件间的数据传递，不使用 Windows 的粘贴板。复制形成的对象其图层、线型、线宽、颜色等特性和源对象相同。

执行命令的方法如下。

菜单方式。“修改”→“复制”。

命令行方式。Copy（co）。

快捷菜单方式。选择要复制的对象，在绘图区域中单击鼠标右键，单击“复制选择”。

执行命令后，命令行提示“选择对象：”，采用合适的方法选择对象，回车确认，命令行提示“指定基点或[位移（D）/模式（O）]<位移>：”，指定一个点作为基点，命令行提示“指定第二个点或[阵列（A）]<使用第一个点作为位移>：”，指定点，以第二点相对于第一点的矢量作为复制对象的矢量复制对象，命令行提示“指定第二个点或[阵列（A）]<使用第一个点作为位移>：“，指定点，以这个点作为第二点，用第二点相对于第一点的矢量作为复制对象的矢量复制对象……

在默认方式下也可以更改复制模式，复制模式有两种：单个、多个。要更改复制模式，在命令行提示“指定基点或[位移（D）/模式（O）]<位移>：”时，输入 o 回车，命令行提示“输入复制模式选项[单个（S）/多个（M）]<多个>：”，要复制单个，输入 s，要复制多个，回车确认。

复制也可以使用位移方式。在命令行提示“指定基点或[位移（D）/模式（O）]<位移”时回车，命令行提示“指定位移<0，0，0>：”，指定点，以这个点相对于默认参数的矢量作为复制对象的依据进行复制对象并结束命令。

复制也可以使用阵列方式。在命令行提示“指定第二个点或[阵列（A）]<使用第一个点作为位移>：”时，输入 a 回车，命令行提示“输入要进行阵列的项目数：”，输入一个数（复制的对象数比输入数要少一个）回车，命令行提示“指定第二个点或[布满（F）]：”，指定点，以这个点作为第二点，以第二点相对于第一点的矢量作为与上一个对象的矢量复制对象，阵列结束，返回默认方式。阵列复制也可以按布满方式进行。在命令行提示“指定第二个点或[布满（F）]：”时，输入 f 回车，命令行提示“指定第二个点或[阵列（A）]：”，指定点，以这个点作为第二点，以第二点相对于第一点的矢量作为整个阵列复制的矢量复制对象，在这个矢量范围内均匀分布复制对象。阵列结束，返回默认方式。

（三）镜像

镜像是创建对象的镜像副本。如果图形具有对称特性，则可以使用镜像操作快速完成对象的绘制。在默认情况下，镜像文字时，不更改文字的方向。如果确定要反转文字，可将 MIRRTEXT 系统变量设定为 1。

执行镜像命令的方法如下。

菜单方式。“修改”→“镜像”。

“修改”工具条方式。“镜像”按钮。

命令行方式。Mirror（mi）。

执行命令后，命令行提示“选择对象：”，采用合适的方法选择对象，回车确认，命令行提示“指定镜像线的第一点：”，指定点，命令行提示“指定镜像线的第二点：”，指定点，

以这两个点作为镜像线进行镜像，命令行提示“要删除源对象吗？[是（Y）/否（N）]〈N〉：”，如果不删除源对象，直接回车；如果要删除源对象，则输入 y，回车确认。

（四）偏移

偏移是创建与对象平行的新对象，包括同心圆、平行线、平行曲线。可以用指定距离或通过一个点的方式偏移对象形成与源对象平行的新对象。

执行命令的方法如下。

菜单方式。“修改”→“偏移”。

命令行方式。Offset（o）。

执行命令后，命令行提示“指定偏移距离或[通过（T）/删除（E）/图层（L）]〈〉：”，输入一个数，或者指定两个点作为参数，命令行提示“选择要偏移的对象，或[退出（E）/放弃（U）]〈退出〉：”，选择对象，命令行提示“指定要偏移的那一侧上的点，或[退出（E）/多个（M）/放弃（U）]〈退出〉：”，指定点，命令行提示“选择要偏移的对象，或[退出（E）/放弃（U）]〈退出〉：”，……，命令以这次设置的偏移量进行多次偏移对象。如果要对一个对象连续向一个方向多次偏移，也可以在命令行提示“指定要偏移的那一侧上的点，或[退出（E）/多个（M）/放弃（U）]〈退出〉：”时，输入 m，回车确认，命令行提示“指定要偏移的那一侧上的点，或[退出（E）/放弃（U）]〈下一个对象〉：”，指定点，偏移一次，命令行再次提示“指定要偏移的那一侧上的点，或[退出（E）/放弃（U）]〈下一个对象〉：”指定点，……，可以一次进行多次偏移。要结束多次偏移方式，在命令行提示“指定要偏移的那一侧上的点，或[退出（E）/放弃（U）]〈下一个对象〉：”时，输入 e 回车，退出 o 命令。如果在创建偏移对象时要删除源对象，需在命令行提示“指定偏移距离或[通过（T）/删除（E）/图层（L）]〈〉：”时，输入 e 回车，命令行提示“要在偏移后删除源对象吗？[是（Y）/否（N）]〈否〉：”时，输入 y 确认，命令将按删除方式作为默认方式进行操作。

如果要按通过方式进行偏移对象，在命令行提示“指定偏移距离或[通过（T）/删除（E）/图层（L）]〈〉：”时，输入 t 回车，命令行提示“选择要偏移的对象，或[退出（E）/放弃（U）]〈退出〉：”，选择对象，命令行提示“指定通过点或[退出（E）/多个（M）/放弃（U）]〈退出〉：”，指定点，完成一次偏移。命令行提示“指定通过点或[退出（E）/多个（M）/放弃（U）]〈退出〉：”，……。要结束 o 命令，可以按 Esc

键、空格键、回车、或右键确认。

如果要将偏移形成的对象置于当前图层，而不是源图层，在命令行提示“指定偏移距离或[通过（T）/删除（E）/图层（L）]〈〉：”时，输入l，回车，命令行提示“输入偏移对象的图层选项[当前（C）/源（S）]〈源〉：”，输入c回车确认。

（五）移动

将所选取的对象移动到其他位置。移动对象仅仅是位置平移，而不改变对象的大小和方向。要精确地移动对象，就要精确输入点，如输入点坐标、选择夹点或对象捕捉。

执行命令的方法如下。

菜单方式。“修改”→“移动”。

命令行方式。Move（m）。

执行命令后，命令行提示“选择对象：”，选择对象，回车确认，命令行提示“指定基点或[位移（D）]〈位移〉：”，输入点，命令行提示“指定第二个点或〈使用第一个点作为位移〉：”，输入点，以第二点与第一点的相对矢量移动对象。

也可以按指定位移的方式进行对象移动。在命令行提示“指定基点或[位移（D）]〈位移〉：”时，回车，命令行提示“指定位移〈0.00，0.00，0.00〉：”，输入点，以输入点和“0，0，0”点的相对矢量作为对象位移矢量进行对象移动。

（六）缩放

按给定的基点和比例值放大或缩小选定的对象。基点将作为缩放操作的中心，并保持不变。比例因子大于1时将放大对象，比例因子介于0和1之间时将缩小对象。如果将SCALE命令用于注释性对象，对象的位置将相对于缩放操作的基点进行缩放，但对象的尺寸不会更改。

执行命令的方法如下。

菜单方式。“修改”→“缩放”。

命令行方式。Scale（sc）。

执行命令后，命令行提示“选择对象：”，选择对象，回车确认，命令行提示“指定基点：”，输入点，命令行提示“指定比例因子或[复制（C）/参照（R）]：”，输入值，程序将按输入值作为倍数进行缩放。缩放时也可以按参照方式进行缩放，在命令行提示“指定比例因子或[复制（C）/参照（R）]：”时，输入r回车，命令行提示“指定参照长度〈1.00〉：”，输入长度值，命令行提示“指定新的长度或[点（P）]〈1.00〉：”，输入长度值，程序将以第二个值与第一个长度值的比例对对象进行缩放。指定长度时可以通过输入点的方式指定。如果缩放时保留源对象不删除，在命令行提示“指定比例因子或[复制（C）/参照（R）]：”时，输入c回车，按提示进行缩放，缩放会形成新对象，但源对象保持不变。

（七）拉伸

移动以交叉窗口或交叉多边形选择的对象夹点，对象的其他夹点保持不变。如果全部选择，则全部移动，即对象移动，并不改变形状。如果仅选择对象上的部分夹点，那么对象将发生形变。所以不能拉伸圆、椭圆和块。

执行命令的方法如下。

菜单方式。“修改”→“拉伸”。

命令行方式。Stretch（s）。

执行命令后，命令行提示“选择对象：”，选择对象，回车确认，命令行提示“指定基点或[位移（D）]<位移>：”，输入点，命令行提示“指定第二个点或<使用第一个点作为位移>：”，输入点，则以第二点相对于第一点的矢量对选中的对象夹点进行移动。拉伸也可以通过指定位移的方式进行，在命令行提示“指定基点或[位移（D）]<位移>：”时，回车，命令行提示“指定位移<0.00，0.00，0.00>：”，输入点，以输入点相对于坐标原点的矢量对选中的夹点进行移动。

（八）修剪

剪去边界到拾取点一侧的对象部分。这个命令的操作是先选择边界，再选择对象。

执行命令的方法如下。

菜单方式。“修改”→“修剪”。

命令行方式。Trim（tr）。

执行命令后，命令行提示“选择对象或<全部选择>：”，选择对象（边界对象），回车确认，命令行提示“[栏选（F）/窗交（C）/投影（P）/边（E）/删除（R）/放弃（U）]：”，单击拾取，拾取点一侧的对象将被修剪掉。命令行提示“[栏选（F）/窗交（C）/投影（P）/边（E）/删除（R）/放弃（U）]：”，……。

或者采用栏选、窗交方式进行选择。若要采用栏选选择，在命令行提示“[栏选（F）/窗交（C）/投影（P）/边（E）/删除（R）/放弃（U）]：”时，输入f回车，进行栏选，栏选交叉点一侧的对象部分被修剪。若要采用窗交选择，在命令行提示“[栏选（F）/窗交（C）/投影（P）/边（E）/删除（R）/放弃（U）]：”时，输入c回车，进行窗交选择，将沿着矩形窗交窗口从第一个点以顺时针方向选择遇到的对象点作为修剪点进行修剪。所以窗交方式对对象的修剪将与选择窗口的形成有关。

还可以按不同的投影方式进行修剪。在命令行提示“[栏选（F）/窗交（C）/投影（P）/边（E）/删除（R）/放弃（U）]：”时，输入p，回车，命令行提示“输入投影选项[无（N）/UCS（U）/视图（V）]<UCS>：”，输入n，则为无投影方式（该方式只修剪与三维空间中的剪切边相交的对象）；输入u，则为UCS方式（在当前用户坐标系XY平面上的投影中将仅修剪不与三维空间中的剪切边相交的对象）；输入V，则为视图方式（该方式只修剪与当前视图中的边界相交的对象）。

还可以按不同的边界的方式进行修剪。在命令行提示“[栏选（F）/窗交（C）/投影（P）/边（E）/删除（R）/放弃（U）]：”时，输入e，回车，命令行提示“输入隐含边延伸模式[延伸（E）/不延伸（N）]<不延伸>：”，输入e，那么如果延伸边界与对象相交，对象也会被修剪；直接回车，边界不直接相交则不会被修剪，只有相交才会被修剪。

修剪还提供了一种不退出命令删除对象的方式。在命令行提示“[栏选（F）/窗交（C）/投影（P）/边（E）/删除（R）/放弃（U）]：”时，输入r回车，命令行提示“选择要删除的对象：”，选择对象，则整个对象都会被删除，而不是删除一部分。

（九）合并

合并线性和弯曲对象的端点，以便创建单个对象。

执行命令的方法如下。

菜单方式。“修改”→“合并”。

命令行方式。Join（j）。

执行命令后，命令行提示“选择源对象或要一次合并的多个对象：”，选择源（要合并到那里），命令行提示“选择要合并的对象：”，选择对象（所有要合并的对象），命令行提示“选择要合并的对象：”，回车确认，将所选对象合并到源上。

合并产生的对象类型取决于选定的源对象类型，以及对象是否共面。构造线、射线和闭合的对象无法合并。选择的源对象可以是直线、多段线、三维多段线、圆弧、椭圆弧、螺旋或样条曲线。源是直线时，仅直线对象可以合并到源，而且直线对象必须都共线，但它们之间可以有间隙。源是多段线时，直线、多段线和圆弧可以合并到源，所有对象必须连续且共面，生成的对象是单条多段线。源是多段线时，所有线性或弯曲对象可以合并到源，这时所有对象必须是连续的，但可以不共面，产生的对象是单条三维多段线还是单条样条曲线，取决于用户连接到的线是线性对象还是弯曲的对象。源是圆弧时，只有圆弧可以合并到源，所有的圆弧对象必须具有相同半径和中心点，但是它们之间可以有间隙。合并圆弧时从源处开始按逆时针方向合并圆弧。源是椭圆弧时，仅椭圆弧可以合并到源，椭圆弧必须共面且具有相同的主轴和次轴，但是它们之间可以有间隙，从源处按逆时针方向合并椭圆弧。源是样条曲线时，所有线性或弯曲对象可以合并到源，所有对象必须是连续的，可以不共面，其结果对象是单个样条曲线。

合并也可以一次选择多个对象，而不必选择源。在命令行提示“选择源对象或要一次合并的多个对象时，选择多个对象，回车确认，完成合并。

（十）倒角

在两个对象间添加直线以过渡。可以倒角的对象是直线、多段线、射线、构造线、三维实体。如果被倒角的两个对象都在同一图层，则倒角线将置于该图层，否则倒角线将置于当前图层。

执行命令的方法如下。

菜单方式。“修改”→“倒角”。

命令行方式。Chamfer（cha）。

执行命令后，命令行提示“选择第一条直线或[放弃（U）/多段线（P）/距离（D）

/角度（A）/修剪（T）/方式（E）/多个（M）]：”，选择直线，命令行提示“选择第二条直线，或按住 Shift 键选择直线以应用角点或[距离（D）/角度（A）/方法（M）]：”，选择直线，完成倒角。选择对象前如果要更改倒角参数和倒角方式，可以输入 d 更改距离倒角的参数，输入 a 更改角度倒角的参数，输入 t 选择倒角时是否对源对象进行修剪，输入 e 选择是以距离还是以角度方式实行倒角。如果要连续进行倒角则输入 m。在选择第二直线前同样也可以更改距离参数、角度参数、倒角方法。

倒角距离是倒角线的倒角点到角点的长度。如果两个倒角距离都为 0，则倒角操作将修剪或延伸这两个对象直至它们相交，但不创建倒角线。选择第二条直线时，也可以按住 Shift 键，这时程序会以使用 0 替代当前倒角距离，这时的倒角就是修剪或延伸。

如果要对整个多段线进行倒角，在命令行提示“选择第一条直线或[放弃（U）/多段线（P）/距离（D）/角度（A）/修剪（T）/方式（E）/多个（M）]：”时，输入 p 回车，命令行提示“选择二维多段线或[距离（D）/角度（A）/方法（M）]：”，选择多段线，完成倒角。

（十一）圆角

在两个对象间添加弧线以过渡。可以进行圆角的对象是圆弧、圆、椭圆、椭圆弧、直线、多段线、射线、样条曲线和构造线。

执行命令的方法如下。

菜单方式。“修改”→“圆角”。

命令行方式。Fillet（f）。

执行命令后，命令行提示“选择第一个对象或[放弃（U）/多段线（P）/半径（R）/修剪（T）/多个（M）]：”，选择对象，命令行提示“选择第二个对象，或按住 Shift 键选择对象以应用角点或[半径（R）L”，选择第二个对象，完成圆角。在选择对象前要更改圆角的参数，可以输入 r 回车，命令行提示“指定圆角半径〈0.00〉：”，输入半径值，完成更改。如果设定半径值为 0，则会形成一个锐角。要形成锐角，也可以在选择第二对象时按住 Shift 键，这时程序会以 0 替代半径参数形成锐角。要更改圆角方式，输入 t，选择是否修剪源对象；要更改圆角方法，输入 m，则将圆角操作更改为连续圆角的方式，从而一次命令可以多次圆角，多次圆角时要结束命令可以回车或按 Esc 键或右键确认。

（十二）修改多线

多线的修改是通过“多线编辑工具”对话框来完成的。

执行命令的方法如下。

菜单方式。“修改”→“对象”→“多线”。

命令行方式。Mledit。

执行命令后打开“多线编辑工具”对话框，先在对话框中单击相应的工具，然后选择对象进行操作。需要注意的是对象选择有先后顺序问题，顺序不同结果不同。

“十字闭合”：在两条多线之间创建闭合的十字交点。选择的第一条线是闭合的，第二条线将全部显示。

“十字打开”：在两条多线之间创建打开的十字交点。交汇区两条线都是打开的，但只显示第二条线的所有元素。

“十字合并”：在两条多线之间创建合并的十字交点。交汇区两条线都是打开的，并且显示两条线的所有元素。因此没有选择的次序问题。

“T 形闭合”：在两条多线之间创建闭合的 T 形交点。第一条线是闭合的，将第一条线修剪或延伸到与第二条线的交点处。因此要先选择 T 字的竖线，如果是交汇的线，选择点要在需保留的一边。

“T 形打开”：在两条多线之间创建打开的 T 形交点，线的交汇处是打开的。将第一条线修剪或延伸到与第二条线的交点处。因此要先选择 T 字的竖线，如果是交汇的线，选择点要在需保留的一边。

“T 形合并”：在两条多线之间创建合并的 T 形交点。交汇区是打开的，并且显示两条线的所有元素，第一条线将延伸或修剪到第二条线的对应位置（从外向内对应）。因此要先选择 T 字的竖线，如果是交汇的线，选择点要在需保留的一边。

“角点结合”：在多线之间创建结合角点。将多线修剪或延伸到它们的交点处。如果是交汇的线，选择点要在需保留的一边。

“添加顶点”：向多线上添加一个顶点。在命令行提示“选择多线：”时，选择多线的点即是要添加顶点的点。执行一次命令可以添加多个顶点，既可以为一条多线也可以为多条多线添加。

“删除顶点”：删除离选择点最近的那个顶点。但可以多次选择，进行多次删除。要结束命令，回车确认。

“单个剪切”：对多线的单个元素打断。打断时以对象的选择点作为第一点，指定点作为第二点，对元素两点之间的线进行打断。

“全部剪切”：对多线的所有元素进行打断。打断时以对象的选择点作为第一点，指定点作为第二点，对多线两点之间的线全部打断。

“全部接合”：将已被剪切的多线线段重新接合起来。接合时以多线的选择点作为第一

点，指定点作为第二点，对多线上两点之间的线全部接合，包括所有的单个打断和全部打断部分。

（十三）修改图案填充

对填充图案和填充参数进行修改。

执行命令的方法如下。

菜单方式。“修改”→“对象”→“图案填充”。

命令行方式。Hatchedit（he）。

执行命令后打开图案填充对话框，可以更换图案和更改填充的参数。

三、夹点编辑

夹点就是图形对象的控制点。在图形对象被选中的时候，夹点就会显示出来。显示的夹点有三种状态，即显示但未选中的夹点、处于悬停状态的夹点和被选中的夹点。三种不同的状态分别以不同的颜色表示，默认状态下未选中的夹点是蓝色，悬停状态的夹点是绿色，被选中的夹点是红色。只有被选中的夹点才可以编辑。通过对夹点编辑可以修改图形对象。

要选中夹点，先选择对象，然后移动光标到夹点上单击，即可完成单个夹点的选择。如果要选择多个夹点，可在拾取第一个夹点的同时按住 Shift 键。

对选中的夹点可以进行的操作有拉伸、移动、旋转、比例、镜像。选中夹点后，命令行提示“指定拉伸点或[基点（B）/复制（C）/放弃（U）/退出（X）]：”，指定点，就可以对夹点进行拉伸。这时如果回车，则可以在拉伸、移动、旋转、比例、镜像的操作间循环，以方便选择适当的夹点操作方式。也可以单击右键，使用快捷菜单进行操作的快速选择。

夹点的操作都具有复制模式，在使用复制模式时源对象不会被删除。因此都会产生新的图形对象，而且可以多次产生。要使用复制模式，需在出现命令提示时，输入 c，以采用复制模式。复制模式要结束命令，可以敲回车、按空格、按 Esc 键或右键确认。

夹点的操作默认方式是以当前点为操作基点，若要重新指定基点，需在出现命令提示时输入 b，以重新指定基点。

第五章　园林中的景观要素

园林中的景观要素，主要包括自然景观要素和人文景观要素两个方面。现代一些学者认为，景观是指土地以及土地上的空间和物质所构成的综合体。我国作为一个山川秀丽、风景宜人且历史悠久的国家，有着丰富的自然景观和人文景观。本章就对这些景观要素进行深入的探讨和研究。

第一节　自然景观要素

一、山岳景观要素

山岳都是经过漫长而复杂的地质构造作用、岩浆活动变质作用与成矿作用才得以形成我们现在看到的形形色色变化奇特的岩体。

（一）山岳景观的特征举要

1. 雄壮之美

雄壮即雄伟、壮丽，有着雄壮之美的山岳景观往往会引起人们的赞叹、震惊、崇敬和愉悦。例如泰山，以“雄”见称。汉武帝游泰山时曾赞曰：“高矣、极矣、大矣、特矣、壮矣。”

2. 秀丽之美

秀丽之美，即山峦色彩葱绿，有着盎然的生机、别致的形态和柔美的线条。例如峨眉山，以“秀”驰名，其海拔虽高，但并不陡峭，全山山势蜿蜒起伏，线条柔和流畅，给人一种甜美、安逸、舒适的审美享受。除此之外还有黄山的奇秀、庐山的清秀、雁荡山的灵秀、武夷山的神秀。

（1）据统计：地壳中的岩石不下数千种，按成因可以分为火成岩、沉积岩以及变质岩三大类，其中最易构景的有花岗岩、玄武岩、页岩、砂岩、石灰岩、大理岩等少数几种。不同的岩石由于其构成成分的差异，有的不易风化和侵蚀，一直保持固有状态，有的又极易风化而形成各种特征迥异的峰林地貌，这才使得作为大地景观骨架的山岳形态各异。再加之树木花草、云霞雨雪、日月映衬，这才使得山岳景观呈现出雄、险、奇、秀、幽、旷、深、奥的丰富形象特征。

3. 险峻之美

险峻之美，即山岳经常是坡度很大的山峰峡谷。例如华山，以“险”著称，仰观华山，四壁陡立，奇险万状，犹如一方天柱拔起于秦岭诸峰之中。

4. 幽深之美

幽深之美，即山岳景观常有崇山深谷、溶洞悬乳，加之繁茂的乔木和灌木，纵横溪流，形成迂回曲折之妙，无一览无余之坦。幽深之美在于深藏，景藏得越深，越富于情趣和优美。例如四川青城山，其幽深的意境美，使人感到无限的安逸、舒适、悠然自得。

5. 奇特之美

奇特之美，即山岳景观给人以其出人意料的形态和巧夺天工而非人力所为的感叹。例如黄山，以“奇”显胜，奇峰怪石似人似兽，惟妙惟肖。

（二）火山岩

火成岩地质景观火成岩又称为岩浆岩，它是由岩浆冷凝固结而成。其中与山岳景观关系最为密切的是侵入岩类的花岗岩与喷出岩类的玄武岩

1. 花岗岩

花岗岩由于其表层岩石球状风化显著，还可形成各种造型逼真的怪石，具较高的观赏价值。著名的有海南的“天涯海角”“鹿同头”“南天一柱”；浙江普陀山的“师石”；辽宁千山的“无根石”；安徽天柱山的“仙鼓峰”和黄山的“仙桃石”等。

2. 玄武岩

玄武岩是岩浆喷出地表冷凝而成的基性火成岩，常呈大规模的熔岩流，玄武岩的景观特点是由火山喷发而形成的奇妙的火山口。其熔岩流形态优美，如盘蛇似波浪。中国黑龙江五大连池就是典型的玄武岩火山熔岩景观。

（三）沉积岩

在沉积岩的造景山石中，最具特色的要数红色钙质砂砾石、石英砂岩和石灰岩构成的景观。

1. 红色钙质砂砾石

我国南方红色盆地中沉积着厚达数千米的河、湖相沉积红色沙砾岩层，简称红层。由于红层中氧化铁富集程度的差异，使得这些岩石外表呈艳丽的紫红色或褐红色，构成所谓的“丹霞地貌”景观，在我国南方众多的丹霞景观中，数广东仁化县的丹霞山和福建武夷山最负盛名。

2. 石英砂岩

石英砂岩层理清晰。岩层大体呈水平状，层层叠叠给人以强烈的节奏感。岩石硬度大，质坚硬而脆。在风化侵蚀、搬运、重力崩塌等作用下岩层沿着节理不断解体，留下中心部分的受破坏力最小的岩核，即形成千姿百态的峰林景观。我国最典型的石英砂岩景区是湘西张家界国家森林公园，它以“奇”而著称天下，被誉为自然雕塑博物馆，其景区内石英砂岩柱峰有几千座，千米以上柱峰几百座，变化万端，栩栩如生。

3. 石灰岩

石灰岩是一种比较坚硬的岩石，但是它具有可溶性，在高温多雨的气候条件下经岩溶作用，形成千姿百态的岩溶景观，如石林、峰林、钟乳石、溶洞、地下河一景观。岩溶地貌，也叫嘻斯特地貌，其特征是奇峰林立、洞穴遍布。19 世纪中叶，最初的喀斯特

地貌研究始于喀斯特原为南斯拉夫西北部，因而得名。

以地表为界，喀斯特地貌又可分为地上景观和地下景观两部分。地上通常有孤峰、峰丛、峰林、洼地、丘陵、落水洞和干谷等特征景观，而地下溶洞中最常见的则是石钟乳、石笋、石幔、地下暗河等景观。

我国也是喀斯特地貌分布较广的国家，主要分布于广东西部、广西、贵州、云南东部以及四川和西藏的部分地区，其中以云南石林和桂林山水最为典型。

（四）变质岩

变质岩地质景观在地壳形成和发展过程中，早先形成的岩石，包括沉积岩、岩浆岩，由于后来地质环境和物理化学条件的变化，在同态情况下发生了矿物组成调整、结构构造改变甚至化学成分的变化，而形成一种新的岩石，这种岩石被称为变质岩。例如我国的梵净山，其出露于群峰之巅，巍峨壮观，在风化、侵蚀等外力作用下，造就了无数奇峰怪石，如“鹰嘴岩”“蘑菇岩”“冰盆”“万卷书”等。

二、水域景观要素

按照水域形态的不同可以分为江河景观、湖泊景观、岛屿景观和海岸景观。

（一）江河景观

江河景观包括：瀑布景观、峡谷景观、河流三角洲景观。

1. 瀑布景观

瀑布为河床纵断面上断悬处倾泻下来的水流，瀑布融形、色、声之美为一体，表现力独特。瀑布因不同的地势和成因，有壮美和优美之分。壮美的瀑布气势磅礴，似洪水决口、雷霆万钧，恢宏壮丽；优美的瀑布水流轻细、瀑姿优雅，朦胧柔和。丰富的自然瀑布景观是人们造园的蓝本，它以其飞舞的雄姿，给人带来“疑是银河落九天”的抒怀和享受。

瀑布展现给人的是一种动水景观之美，几乎所有山岳风景区都有不同的瀑布景观，如庐山三叠泉、九寨沟的多悬瀑布等。

此外，我国著名的瀑布有广西德天瀑布、黄河壶口瀑布、云南九龙瀑布、四川诺日朗瀑布、贵州黄果树瀑布。

2. 河流三角洲景观

三角洲是河流携带大量泥沙倾泻人海，所形成近似三角形的平原。三角洲景观河道开阔，水流缓慢，地势平坦，土地肥沃，鱼鸟繁盛，物产富庶，是人类聚衍的最佳选择地。黄河三角洲景观是我国著名的河流三角洲景观，黄河经过长途跋涉，静静地流淌在三角洲大平原上，慢慢地注入海洋的怀抱，金黄色的水流伸展在海面上，形成蔚为壮观的黄河人海口景观。

3. 峡谷景观

峡谷是全面反映地球内外力抗衡作用的特征地貌景观，是江河上最迷人的旅游胜境，江面狭窄。峡谷水流湍急，中流砥柱，两岸的造型地貌，把游人引入仙幻境界。著名的长江三峡就是高山峡谷景观的代表。

（二）湖泊景观

湖泊是大陆洼地中积蓄的水体，其形成必须有湖盆水的来源，按湖盆的成因分类主要有：

1. 构造湖景观

构造湖景观陆地表面因地壳位移所产生的构造凹地汇集地表水和地下水而形成的湖泊。其特征是坡陡、水深、长度大于宽度，呈长条形。这类湖泊常与隆起的山地相伴而生，山湖相映成趣，著名的有：鄱阳湖、庐山、滇池与西山、洱海与苍山等。

2. 泻湖景观

海岸线受着海浪地冲击、侵蚀，其形态由平直变成弯曲，形成海湾，海湾口两旁往往由狭长的沙咀组成；狭长的沙咀愈来愈靠近，海湾渐渐地与海洋失去联幕，而形成泻湖。此类湖原系海湾，后湾口处由于泥沙沉积而将海湾与海洋分隔开而成为湖泊，如著名的太湖、西湖等。

3. 岩溶湖景观

岩溶湖景观为岩溶地区的溶蚀洼地形成的湖泊，如风光迷人的路南石林中的剑池。

4. 冰川湖景观

冰川湖是由冰川挖蚀成的洼坑和水碛物堵塞冰川槽谷积水而成的一类湖泊。冰川湖形态多样，岸线曲折，大都分布在古代冰川或现代冰川的活动地区。主要分为冰蚀湖和冰碛湖两类。冰蚀湖是由冰川侵蚀作用所形成的湖泊。冰川在运动中不断掘蚀地面，造成洼地，冰川消融后积水成湖。北美、北欧有许多著名的冰蚀湖群，北美“五大湖”（苏必利尔湖、休伦湖、伊利湖、安大略湖、密执安湖）是世界上最大的冰蚀湖群；北欧芬兰有大小湖泊六万多个，被誉为“千湖之国”，大部分都是冰川侵蚀而成。

我国西藏也有许多冰蚀湖。冰碛湖是由冰川堆积作用所形成的湖泊。冰川在运动中挟带大量岩块和碎屑物质，堆积在冰川谷谷底，形成高低起伏的丘陵和洼地。冰川融化后，洼地积水，形成湖泊。新疆阿尔泰山西北部的喀纳斯湖是较著名的冰碛湖。

5. 人工湖景观

气象万千的浙江千岛湖是 1959 年我国建造的第一座自行设计、自制设备的大型水力发电站—新安江水力发电站而拦坝蓄水，形成的人工湖，因湖内拥有 1078 座翠岛而得名。千岛湖是长江三角洲地区的后花园，它以多岛、秀水、“金腰带”为主要特色景观。湖区岛屿星罗棋布，姿态各异，聚散有致。周围半岛纵横，峰峦耸峙，水面分割千姿百态，宛如迷宫，并以其山青、水秀、洞奇、石怪而被誉为“千岛碧水画中游”。

（三）海岸景观

海岸由于处于不同的位置、不同的气候带、不同的海岸类型，便形成了类型不同、功能各异的旅游胜地，其主要类型有：沙质海滩景观、珊瑚礁海岸景观、基岩海岸景观、海潮景观和红树林海岸景观。

1. 沙质海滩景观

滨海风光和海滩浴场是最具魅力的游览地。最佳的浴场要求滩缓、沙细、潮平、浪小和气候温暖、阳光和煦，如青岛海滨和浙江普陀千步沙。

2. 珊瑚礁海岸景观

珊瑚礁海岸是在海岸边形成庞大的珊瑚体，呈现众多的珊瑚礁和珊瑚岛，岛上热带森林郁郁葱葱，景色迷人。如海南岛珊瑚岸礁，其中南部鹿回头岸礁区是著名的旅游地。

3. 基岩海岸景观

由坚硬岩石组成的海岸称为基岩海岸。我国东部多山地丘陵，它延伸入海，边缘处顺理成章地便成了基岩海岸。它是海岸的主要类型之一。基岩海岸常有突出的海岬，在海岬之间，形成深入陆地的海湾。岬湾相间，绵延不绝，海岸线十分曲折。基岩海岸在我国都广有分布，其中，第一、第二大岛的台湾岛和海南岛，其基岩海岸更为多见。

4. 海潮景观

海潮景观由于地球受到太阳、月球的引力作用而形成海洋潮汐。我国最著名的海潮景观为浙江钱塘江涌潮，是世界一大自然奇观。它是天体引力和地球自转的离心作用，加上杭州湾喇叭口的特殊地形所造成的特大涌潮，潮头可达数米，海潮来时，声如雷鸣，排山倒海，犹如万马奔腾，蔚为壮观。

5. 红树林海岸景观

红树林海岸是生物海岸的一种。红树植物是一类生长于潮间带（高潮位和低潮位之间的地带）的乔灌木的通称，是热带特有的盐生木本植物群丛。红树林酷似一座海上天然植物园，主要分布在我国华南和东南的热带、亚热带沿岸。其中最为著名的是海南岛琼山东寨港的红树林。

（四）岛屿景观

散布在海洋、河流或湖泊中的四面环水、低潮时露出水面、自然形成的陆地叫岛屿。彼此相距较近的一组岛屿称为群岛。由于岛屿给人带来神秘感，在现代园林中的水体中也少不了聚土石为岛，既增加了水体的景观层次又增添了游人的探求情趣。从自然到人工岛屿，有著名的哈尔滨的太阳岛、青岛的琴岛、威海的刘公岛、厦门的鼓浪屿、太湖的东山岛。

三、生物景观要素

生物包括动物、植物和微生物三大类。作为景观要素的生物则主要是指的植物—森林、树木、花草，及栖息于其间的动物和微生物（大型食菌类）。其中动物和植物是广泛使用的园林景观要素。本书将注重论述的是动物和植物景观。

（一）动物景观

1. 动物景观的特征举要

动物是园林景观中活跃、有生气、能动的要素。有以动物为主体的动物园，或以动物为景：观的景区。动物是活的有机体，它们既有适应自然环境、维持其遗传性的特点，又能适应新的生存条件。

动物景观的特征主要体现在以下几个方面。

（1）奇特性特征：动物在形态、生态、习性、繁殖和迁徙活动等方面有奇异表现，游人通过观赏可获得美感。无脊椎动物中以外形取胜的珊瑚、蝴蝶，脊椎动物中千姿百态的鱼、龟、蛇、鸟类、兽类等都极具观赏性。

（2）珍稀性特征：我国有许多动物，诸如熊猫、金丝猴、东北虎、野马、野牛、麋鹿、白唇鹿、中华爵、白鳍豚、扬子鳄、褐马鸡、朱鹃等都是世界特有、稀有的，甚至是濒于绝灭的。这些动物由于“珍稀”，往往成为人们注目的焦点。不少珍稀鸟兽，如金钱豹、斑羚、猪獾、褐马鸡、环颈雉等，是公园景观中的亮点，既可吸引游客，又是科普教育的好题材。

（3）娱乐性特征：动物景观还具有娱乐性特征，某些动物会在人工饲养、驯化条件下，模拟人类的各种动作或在人的指挥下做出某些可爱、可笑的“表演”动作等。

2. 动物景观的类别划分

动物地理学把全球陆地划分为六个动物区系（界）。我国东南部属东洋界，其他地区属古北界，由于地跨两大区系，因此，动物种类繁多。仅以保护动物为例，我国的东北地区有东北虎、丹顶鹤；西北和青藏高原有黄羊、鹅喉羚羊、藏原羚、野马、野骆驼；南方热带、亚热带地区有长臂猿、亚洲象、孔雀；长江中下游地带有白鳍豚、扬子鳄等。我国候鸟资源也十分丰富，雁类多达 46 种其中最著名的是天鹅。青海湖鸟岛、贵州威宁草海等是著名的鸟类王国，也构成了著名的自然生态奇观。

（三）植物景观

植物景观是指由各种不同树木花草，按照适当的组合形式种植在一起。经过精心养护后形成的具有季相变化的自然综合体。植物作为园林景观元素中的一项重要组成部分，能使园林空间体现出生命的活力。

1. 植物景观的类别划分

园林植物就其本身而言是指有形态、色彩、生长规律的生命活体，而对景观设计者来说，在实际应用中，综合了植物的生长类型的分类法则、应用法则，通常把园林植物作为景观材料分成乔木、灌木、草本花卉、藤本植物、草坪以及地被六种类塱。每种类型的植物构成了不同的空间、结构形式，这种空间形式或是单体的，或是群体的。

2. 植物在园林景观中的应用

（1）乔木在景观中的应用：乔木具明显主干，因高度之差常被细分为小乔木（高度 5～10m）、中乔木（高度 10～20m）和大乔木（高度 20m 以上）三类。然其景观功能都是作为植物空间的划分、围合、屏障、装饰、引导以及美化作用。

另外，乔木中也不乏美丽多花者，如木棉、凤凰木、林兰等，其成林景观或单体点景实为其他种类所无法比及的。

（2）灌木在景观设计中的应用：高大灌木因其高度超越人的视线，所以在景观设计上，主要用于景观分隔与空间围合，对于小规模的景观环境来说，则用在屏蔽视线与限定不同功能空间的范围。

（3）藤本植物在景观设计中的应用：藤本植物多以墙体、护栏或其他支撑物为依托，形成竖直悬挂或倾斜的竖向平面构图，使其能够较自然地形成封闭与围合效果，并起到柔化附着体的作用：并通过藤茎的自身形态及其线条形式延伸形成特殊的造型而实现其景观价值。

（4）花卉植物在景观设计中的应用：草本花卉的主要观赏及应用价值在于其色彩的多样性，而且其与地被植物结合，不仅增强地表的覆盖效果，更能形成独特的平面构图。大部分草本花卉的视觉效果通过图案的轮廓及阳光下的阴影效果对比来表现，故此类植物在应用上注意体量上的优势。

（5）草坪及地被植物在景观设计中的应用：草坪原为地被的一个种类，因为现代草坪的发展已不容忽视地使其成为一门专业，所以草坪特指以其叶色或叶质为统一的现代草坪。而地被则指专用于补充或点衬于林下、林缘或其他装饰性的低矮草本植物、灌木等，其显著的特点是适应性强。草坪和地被植物具有相同的空间功能特征，即对人们的视线及运动方向不会产生任何屏蔽与阻碍作用，可构成空间自然的连续与过渡。

四、天文、气象景观要素

借景是中国园林艺术的传统手法。借景手法中就有借天文、气象景物一说。天文、气象包括日出、日落、朝晖、晚霞、圆月、弯月、蓝天、星斗、云雾、彩虹、雨景、雪景、春风、朝露等。

（一）曰出、晚霞、月影景观

观日出，不仅开阔视野，涤荡了胸襟，振奋了激情，而且加深了人和大自然的关系。高山日出，那一轮红日从云雾岚霭中喷薄而出，峰云相间，霞光万丈，气象万千；海边日出，当一轮红日从海平线上冉冉升起，水天一色，金光万道，光彩夺目。多少流芳百世的诗人，在观赏日出之后，咏唱了他们的真感和真情。

同观日出一样，看晚霞也要选择地势高旷、视野开阔且正好朝西的位置。这样登高远眺，晚霞美景方能尽眼底。日落西山前后正是观晚霞最为理想的时刻。

“白日依山尽”“长河落日圆”之后便转换到了以月为主题的画面。西湖十景中的“平湖秋月”“三潭印月”；燕京八景中的“卢沟晓月”；避暑山庄的“梨花伴月”；无锡的“二泉映月”；西安临潼的“骊山晚照”；桂林象鼻山的“水月倒影”等，月与水的组合，其深远的审美意境，也引起人的无限遐思。

（二）云海景观

云海是指在一定的条件下形成的云层，并且云顶高度低与山顶高度，当人们在高山之巅俯视云层时，看到的是漫无边际的云，如临大海之滨，波起峰涌，浪花飞溅，惊涛拍岸。其日出和日落时所形成的云海五彩斑斓，称为“彩色云海”，最为壮观。在我国著名的高山风景区中，云海似乎都是一大景观。峨眉山峰高云低，云海中浮露出许多山峰，云腾雾绕，宛若佛国仙乡；黄山自古就有黄海之称，其“八百里内形成一片峰之海，更有云海缭绕之”的云海景观是黄山第一奇观。

庐山流云如瀑，称为“云瀑”。神女峰的“神女”，在三峡雾的飘流中时隐时现，更富神采。苍山玉带云，在苍山十几峰半山腰，一条长达百余公里的云带环绕苍翠欲滴的青山，美不胜收。

（三）雨景、雪景、霜景景观

雨景也是人们喜爱观赏的自然景色。下雨时的景色和雨后的景色都跃然纸上。川东的“巴山夜雨”、蓬莱的“漏天银雨”、济南“鹊华烟雨”、贵州毕节“南山雨霁”、羊城“双桥烟雨”、河南鸡公山“云头观雨”、峨眉“洪椿晓雨”等都是有名的雨景。

冰、雪奇景发生于寒冷季节或高寒气候区。这些景观造型生动、婀娜多姿。特别是当冰雪与绿树交相辉映时，景致更为诱人。黄山雪景，燕山八景之一的“西山晴雪”、九华山的“平冈积雪”、台湾的“玉山积雪”、千山龙宗寺的“象山积雪”、西湖的“断桥残雪”等都是著名景观。

花草树木结上霜花，一种清丽高洁的形象会油然而生。经霜后枫林，一片深红，令人陶醉。“江城树挂”乃北方名城吉林的胜景之一，松针上的霜花犹如盛放的白菊，顿成奇观。

第二节 历史人文景观要素

一、文物景观

（一）石窟景观

我国现存有历史久远、形式多样、数量众多、内容丰富的石窟，是世界罕见的综合艺术宝库。其上凿刻、雕塑着古代建筑、佛像、佛经故事等形象，艺术水平很高，历史与文化价值无量。

（二）碑刻、摩崖石刻景观

碑刻是文字的石碑，各体书法艺术的载体。摩崖石刻，是刻文字的山崖，除题名外，多为名山铭文、佛经经文。

（三）壁画景观

壁画是绘于建筑墙壁或影壁上的图画。我国很早就出现了壁画，古代流传下来的如山西繁峙县岩山寺壁画，金代1158年开始绘于寺壁之上，为大量的建筑图像，是现存的金代的规模最大、艺术水平最高的壁画。影壁壁画著名的如北京北海九龙壁（清乾隆印间建），上有九龙浮雕图像，体态矫健，形象生动，是清代艺术的杰作。

（四）雕塑艺术品

雕塑艺术品是指多用石质、木质、金属雕刻各种艺术形象与泥塑各种艺术形象的作品。古代以佛像、神像及珍奇动物形象为数最多，其次为历史名人像。我国各地古代寺庙、道观及石窟中都有丰富多彩、造型各异、栩栩如生的佛像、神像。

珍奇动物形象雕塑，自汉代起至清代古典景园中就作为园林景观点缀或一景观。宫苑中多为龙、鱼雕像，且与水景制作相结合，有九龙形象，如九龙口吐水或喷水；也有在池岸上石雕龙头像，龙口吐水入池的。

（五）其他文物景观

其他文物景观主要包括诗词、楹联、字画以及出土文物和工艺美术品。中国风景园林的最大特征之一就是深受古代哲学、宗教、文学、绘画艺术的影响，自古以来就吸引了不少文人画家、景观建筑师以至皇帝亲自制作和参与，使我国的风景园林带有浓厚的诗情画意。诗词楹联和名人字画是景观意境点题的手段，既是情景交融的产物，又构成了中国园林景观的思维空间，是我国风景园林文化色彩浓重的集中表现。

出土文物和工艺美术品主要指具有一定考古价值的各种出土文物。

二、名胜古迹景观

名胜古迹是指历史上流传下来的具有很高艺术价值、纪念意义、观赏效果的各类建设遗迹、建筑物、古典名园、风景区等。一般分为古建筑、古代建设遗迹、古工程及古战场、古典名园、风景区等。

（一）古建筑景观

1. 古代宫殿建筑景观

世界多数国家都保留着古代帝皇宫殿建筑，而以中国所保留的最多、最完整，大都是规模宏大的建筑群。例如，北京明、清故宫，原称紫禁城宫殿，现在为故宫博物院，是中国现存规模最大、保存最完整的古建筑群。沈阳清故宫，是清初努尔哈赤、皇太极两代的宫殿，清定都北京后为留都宫殿，后又称奉天宫殿，建筑布局和细部装饰具有民族特色和地方特色，建筑艺术上体现了汉、满、藏艺术风格的交流与融合。

2. 亭台楼阁建筑景观

亭台最初与园林景观并无联系，后为园林景观建筑景观，或作景园主体成亭园、台园。台，初为观天时、天象、气象之用，比亭出现早。如，殷鹿台、周灵台及各诸侯的时台，后来遂作园中高处建筑，其上也多建有楼、阁、亭、章等。现今保存的台，如北京居庸关云台。现今保存的亭著名的有浙江绍兴兰亭、苏州沧浪亭、安徽滁州醉翁亭、北京陶然亭等。

楼阁，是宫苑、离宫别馆及其他园林中的主要建筑，还有城墙上的主要建筑。现今保存的楼阁，多在古典园林景观之中，也辟为公园、风景、名胜区。例如，江南三大名楼，安徽当涂的太白楼，湖北当阳的仲宣楼以及江苏扬州的平山堂，云南昆明大观楼，广州越秀山公园内望海楼等。

3. 宗教与祭祀建筑景观

（1）宗教建筑：宗教建筑，因宗教不同而有不同名称与风格。我国道教最早，其建筑称宫观；东汉明帝时（1 世纪中期）佛教传入中国，其建筑称寺、庙、庵及塔、坛等；明代基督教传入中国，其建筑名教堂、礼拜堂；还有伊斯兰教、喇嘛教的清真寺、庙等。

（2）祭祀建筑：祭祀建筑在我国很早就出现了，称庙、祠堂、坛。纪念死者的祭祀建筑，皇族称太庙，名人称庙，多冠以姓或尊号，也有称祠或堂。

祭祀建筑，以山东曲阜孔庙历史最悠久、规模最大，从春秋末至清代，历代都有修建、增建，其规模仅次于北京的故宫，是大型古祠庙建筑群，其他各地也多有孔庙或文庙。其次为帝皇新建太庙，建于都城（紫禁城）内，今仅存北京太庙（现为北京劳动人民文化宫）。为名人纪念性的祠庙，如有名的杭州岳王庙、四川成都丞相祠（祀诸葛亮）、杜甫纪念堂等。

（3）祭坛建筑：纪念活着的名人，称生祠、生祠堂。另有求祈神灵的建筑，称祭坛，也属祭祀建筑。我国自古保存至今的宗教、祭祀建筑，多数原本就与景园一体，少数开辟为园林景观，都称寺庙园林景观；也有开辟为名胜区的，称宗教圣地。

祭坛建筑，如北京社（土神）稷（谷神）坛（今在中山公园内）、天坛（祭天、祈丰年）。天坛是现今保存最完整、最有高度艺术水平的优秀古建筑群之一，主体为祈年殿，建在砖台之上，结构雄伟，构架精巧，有强烈向上的动感，表现出人与天相接的意向。

4. 名人居所建筑

古代及近代历史上保存下来的名人居所建筑，具有纪念性意义及研究价值，今辟为纪念馆、堂，或辟为园林景观。古代的名人居所建筑，如成都杜甫草堂，浙江绍兴明代画家徐渭的青藤书屋，江苏江阴明代旅游学、地理学家徐霞客的旧居，北京西山清代文学家曹雪芹的旧居等。

近代的名人居所建筑，如孙中山的故居、客居，有广东中山市的中山故居、广州中山堂、南京总统府中山纪念馆等。至于现代，名人、革命领袖的故居更多，如湖南韶山毛泽东故居，江苏淮安周恩来故居等，也多为纪念性风景区或名胜区。

5. 古代民居建筑

我国是个多民族国家，自古以来民居建筑丰富多彩，经济实用，小巧美观，各有特色，也是中华民族建筑艺术与文化的一个重要方面。古代园林景观中也引进民居建筑作为景观，如乡村（山村）景区，具有淳朴的田园、山乡风光，也有仿城市民居（街景）作为景区的，如北京颐和园（原名清漪园）仿建苏州街。

现今保存的古代民居建筑形式多样，如北方四合院、延安窑洞、：华南骑楼，云南竹楼、蒙古的蒙古包、广东客家土楼（圆形）等。安徽徽州及陕西韩城党家村明代住宅，是我国现存古代民居中的珍品，基本为方形或矩形的封闭式三合院。

6. 古墓、神道建筑

古墓、神道建筑指陵、墓（冢、茔）与神道石人、兽像、墓碑、华表、阙等。陵为帝王之墓葬区；墓，为名人墓葬地；神道，意为神行之道，即墓道。墓碑，初为木柱引棺入墓穴，随埋土中，后为石碑，竖于墓道口，称神道碑，碑上多书刻文字记死者事迹功勋，称墓碑记、墓碑铭，或标明死者身份、姓名，立碑人身份、姓名等。华表，立于宫殿、城垣、陵墓前的石柱，柱身常刻有花纹。阙，立于宫庙、陵墓门前的舣柱，陵墓前的称墓阙。神道、墓碑、华表、阙等都为陵、墓的附属建筑。现今保存的古陵、墓，有都具备这些附属建筑的，也有或缺的，或仅存其一的。

古代陵、墓是我们历史文化的宝库，已挖掘出的陪葬物、陵殿、墓道等，是研究与了解古代艺术、文化、建筑、风俗等的重要实物史料。现今保存的古代陵墓，有些原来就为陵园、墓园，有些现代辟为公园、风景区，与园林景观具有密切关系。

（二）古代建设遗迹

古代遗存下来的城市、乡村、街道、桥梁等，有地上的，有发掘出来的，都是古代建设的遗迹或遗址。我国最为丰富多样，且大都开辟为旅游胜景，成为旅游城市、城市景园的主要景观、风景名胜区、著名陈列馆（院）等。

（三）古工程、古战场

古工程设施、战场有些与园林景观并无关系，像有些工程设施直接用于园林景观工程，有些古代工程、古战场今大已辟为名胜、风景区，供旅游观光，同样具有园林景观的功能。闻名的古工程有长城、成都都江堰、京杭大运河；古战场有湖北赤壁、三国赤壁之战的战场、缙云山合川钓鱼城、南宋抗元古战场等。

三、民俗与节庆活动景观

民俗风情是人类社会发展过程中所创造的一种精神和物质现象，是人类文化的一个重要组成部分。社会风情主要包括民居村寨、民族歌舞、地方节庆、宗教活动、封禅礼仪、生活习俗、民间技艺、特色服饰、神话传说、庙会、集市、逸闻等。我国民族众多，不同地区、不同民族有着众多的生活习俗和传统节日。如，农历三月三是广西壮族、白族、纳西族以及云南、贵州等地人们举行歌咏的日子；农历九月九日是我国传统的重阳节，登高插茱萸，赏菊饮酒。此外还有六月六、元旦、春节、仲秋、复活节、泼水节（傣族）等。

第六章　园林中的赏景与造景

赏景方式与造景手法是从事园林设计工作必须掌握的重点内容，游人的赏景依赖设计师对景的营造，同样，设计师对景的营造也要重点考虑人的赏景方式，只有综合考虑、灵活运用赏景方式及造景手法才能组织出令人流连忘返的园林景观。

第一节　园林中的赏景

一、动态赏景与静态赏景

从动与静的角度来看，赏景可分为动态观赏与静态观赏。

（一）动态赏景

动态赏景是指游人在沿道路交通系统的行进过程中对景物的观赏。动态观赏如同看风景电影，成为一种动态的连续构图。动态观赏一般多为进行中的观赏，可采用步行、乘车、坐船、骑马等方式进行。同是动态观赏，景观效果因行进方式的差别而不完全相同。

步行动态观赏主要是沿道路交通系统的行进路线进行的，因而，行进路线两侧的景观要注重整体的韵律与节奏的把握，要注重景物的体量、天际线的设计。此外，由于步行不同于乘车、坐船这些游览方式，它的速度较慢游人还往往会留意到景物的细节，在游览路线上，应系统地布置多种景观在重点地区，游人通常会停留下来，对四周景物进行细致的观赏品评，所以，游步道两侧的景物更要注重细节的设计。在动态游览中，为了给人不同的视觉体验和心理感受，应在统一性的前提下注重景观的变化。

（二）静态赏景

静态赏景是指游人停留下来，对周边景物进行观赏。静态观赏多在一些休息区进行，如亭台楼阁等处。此时，游人的视点对于景物来说是相对不变的，游人所观赏的景物犹如一幅静态画面。因而，静态观赏点（多为亭台楼阁这类休息建筑、设施）往往布置在风景如画的地方，从这里看到的景物层次丰富、主景突出。

静态观赏，如同看一幅风景画。静态构图中，主景、配景、前景、背景、空间组织和构图的平衡轻重固定不变。所以静态构图的景观的观赏点也正是摄影家和画家乐于拍照和写生的位置。静态观赏除主要方向的主要景色外，还要考虑其他方向的景色布置。

（三）动静结合

一般对景物的观赏是先远后近，先群体后个体，先整体后细部，先特殊后普通，先动景如舟车人物，后静景如桥梁树木。因此，对景区景点的规划布置应注意动静的要求、各种方式的游览要求，能给人以完整的艺术形象和境界。

在设计景园时，动就是游，静就是息。要合理的组织动态观赏和静态观赏，游而无息使人精疲力竭，息而不游又失去游览意义。因此，一般园林绿地的规划，应从动与静两方面的要求来考虑，注意动静结合。

现以步行游西湖为例，自湖滨公园起，经断桥、白堤至平湖秋月，一路均可作动态观赏，湖光山色随步履前进而不断发生变化。至平湖秋月，在水轩露台中停留下来，依曲栏展视三潭印月、玉皇山、吴山和杭州城，四面八方均有景色，或近或远又形成静态画面的观赏。离开平湖秋月，继续前进，左面是湖，右面是孤山南麓诸景色，又转为动态观赏。及登孤山之顶，在西泠印社中居高临下，再展视全湖，又成静态观赏。离开孤山再在动态观赏中继续前进，至岳坟后停下来，又可作静态观赏。再前则为横断湖面的苏堤，中通六桥，春时晨光初启，宿雾乍收，夹岸柳桃，柔丝飘拂，落英缤纷，游人慢步堤上，两面临波，随六桥之高下，路线有起有伏，这自然又是动态观赏了。但在堤中登仙桥处布置花港观鱼景区，游人在此可以休息，可以观鱼观牡丹，可以观三潭印月、西山南山诸胜，又可作静态观赏。实际上，动、静的观赏也不能完全分开，动中有静、静中有动，或因时令变化、交通安排、饮食供应的不同而异。

二、平视、仰视、俯视赏景

（一）平视赏景

平视赏景是指以视平线与地平面基本平行的一种观赏方式，由，于不用抬头或低头，较轻松自由，因而是游人最常采用的一种赏景方式，且这种方式透视感强，有较强的感染力。另外，平视观赏容易形成恬静、深远、安宁的效果。很多的休疗养胜地多采用平视观赏的方式。

西湖风景多恬静感觉，与有较多的平视观赏分不开。在扬州大明寺“平山堂”上展望诸山，能获得“远山来此与堂平”的感觉，故堂名平山，也是平视观赏。如欲获得平视景观，视野更宽，可用提高视点的方法。“白日依山尽，黄河入海流。欲穷千里目，更上一层楼”，意即如此。

（二）仰视赏景

仰视观赏是指观赏者头部仰起，视线向上与地平面成一定角度。因此，与地面垂直的线产生向上的消失感，容易形成雄伟、高大、严肃、崇高的感觉。很多的纪念性建筑，为了强调主体的雄伟高大，常把视距安排在主体高度的一倍以内，通过错觉让人感到主体的高大。

在园林绿地中，有时为了强调主景的崇高伟大，常把视距，安排在主景高度的一倍以内，不让有后退的余地，运用错觉使人感到景象高大，这是一种艺术处理上的经济手法之一。旧园林中堆叠假山，不从假山的绝对真高去考虑，采用仰视法，将视点安排在较近距离内，使山峰有高入蓝天白云之感。但仰视景观，对人的压抑感较强，使游人情绪比较紧张。

（三）俯视赏景

俯视赏景是指景物在视点下方，观赏者视线向下与地平面成一定角度的观赏方式。因此，与地面垂直的线产生向下的消失感，容易形成深邃、惊险的效果。易产生“会当凌绝顶、一览众山小”的豪迈之情，也易让人感到胸襟开阔。

俯视景观易有开阔惊险的效果。在形势险峻的高山上，可以俯览深沟峡谷、江河大地，无地势可用者可建高楼高塔，如镇江金山寺塔、杭州六和塔、昆明西山龙门、颐和园佛香阁，都有展望河山使人胸襟开阔的好效果。而峨眉山的金顶，海拔3000多米，有“举头红日白云低，五湖四海成一望”的感觉，再有佛光、日出、雪山诸胜，更是气象万千了。

三、时空变幻的赏景

一日之中，时间、天气、环境的变化；一年之中，季节的更替，会在园林中形成种种不同的景观，营造出“朝餐晨曦夕枕烟霞”的意境。如园林中有可爱的山石水池、繁密的花木、优美的亭台等，随着所处环境的不同，景物的感受也变换无穷。而随着季节和天气的变化，在园林中你可以闻到春天桃李芬芳看到夏天荷叶田田、秋天枫叶尽染、和冬天梅花的疏影横斜。苏州留同中的“佳晴喜雨快雪”亭，便是通过天气变化，随境生情，突出了一种乐观的人生态度。

第二节　园林景观的分区与展示

一、园林景观的分区

（一）园林功能分区

首先，园林用地的性质和功能决定了园林景观大致的区划格局。下面我们以某文化休闲公园的功能分区为例来说明。

最初的公园功能分区较侧重于人们的游览、休憩、散步等简单的休闲活动，而今随着社会生活水平的提高，其功能需求越来越应满足不同年龄、不同层次的游人的需求，逐渐的规整化和合理化，依据城市的历史文化特征、园内实际利用面积、周边环境及当地的自然条件等进行功能规划，同时将功能规划同园内造景相结合，使得景观为功能服务，功能更好的承载景观。综合众多城市公园的特征和性质，可将城市公园的功能分区规划为：观赏游览区、儿童活动区、安静休息区、体育活动区、科普文娱区和公园管理区。

1. 观赏游览区

观赏游览区主要功能是设置多样的景观小品，该区占地规模无须太大，以占园内面积的5%～10%为宜，最好选择位于园内距离出入口较远的位置。

2. 安静休息区

安静休息区一般处于园内相对安静的区域内，常设置在具有一定起伏的高地或是河流湖泊等处。该区内可以开设利于平复心境的各类活动、如散步、书画、博弈、划船、休闲垂钓等。

3. 活动区

活动区根据不同人群以及活动目的又可以细致地划分为各种不同的分区，如儿童活动区、老年活动区、体育活动区、科普文娱活动区等。

儿童活动区是专为促进儿童身心发展而设立的儿童专属活动区。考虑到儿童的特殊性，在游乐设施的布置上应首先考虑到安全问题适当设置隔离带等。该区的选址应当便于识别，位置应当尽量开阔，多布于出入口附近。从内部空间规划来讲，不仅要设置合理的儿童活动区域，也要规划出足够的留给陪同家长的空间地段。

老年活动区是专为老年人健身、休闲而设立的老年专属活动区。考虑到老年人的特殊性，应该设立相应的安全和便利措施。

体育活动区设施的设置可以是定向的，也可以是不定向的。所谓定向是指一些固定的实物设施，如各类健身器材、球馆、球场等；不定向的活动设施可以是根据季节不断变化的。该区选址的首要条件是要有足够大的场地，以便开展各项体育活动；并且在布局规划上应处于城市公园的主干道或主干道与次干道的交叉处，必要时可以设置专门的出入口或应急通道。

科普文娱的功能可以形象地概括为“输入”和“输出”。所谓“输入”，是指游人在游乐之中可以学习到科普文化知识；而“输出”，即是人们在该区内开展各项文娱活动。具体的娱乐场所设施包括阅览室、展览馆、游艺厅、剧场、溜冰场等。该区所选位置应是地形平坦、面积开阔之处，尽量靠近各出入口，特别是主出入口。周边设置便利的道路系统，辅以多条园路，便于游人寻找和集散。

4. 管理区

园林的管理区具有管理园林中各项事务，为维持园林日常正常运行提供保障的功能。区内应设办公室、保安室、保洁室等常用科室，负责处理园内的日常事务。该区的位置一般远离其他区域，但应能够联系各大区域，因此常处于交叉处或出入口处，且多为专用出入口，禁止游人随便靠近。

（二）园林景色分区

凡具有一定观赏价值的建筑物、构筑物、自然类物体，并能独自成为一个单元的景域称为景点。景点是构成园林绿地的基本单元。景区为风景规划的分级概念，用道路联系起来的比较集中的景点构成一个景区。一般园林景观绿地均由若干个景点组成一个景区，再由若干个景区组成风景名胜区，若干个风景名胜区构成风景群落。

景色分区往往比功能分区更加深入细致，要达到步移景异、移步换景的效果。各景色分区虽然具有相对独立性，但在内容安排上要有主次，在景观上要相互烘托和互相渗透，在两个相邻景观空间之间要留有过渡空间以供景色转换。

例如，杭州西湖十景，就是由地形地貌、山石、水体、建筑以及植被等组成的一个个比较完整而富于变化的、可供游赏的空间景域，包括苏堤春晓、曲院风荷、平湖秋月、断桥残雪、柳浪闻莺、花港观鱼、雷峰夕照、双峰插云、南屏晚钟、三潭印月。西湖十景形成于南宋时期，基本围绕西湖分布，有的就位于湖上。

二、园林景观的展示

园林欣赏是一个动态的过程，怎样安排各个景区与景点，让它们更好地以最佳效果展示给游人，是一个非常重要的问题。要有节奏变化而又主题突出的空间组合，就需要组织好空间展示程序。一般来说，游人的游览路线具有一定规律。在游览的过程中，不同的空间类型给游人带来不同的感受。要构成丰富的连续景观，才能达到目的，这就是景观的展示线。正如一篇文章、一场戏剧、一首乐曲一样，有开始有结尾，有开有合，有高潮有低潮，有发展有转折。

（一）一般展示线

园林绿地的景区，在展现风景的过程中，可分为高潮和结景合在一起的二段式和起景、高潮、结景的三段式。其中以高潮为主景，起景为序幕，结景为尾声尾声应有余音未了之意，起景和结景都是为了强调主景而设的。

1. 二段式

序景一起景一发展一转折高潮（结景）一尾景。二段式如一般纪念陵园从入口到纪念碑的程序，南京中山陵从牌坊开始，经过中间的转换，到最后中山陵墓的高潮而结束。又如德国柏林苏军纪念碑，当出现主景时，展示线也宣告结束，这样使得园林景观绿地设计的思想性更为集中，游人因此产生的感觉也更为强烈。

2. 三段式

序景一起景一发展一转折一高潮一转折一收缩一结景一尾景。三段式如北京颐和园从东宫门进入，以仁寿殿为起景，穿过牡丹台转入昆明湖边豁然开朗，在向北转西通过长廊的过渡到达排云殿，拾级而上直到佛香阁、智慧海，到达主景高潮。然后向后山转移再游后湖、谐趣园等园中园，最后到达东宫门结束。

（二）循环展示线

在较小的园林景观中，为了避免游人走回头路，常把游览路线设计成环形，这就形成了循环站展示线。现代很多城市园林绿地、森林公园、风景区采用多入口及循环展示线的形式，特别是大型园林绿地范围很大，采用循环展示能让游人欣赏更多内容，沿路布置丰富的景观，小型的园林绿地展示线也应曲折多变，拉长游览路线，产生小中见大的效果。例如，济南植物园、动物园等采用多入口及循环展示线的形式。

（三）专类展示线

以专类活动为主的专类园林通常都有其自身独特的布局特点，在游览这类园林景观时就应该依据其主要景点的布局专线，即专类展示线。例如，植物园可以以植物进化史为组景序列，从低等到高等，从裸子植物到被子植物，从单子叶植物到双子叶植物；还可以按植物的地理分布组织，如从热带到温带再到寒温带等。又如，利用地形起伏变化而创造风景序列的园林，常利用连续的土山、连续的建筑、连续的林带等来“谱写”园林的“节奏”。

总之，展示线在平面布置上宜曲不宜直，做到步移景异，层次深远、高低错落、抑扬进退、引入入胜。为了减少游人步履劳累，应沿主要导游路线布置。小型园林展示线干道有一条即可，在大中型园林中，可布置几条游览展示线。

第三节　园林景观的立意与布局

一、园林景观的立意

园林景观立意是指园林景观设计的意图、园林景观营造的意境，即设计思想、情感和观念。无论中国的帝王宫苑、私人宅园，还是国外的君主宫苑、地主庄园，都反映了园主的思想境界。

中国古代的造园者把淡泊的生活理想、高尚的志趣和情操称为一种道德力量。因此，中国的园林意境多表现中国士大夫在野隐逸、歌吟山水的思想。中国人审美认为自然是有灵魂的，主张保持和尊重自然的本来面目。

古代的欧洲人则很精通神学，知道自己并无希望进入天国，所以千方百计在地上寻欢作乐，抱有享乐主义的态度。他们的造园观念是让自然人格化，就是征服自然、整理自然、使自然就范。

传统东方园林以哲理、文学、绘画意境等人文观念来造园，所以很重视含蓄、重神韵。而传统西方造园却是非常直观的、求实的，以几何学、机械学、物理学、城市规划学、工程学、建筑学、园艺学、生态学等来造园。

纵观中国的园林设计之精品，总结出园林立意的常见手法有如下几种。

（一）象征与比拟的立意手法

象征与比拟的立意手法在中国古代园林中的应用非常广泛。例如，中国古代园林中的堆山开池代表的是对美德和智慧的向往与追求。秦始皇在咸阳引渭水作长池，在池中堆筑蓬莱神山以祈福，这种“水中筑岛造山”以象征仙岛神山的做法被后世争相效法。如汉朝长安城建章宫的太液池内也筑有三岛，唐长安城大明宫的太液池内筑有蓬莱山，元大都皇城内的太液池中也堆有三岛，颐和园的昆明湖中也堆有三座岛屿，可见后继者对山水象征意义的虔敬之心。

（二）诗情画意的立意手法

园林景观不仅供人居住游赏，更寄托了园主的情趣爱好和人生追求。园林景观之所以被视为一种高雅的艺术形式，也与其表现了园主良好的艺术修养和卓尔不凡的个性有关，于是对诗情画意的追求也就成了造园者最习以为常的出发点和归宿。

园林景观的建造常常出于文思园林景观的妙趣更赖以文传，园林景观与诗文、书画彼此呼应、互相渗透、相辅相成。而对诗词歌赋的运用只需看一看园林景观中的题咏就知道了—以典雅优美的字句形容景色，点化意境，是园林景观最好的“说明书”。好的题咏，如景点的题名、建筑上的楹联，不但能点缀堂榭、装饰门墙、丰富景观，还表达了造园者或园主人沾情趣品位。

（三）汇集经典景点的立意手法

无论是皇家园林景观还是私家园林景观，造园时引用名胜古迹、寺庙、街市等经典景点是一个通用的做法，甚至同一个景点出现在不同的园林景观中，后人也可从中挖掘出相同的文化历史底蕴。

例如，江南一带，每逢农历三月初三人们都要去城郊游乐。著名书法家王羲之（303—36①等四十余人就曾到浙江绍兴城外兰亭，当日众人所赋诗作结集成册，王羲之为之挥笔作序，后人将诗集刻写于石碑，立于兰亭。于是，不仅绍兴兰亭成了名胜，而且在曲水上饮酒赋诗也成了世人推崇的风雅之举。取其象征意义，北京紫禁城的宁寿宫花园和承德避暑山庄就都建有“曲水流觞”亭，又如，颐和园后溪河上的买卖街为与世隔绝的皇室成员模拟出世俗生活的真实场景鳞次栉比的店铺和随风摆动的各式店铺招幌，表现了园主人对繁华闹市的向往。

二、园林景观的布局

（一）园林景观布局的原则

1. 综合性与统一性

园林布局的综合性，是指经济、艺术和功能这三方面必须综合考虑，只有把园林的环境保护、文化娱乐等功能与园林的经济要求及艺术要求作为一个整体加以综合解决，才能实现创造者的最终目标。

园林布局的统一性，是指地形、植物与建筑这三方面的要素在布局中必须统一考虑，不能分割开来，地形、地貌经过利用和改造可以丰富园林的景观而建筑道路是实现园林功能的重要组成部分，植物将生命赋予自然将绿色赋予大地，没有植物就不能成为园林，没有丰富的、富于变化的地形、地貌和水体就不会满足园林的艺术要求。好的园林布局是将这三者统一起来，既有分工又有结合。

2. 因地制宜，巧于因借

在园林中，地形、地貌和水体占有很大比例。地形可以分为平地、丘陵地、山地、凹地等。在建园时，应该最大限度地利用自然条件，对于低凹地区，应以布局水景为主，而丘陵地区，布局应以山景为主，要结合其地形地貌的特点来决定，不能只从设计者的想象来决定，例如北京陶然亭公园，在新中国成立前为城南有名的臭水坑，新中国成立后，政府采用挖湖蓄水的方法，把挖出的土方在北部堆积成山，在湖内布置水景，为人们提供一个水上活动场所，也创造出一个景观秀丽、环境优美的园林景点。

3. 主景突出，主题鲜明

任何园林都有固定的主题，主题是通过内容表现的。植物园的主题是研究植物的生长发育规律，对植物进行鉴定、引种、驯化，同时向游人展示植物界的客观自然规律及人类利用植物和改造植物的知识，因此，在布局中必须始终围绕这个中心，使主题能够鲜明地反映出来。在整个园林布局中要做到主景突出，其他景观（配景）必须围绕主景进行安排，同时又要对主景起到“烘云托月”的作用。

4.时间与空间的规定性

园林是存在于现实生活中的环境之一，在空间与时间上具有规定性。园林必须有一定的面积指标作保证才能发挥其作用。同时园林存在于一定的地域范围内，与周边环境必然存在着某些联系，这些环境将对园林的功能产生重要的影响，例如北京颐和园的风景效果受西山、玉泉山的影响很大，在空间上不是采用封闭式，而是把园外环境的风景引入到园内这种做法称之为借景，这种做法超越了有限的园林空间。

但有些园林景观在布局中是采用闭锁空间，例如颐和园内谐趣园四周被建筑环抱，园内风景是封闭式的，这种闭锁空间的景物同样给人秀美之感。

园林布局在时间上的规定性，一是指园林功能的内容在不同时间内是有变化的；另一方面是指植物随时间的推移而生长变化，直至衰老死亡，在形态上和色彩上也在发生变化，因此，必须了解植物的生长特性。植物有衰老死亡，而园林应该日新月异。

（二）园林景观布局的样式

1.规则式布局

规则式布局的特点是强调整齐、对称和均衡。规则式的园林布局通常有明显的主轴线，园林道路由直线或有轨迹可循的曲线构成，园林景观设计中的建筑、广场、水体轮廓、植物修剪等多采用几何形状，展现出对称式的规整感觉。规则式的园林景观设计，以意大利台地园和法国宫廷园为代表，给人以整洁明快和富丽堂皇的感觉。遗憾的是缺乏自然美，一目了然，欠含蓄，并有管理费工之弊。

2.自然式布局

自然式布局构图没有明显的主轴线，其曲线也无轨迹可循。地形、广场、水岸、道路皆自由灵活；建筑物造型强调与地形相结合，植物配置充分利用其自然生长姿态，构成生动活泼的自然景观。自然式园林景观在世界上以中同沾山水园与英国式的风致园为代表。

3.规则不对称式布局

规则不对称式布局是指园林绿地的构图是有规则的，即所有的线条都有轨迹可循，但没有对称轴线，所以空间布局比较自由灵活。林木的配置多变化，不强调造型，绿地空间有一定的层次和深度。这种类型较适用于街头、街旁以及街心块状绿地。

4.混合式布局

混合式园林景观设计是综合规则与自然两种类型的特点，把它们有机地结合起来。这种形式应用于现代园林景观设计中，既可发挥自然式园林布局设计的传统手法，又能吸取西洋整齐式布局的优点，创造出既有整齐明朗、色彩鲜艳的规则式部分，又有丰富多彩、变化无穷的自然式部分。

第四节 园林景观的造景手法

在园林绿地中，因借自然、模仿自然、组织创造供人游览观赏的景色谓之造景。园林设计离不开造景，如面临的是美丽的自然风景，首要的就是通过造园的手法展现自然之美，或借自然之美来丰富园内景观；若是人工造景，要根据园林规模因地制宜、因时制宜，遵循中国传统造园中“师法自然”的重要法则，这就需要设计师匠心巧用、巧夺天工，从而达到虽由人作、宛自天开的效果。总体来看，园林中常用的造景手法主要有以下几种。

一、突出主景

园林景观无论大小、简繁，均宜有主景与配景之分。

主景是园林设计的重点，是视线集中的焦点，是空间构图的中心，能体现园林绿地的功能与主题，富有艺术上的感染力。配景对主景起重要的衬托作用，没有配景就会使主景的作用和景观效果受到影响，所谓“红花还得绿叶衬”正是此道理。主景与配景两者相得益彰又形成一个艺术整体。

例如，北京北海公园的主景是琼华岛和团城，其北面隔水相对的五龙亭、静心斋、画舫斋等是其配景。主景与配景是相互依存、相互影响、缺一不可，它们共同组成一个整体景观。

主景集中体现着园林的功能与主题。例如，济南的趵突泉公园，主景就是趵突泉，其周围的建筑、植物均是来衬托趵突泉的。在设计中就要从各方面表现主景，做到主次分明。园林的主景有两个方面的含义，一是指全园的主景；二是指局部的主景。大型的园林绿地一般分若干景区，每个景区都有主体来支撑局部空间。所以在设计中要强调主景，同时做好配景的设计来更好地烘托主景。

在园林设计时，为了突出重点，往往采用突出主景的方法，常用的手法有以下几种。

（一）升高主体

在园林设计中，为了使构图的主题鲜明，常常把集中反映主题的，主景在空间高度上加以突出，使主景主体升高。“鹤立鸡群”的感觉就是独特，引入注目，也就体现了主要性，所以高是优势的体现。升高的主景，由于背景是明朗简洁的蓝天，使其造型轮廓、体量鲜明地衬托出来，而不受或少受其他环境因素的影响。但是升高的主景，一般要在色彩上和明暗上，和明朗的蓝天取得对比。

例如，济南泉城广场的泉标，在明朗简洁的蓝天衬托下，其造型、轮廓、体量更加突出，其他环境因素对它的影响不大。又如，南京中山陵的中山灵堂升高在纪念性园林的最高点来强调突出。再如颐和园的佛香阁、北海的白塔、广州越秀公园的五羊雕塑等，都是运用了主体升高的手法来强调主景。

（二）轴线焦点

轴线是园林风景或建筑群发展、延伸的主要方向。轴线焦点往往是园林绿地中最容易吸引入注意力的地方，把主景布置在轴线上或焦点位置就起到突出强调作用，也可布置在纵横轴线的交点、放射轴线的焦点、风景透视线的焦点上。例如，规则式园林绿地的轴线上布置主景，或者道路交叉口布置雕塑、喷泉等。

（三）加强对比

对比是突出主景的重要技法之一，对比越强烈越能使某一方面突出。在景观设计中抓住这一特点就能使主景的位置更突出。在园林中，可在线条、体形、重量感、色彩、明暗、动势、性格、空间的开朗与封闭、布局的规则与自然等方面加以对比来强调主景。如直线与曲线道路、体形规整与自然的建筑物或植物、明亮与阴暗空间、密林与开阔草坪等均能突出主景，例如，昆明湖开朗的湖面是颐和园水景中的主景，有了闭锁的苏州河及谐趣园水景作为对比，就显得格外开阔。在局部设计上，白色的大理石雕像应以暗绿色的常绿树为背景；暗绿色的青铜像，则应以明朗的蓝天为背景；秋天的红枫应以深绿色的油松为背景；春天红色的花坛应以绿色的草地为背景。

（四）视线向心

人在行进过程中视线往往始终朝向中心位置，中心就是焦点位置，把主景布置在这个焦点位置上，就起到了突出作用。焦点不一定就是几何中心，只要是构图中心即可。一般四面环抱的空间，如水面、广场、庭院等，其周围次要的景物往往具有动势，趋于视线集中的焦点上，主景最宜布置在这个焦点上。为了不使构图呆板，主景不一定正对空间的几何中心，而偏于一侧。例如，杭州西湖、济南大明湖等，由于视线集中于湖中，形成沿湖风景的向心动势，因此，西湖中的孤山、大明湖的湖心岛便成了“众望所归”的焦点，格外突出。

（五）构图重心

为了强调和突出主景，常常把主景布置在整个构图的重心处。重心位置是人的视线最易集中的地方。规则式园林构图，主景常居于构图的几何中心，如天安门广场中央的人民英雄纪念碑，居于广场的几何中心。自然式园林构图，主景常布置在构图的自然重心上。如中国古典园林的假山，主峰切忌居中，就是主峰不设在构图的几何中心，而有所偏，但必须布置在自然空间的重心上，四周景物要与其配合。

（六）欲扬先抑

中闰园林艺术的传统，反对一览无余的景色，主张“山重水复疑无路，柳暗花明又一村”的先藏后露的构图。中国园林的主要构图和高潮，并不是一进园就展现眼前，而是采用欲“扬”先“抑”的手法来提高主景的艺术效果。如苏州拙政园中部，进了腰门以后，对门就布置了一座假山，把园景屏障起来，使游人有‘疑无路”的感觉。可是假山有曲折的山洞，仿佛若有光游人穿过了山洞，得到豁然开朗、别有洞天的境界，使主景的艺术感染大大提高。又如苏州留园，进了园门以后，经一曲折幽暗的廊后，到达开敞明朗的主景区主景的艺术感染力大大提高了。

景观就空间层次而言，有前景、中景、背景（也叫近景、中景与远景）之分，没有层次，景色就显得单调，就没有景深的效果。这其实与绘画的原理相同，风景画讲究层次，造园同样也讲究层次。一般而言，层次丰富的景观显得饱满而意境深远。中国的古典园林堪称这方面的典范。

在绿化种植设计中，也有前景、中景和背景的组织问题，如以常绿的圆柏（或龙柏）丛作为背景，衬托以五角枫、海棠等形成的中景，再以月季引导作为前景，即可组成一个完整统一的景观。

三、巧于借景

有意识地把园外的景物“借”到园内可透视、感受的范围中来，称为借景。借景是中国园林艺术的传统手法。明代计成在《园冶》中讲：“借者，园虽别内外，得景无拘远近，晴峦耸秀，绀宇凌空；极目所至，俗则屏之，嘉则收之，不分町疃，尽为烟景。斯所谓‘巧而得体’者也。”巧于借景，就是说要通过对视线和视点的巧妙组织，把园外的景物“借”到园内可欣赏到的范围中来。

唐代所建滕王阁，借赣江之景，在诗人的笔下写出了“落霞与孤鹜齐飞，秋水共长天一色”如此华丽的篇章。岳阳楼近借洞庭湖水，远借君山，构成气象万千的画面。在颐和园西数里以外的玉泉山，山顶有玉峰塔以及更远的西山群峰，从颐和园内都可以欣赏到这些景致，特别是玉峰塔有若伫立在园内。这就是园林中经常运用的“借景手法”。

借景能拓展园林空间，变有限为无限。一座园林的面积和空间是有限的，为了扩大景物的深度和广度，组织游赏的内容，除了运用多样统一、迂回曲折等造园手法外，造园者还常常运用借景的手法，收无限于有限之中。借景因视距、视角、时间的不同而有所不同。常见的借景类型有以下几种。

（一）远借与近借

远借就是把园林远处的景物组织进来，所借之物可以是山、水、树木、建筑等。如北京颐和园远借西山及玉泉山之塔，避暑山庄借僧帽山、棒槌峰，无锡寄畅园借锡山，济南大明湖借千佛山等。

近借就是把园林邻近的景色组织进来，如邻家有一枝红杏或一株绿柳、一个小山亭，也可对景观赏或设漏窗借取，如“一枝红杏出墙来”“杨柳宜作两家春”“宜两亭”等布局手法。

（二）仰借与俯借

仰借系利用仰视借取的园外景观，以借高景物为主，如古塔、高层建筑、山峰、大树，包括碧空白云、明月繁星、翔空飞鸟等。如北京的北海借景山.、南京玄武湖借鸡鸣寺均属仰借。仰借视觉较疲劳，观赏点应设亭台座椅。

俯借是指利用居高临下俯视观赏园外景物。登高四望四周景物尽收眼底就是俯借。俯借所借景物甚多，如江湖原野、湖光倒影等。

（三）因时而借

因时而借是指借时间的周期变化，利用气象的不同来造景。如春借绿柳、夏借荷池、秋借枫红、冬借飞雪；朝借晨霭、暮借晚霞、夜借星月。许多名景都是以应时而借为名的，如杭州西湖的“苏堤春晓”“曲院风荷”“平湖秋月”、“断桥残雪”等。

（四）因味而借

因味而借主要是指借植物的芳香，很多植物的花具芳香，如含笑、玉兰、桂花等植物。在造园中如何运用植物散发出来的幽香以增添游园的兴致是园林设计中一项不可忽视的因素。设计时可借植物的芳香来表达匠心和意境。广州兰圃以兰花著称，每当微风轻拂，兰香馥郁，为园林增添了几分雅韵。

（五）因声而借

自然界的声音多种多样，园林中所需要的是能激发感情、怡情养性的声音。在我国园林中，远借寺庙的暮鼓晨钟，近借溪谷泉声、林中鸟语，秋借雨打芭蕉，春借柳岸莺啼，均可为园林空间增添几分诗情画意。

四、善于框景

凡利用门框、窗框、树框、山洞等，有选择地摄取另一空间的优美景色，恰似一幅嵌于境框中的立体风景画称为框景。《园冶》中谓“借以粉壁为纸，而以石为绘也，理者相石皴纹，仿古人笔意，植黄山松柏，古梅美竹，收之园窗，苑然镜游也”。李渔于自己室内创设“尺幅窗”、（又名“无心画”）讲的也是框景。扬州瘦西湖的“吹台”，即是这种手法。

框景的作用在于把园林绿地的自然美、绘画美与建筑美高度统一、高度提炼，最大限度地发挥自然美的多种效应。由于有简洁的景框为前景，可使视线集中于画面的主景上，同时框景讲求构图和景深处理，又是生气勃勃的天然画面，从而给人以强烈的艺术感染力。

框景必须设计好人框之对景。如先有景而后开窗，则窗的位置应朝向最美的景物；如先有窗而后造景，则应在窗的对景处设置；窗外无景时，则以“景窗”代之。观赏点与景框的距离应保持在景直径的 2 倍以上，视点最好在景框中心。近处起框景作用的可以是树木、山石、建筑门窗或是园林中的圆凳、圆桌。作框景的近处物体造型不可太复杂，所选定远处景色要有一定的主题或特点，也比较完整，目的物与观赏点的距离，不可太近或太远。

框景的手法要能与借景相结合，可以产生奇妙的效果，例妒，从颐和园画中游看玉泉山的玉峰塔，就是把玉峰塔收入画框之中。设计框景要善于从三个方面注意，首先是视点、外框和景物三者应有合适的距离，这样才能使景物与外框的大小有合适的比例；其次是“画面”的和谐。例如，透过垂柳看到水中的桥、船，透过松树看到传统的楼阁殿宇，透过洞门看到了园中的亭、榭等，都是谐和而具有统一的氛围；最后是光线和色彩，要摆正边框与景物的光线明暗与色调的主次关系。

五、妙在透景

透景是利用窗棂、屏风、隔断、树枝的半遮半掩来造景。一般园林是由各种空间组成或分隔的空间，用实墙、高篱、栏杆、土山（假山）等来进行。有的空间需要封闭，不受外界干扰，有的要有透景，要能看到外边的景色，相互资借以增加游览的趣味，使所在空间与周围的区域有连续感、通透感或深远感。

苏州很多庭园的漏窗就可看到相邻庭园的景色，有成排漏窗连续展开画面，好像一组连环画。北海静心斋中韵琴斋南窗正好在碧鲜亭北墙上，打开窗户正好望到北海水面上浮出的琼岛全景。除了这种巧妙的开窗透景以外，还可以借助两山之间、列树之间或是假山石之间都可以巧妙地安排透景。

透景由框景发展而来，框景景色全现，透景景色则若隐若现，有“犹抱琵琶半遮面”的感觉，含蓄雅致，是空间渗透的一种主要方法。透景不仅限于漏窗看景，还有漏花墙、漏屏风等。除建筑装修构件外，疏林、树干也是好材料，但植物不宜色彩华丽，树干宜空透阴暗，排列宜与景并列；所对景物则要色彩鲜艳，亮度较大为宜。

六、隔景与对景

（一）隔景

凡将园林绿地分隔为不同空间、不同景区的手法称为隔景。隔景即借助一些造园要素（如建筑、墙体、绿篱、石头等）将大空间分隔成若干小空间，从而形成各具特色的小景点。中国园林利用多种隔景手法，创造多种流通空间，使园景丰富而各有特色；同时园景构图多变，游赏其中深远莫测，从而创造出小中见大的空间效果，能激起游人的游览兴趣。

隔景可以组成各种封闭或可以流通的空间。它可以用多种手法和材料，如实隔、虚隔、虚实隔等。在多数场合中，采用虚实并用的隔景手法，可获得景色情趣多变的景观感受。

（二）对景

对景即两景点相对而设，通常在重要的观赏点有意识地组织景物，形成各种对景。景可以正对，也可以互对。位于轴线一端的景叫正对景，正对可达到雄伟庄严、气魄宏大的效果。正对景在规则式园林中常成为轴线上的主景。如北京景山万春亭是天安门一故宫一景山轴线的端点，成为主景。在轴线或风景视线两端点都有景则称互为对景。互为对景很适于静态观赏。互对景不一定有严格的轴线，可以正对，也可以有所偏离。

互对景的重要特点，此处是观赏彼处景点的最佳点，彼处也是观赏此处景点的最佳点。如留园的明瑟楼与可亭就互为对景，明瑟楼是观赏可亭的绝佳地点。同理，可亭也是观赏明瑟楼的绝佳位置。又如颐和园的佛香阁建筑与昆明湖中龙王庙岛上的涵虚堂也是。

七、障景与夹景

（一）障景

在园林绿地中凡是抑制视线、引导空间的屏障景物叫障景。如拙政园中部入口处为一小门，进门后迎面一组奇峰怪石；绕过假山石，或从假山的山洞中出来，方是一泓池水，远香堂、雪香云蔚亭等历历在望。障景还能隐藏不美观和不求暴露的局部，而本身又成一景。

障景多用于入口处，或自然式园路的交叉处，或河湖港汊转弯处，使游人在不经意间视线被阻挡并被组织到引导的方向。障景务求高于视线；否则无障可言。障景常应用山、石、植物、建筑（构筑物）、照壁等。

（二）夹景

为了突出优美景色，常将左右两侧的贫之景观以树丛、

树列、土山或建筑物等加以屏障，形成左右较封闭的狭长空间，这种左右两侧的前景叫夹景。夹景所形成的景观透视感强，富有感染力；还可以起到障丑显美的作用，增加园景的深远感，同时也是引导游人注意的有效方法。

八、点景与题景

（一）点景

点景即在景点入口处、道路转折处、水中、池旁、建筑旁，利用山石、雕塑、植物等成景，增加景观趣味。

（二）题景

中国的古典园林善于抓住每一景观特点，根据它的性质、用途，结合空间环境的景象和历史，高度概括，常做出形象化、诗意浓、意境深的题咏。题咏的对象更是丰富多彩，无论景象、亭台楼阁、一门一桥、一山一水，还是名木古树都可以给以题名、题咏。例如，济南大明湖的月下亭悬有“月下亭”三字匾额，为清代著名文学家、山东提督学政使阮元书；亭柱上楹联“数点雨声风约住，一花影月移来”，为清末大学者梁启超撰。沧浪亭的石柱联“清风明月本无价，近水远山皆有情”，此联更是一幅高超的集引联，上联取自于欧阳修的《沧浪亭》，下联取自于苏舜钦的《过苏州》，经大师契合，相映成辉。

第七章　景观设计的主要类型

现代景观设计在尺度范围上，涵盖从微小尺度的微型小景，到特大尺度的区域性景观；在城市用地范围上，包括城市建设用地、城市规划区、市域，乃至跨区域等不同的空间层次，与传统的园林设计相比，景观的类型和规模都已大大拓展。根据景观绿地的空间形态、特征、性质及主要功能，可以将景观设计的主要类型归纳如下：城市外部绿地景观、城市公园景观、城市广场景观、道路景观、居住区环境景观、公共建筑外部环境景观、滨水空间景观和工业绿地景观。

第一节　城市外部绿地景观

一、城市外部绿地景观的功能及特征

城市外部绿地景观位于城市建设用地以外，以自然景观为主，具有较大的规模，植被丰富，资源集中并具有较高的价值，景观及旅游条件较好，经过科学的保护和适度开发后，可以供人们游览、娱乐或开展科研、文化、教育活动的大型景观场所，包括风景名胜区、自然保护区、郊野公园、森林公园、湿地、风景林地及其他待修复绿地等。

城市外部绿地景观是城市景观绿地系统的重要组成部分，是城市绿地景观在结构上的延伸和功能上的补充，能够为本地居民提供休闲游憩服务，并吸引外地游客前来观光旅游，对于提升区域的景观和环境质量，发挥生态、社会和经济效益等方面都能起到重要的作用。

二、城市外部绿地景观的规划设计原则

作为城区绿地景观的有机延伸，城市外部绿地应当纳入城市绿地系统中整体规划，按照其综合条件和形态特征，并依据相关保护法规和条例的要求，对功能和用途进行科学合理的定位，制定保护开发策略。

（一）保护为主

对于自然山水地貌及植被条件好、资源丰富价值高、景观独特的外部绿地景观，如风景名胜区、自然保护区，必须以保护为首要前提，保持其原始天然性，保护景观的自然美学价值。应该根据自然资源的分布、价值和生态敏感度，确定保护开发的级别。在核心敏感区域要严格限制任何形式的开发建设活动，游憩旅游和科研教育活动应在核心区以外的区域进行，对游人活动空间和强度进行控制，最大限度地避免对自然资源的人为干扰和破坏。

（二）适度开发

城市外部绿地景观的一项重要功能是提供休闲和旅游服务。因此，要在保护的基础上，在限定的区域内，适度开发、完善相关设施的建设，设置必要的游览道路、集散场地、服务、休息和娱乐设施，保证游憩功能的发挥。

（三）生态优先

自然保护区、森林公园、湿地等都提供了生态系统的天然“本底”，不仅为人们提供观察、研究自然生态系统的天然场所，也为人类提供了保护与修复生态系统的范本和准则。除此之外，人工建造、修复的城市外部大型绿地景观，如郊野公园、生态修复绿地等，也能在维护区域生态平衡方面发挥重要的作用。因此，城市外部绿地景观的开发、利用、建设应当以生态优先为基本原则，保护现有的自然生态环境和生物多样性，恢复遭到破坏的生态系统，促进生态系统的良性循环。

（四）以人为本

休闲、旅游的开发模式应当以人为本，分析研究游人的和游赏习惯、心理需求，有针对性地安排游线、景点、配套服务设施，发掘和利用资源特色，开发适当的观赏、感受、体验、参与等不同层次的游览活动，在不影响保护和生态优先的前提下，发挥城市外部绿地景观的综合效益。

第二节　城市公园景观

一、城市公园景观的功能及特征

公园是城市绿地系统的骨干部分，是重要的市政公用设施。城市公园向广大公众开放，具有游憩、生态、美化和防灾功能，所占城市用地比例和建设水平是衡量一座城市环境质量和居民生活品质的重要标志。

城市公园最核心的任务是创造优美的绿色自然环境，供广大市民日常休闲娱乐使用，共享性、开放性和游憩性是其主要特征。城市公园应以植物造景为主，再根据公园的性质、规模和用地条件确定主题和功能分区。

二、城市公园的类型

公园在城市中分布广泛，包含不同的级别和类型，按照《公园设计规范》（CJJ 48—92）和《城市绿地分类标准》（CJJ/T 85—2002 J 185—2002），城市公园的类型一般包括综合公园、社区公园、专类公园、带状公园和街旁绿地五大类，见表 7-1。

表 7-1 城市公园绿地的类型

类型	内容与功能	说明及要求
综合公园	内容丰富，有相应设施，适合于公众开展各类户外活动的规模较大的绿综合公园地。包括全市性公园和区域性公园。全市性公园一般可供市民半天到一天的活动。	市级综合公园面积不宜小于 10hm²，服务半径为 2000～3000m，居民乘车 30min 左右可以到达；区域性综合公园面积 5～10hm²，服务半径 1000～1500m，步行 15min 可以到达。
社区公园	为一定居住用地范围内的居民服务，包括居住区公园和居住小区游园，应具有适于居民日常休闲活动的内容和相应设施，重点满足儿童和老年人的活动需要。	服务半径为 300～1000m，步行 5～10min 可以到达。居住区公园面积宜为 5～10hm²，居住小区游园面积宜大于 0.5hm²。
专类公园	具有特定的内容或形式，有一定游憩设施，包括儿童公园、植物园、动物园、体育公园、历史名园、雕塑公园、游乐公园等。	游乐公园指绿化占地比例大于或等于 65%的大型游乐场。
带状公园	结合城市道路、水系、城墙等而建，最窄处能满足游人通行，以绿化为主，辅以简单设施的狭长形绿地。具有隔离、装饰街道、供市民短暂休憩的功能。	设置简单的休憩设施，植物配置应考虑与城市环境的关系及园外行人、乘车人对公园外貌的观赏效果。
街旁绿地	也称街旁游园，位于城市道路用地之外，相对独立成片的绿地，绿化占地比例大于或等于 65%，小型沿街绿化用地和街道广场绿地。	应配置精美的园林植物，讲究街景的艺术效果并设有供短暂休憩的设施。

三、城市公园景观的设计原则和要点

（一）总体规划要求

城市公园应以批准的城市总体规划和城市绿地系统规划为依据，确定公园的用地范围和性质。公园的总体规划要综合考虑社会效益、环境效益与经济效益之间的关系以及公园近远期建设的关系，根据批准的设计任务书，并结合现状条件和规模确定功能分区、出入口、植物种植和地形改造规划、广场及园路布置、建筑及小品布置、建设时序规划等内容，以植物造景为主，尽可能地营造自然环境，体现自然特征。

（二）功能分区

功能分区的作用是为不同年龄、不同需求的游人提供丰富多样的游憩娱乐活动分区，一般包括观赏游览区、文化娱乐区、安静休息区、儿童活动区、老人活动区、体育活动区和公园管理区等。

1. 观赏游览区

观赏游览区是游人动态游赏公园美景的区域，应合理安排游览路线，游览途中设置令人赏心悦目的自然及人工景物，以及驻足小憩的休息设施。

2. 文化娱乐区

文化娱乐区是游人开展文化教育、展览、表演、游艺等活动的区域，气氛喧闹，游人量较为集中，主要设施包括展览馆、画廊、露天剧场、舞场、青少年活动室、游艺厅等。该区域的位置应相对独立，避免干扰公园的其他区域，并可以方便地接入城市水电管网。

3. 安静休息区

安静休息区是游人体验优美清新的自然环境，在安静、自然形态的空间中休息、散步、赏景、品茗、野餐、日光浴、垂钓、对弈的区域，该区域景观应当具有自然特征，植被茂盛，远离主入口和其他喧闹区域。

4. 儿童活动区

儿童活动区是专为儿童提供的户外娱乐活动区域，功能明确，属于公园中的喧闹区域，要避免对其他区域产生干扰。活动内容的设置要有趣味性和互动性，

5. 老人活动区

老人活动区是专为老年人划分的活动区域。老年人是在公园游赏、娱乐的主要人群，活动也有动静之分，动态活动主要包括慢跑、跳舞、武术、球类、合唱、戏剧表演等，静态活动主要包括聊天、棋牌、静坐、晒太阳等。老人活动区要选择环境优美、便于抵达的区域，动区和静区要有分隔，静区可以和公园的安静休息区结合考虑。

6. 体育活动区

体育活动区是公园开展体育活动、健身的区域，条件允许的公园可在该区设置溜冰场、游泳池、各类球场、跑道、武术场地等内容，方便游人在景色优美的户外开展健身活动。

7. 公园管理区

公园管理区应酿离公园的区域，开设专门的出入口，方便公园管理。

（三）出入口的确定

公园出入口具有非常重要的作用，能够引导游人便捷地出入公园、展示公园形象、组织游览序列、方便公园管理，位置选择应当根据公园周围的用地性质、城市交通状况、游人的主要来源方向和公园布局要求来确定。出入口包括主入口、次入口和专用入口，

主要入口面向城市的主、次干道，应当设置内外集散广场、停车场、售票处，游人服务中心、小品设施等内容，大门的形象应当能够体现公园特征，美化街景；次入口作为主入口的补充，应当按照游人来源方向和总体布局，在公园四周的合理位置来安排；专用入口是为方便公园管理、生产、特殊接待设置的出入口，应避免与其他出入口的干扰，外观应朴素、简洁。

（四）用地比例

公园的用地包括园路及铺装场地、管理建筑用地、游憩服务建筑用地和绿化用地几大类，用地比例按照公园类型和陆地面积确定，应符合中国的《公园设计规范》（CJJ 48—92）的相关要求。表 7-2 为陆地面积 5～10hm²的综合性公园用地比例要求。

表 7-2 陆地面积 5～10hm²的综合性公园用地比例要求

用地类型	园路及铺装场地	管理建筑	游憩服务建筑	绿化用地
用地比例	8%～18%	小于 1.5%	小于 5.5%	大于 70%

当公园面积一半以上的地形坡度超过 50%、水体岸线总长度大于公园周边长度、公园平面长宽比值大于 3 时，园路及铺装场地的面积可适当增加，但增值比例不应超过公园总面积的 5%。

（五）容量要求

公园设计应当确定公园的游人容量，以保证游园安全，并作为计算场地面积、设施用量的依据。例如为游人服务的餐厅、小卖部、亭廊、座椅等服务设施的规模应与游人容量相适应。

公园游人容量计算公式如下：

$$C = \frac{A}{A_m}$$

式中，C 为公园游人总量（人），A 为公园总面积（m²），A_m为公园游人人均占有面积（m²/人）。

公园游人人均占有公园面积，市、区级综合性公园以 60m²为宜，带状公园和社区公园以 30m²为宜，风景名胜区公园宜大于 100m²，最低人均公园面积不得低于 15m²。以此可计算出公园游人总量的限制人数。

（六）地形设计

地形设计是公园规划设计的重要内容，好的地形塑造可以创造多变的地形环境和小气候条件，形成便于活动、利于休息、易于识别、富有艺术特征的环境空间。自然式布局的公园，可以通过地形的塑造营造出接近自然的地形地貌，满足城市居民接近自然的需求。除了造景和组织空间外，地形塑造还能够有效地组织全园排水，改善植物的种植条件。

公园控制点的标高应与相邻的城市道路标高相适应。一方面，满足园内地表排水排放的坡度要求，但也不能超过坡度限度，避免引起地表径流的冲刷，比如，普通修剪草地的适宜排水坡度是 1.5～10%，最大坡度不宜超过 25%。另一方面，公园的地形标高控制还要考虑到公园景观的营造，并结合功能分区的划分来综合考虑，文化娱乐区和儿童活动区从活动的适宜性和安全角度来考虑，应当选择较为平坦的区域，便于开展活动和快速集散，安静休息区适宜在地形围合的幽静环境中活动。

地形塑造的主要内容包括陆地起伏地貌的控制点标高、规则式园林各地坪的不同标高，排水设计，最高水位、常水位、最低水位、水底标高的设计等，不同位置的水体深度设计要符合规范要求。地形设计还应考虑的因素包括：要因地制宜，即“高阜可培，低方宜挖”（《园冶》），充分利用地形原状；尽量减少工程量和运输量，争取土方平衡；地形地貌特征要符合自然规律，体现自然之趣；要考虑安全因素，山的高度、坡度、水体的深度都要符合相关规范的安全规定。

（七）其他要求

其他要求包括种植设计、园路及铺装场地设计、建筑和设施设计等。

1. 种植设计

种植设计要根据公园的总体布局和分区规划要求来确定植物景观的风格特征、种植结构、基调树种、骨干树种等内容。树种选择应当以抗性强的乡土树种为主，适地适树，根据当地的气候条件确定常绿树和落叶树、速生树和慢长树、乔木和灌木、非林下草坪的合理比例，适当栽植引种驯化品种，根据不同的立地条件选择植物。另外，无论孤植树、树丛还是作为背景的成片树林，都要有适当的观赏距离和驻足观赏点。一般来说，视距应大于树高的 2 倍。

2. 园路

园路要根据出入口的位置和分区规划，结合地形、水体、植物群落、建筑设施等来布局，创造生动的游览序列和完整的景观构图。路的转折、衔接要符合机动车通行需要、游人的行为习惯，以及安全、顺畅游览的需要。铺装场地应根据总体布局和分区规划的要求，确定场地的位置、规模、活动方式，与园路、地形、植物的空间关系等内容。

3. 建筑和设施设计

建筑和设施的占地面积、功能、位置、朝向、造型、材料、色彩等方面要根据规范的规定和总体设计要求来确定，满足服务功能和整体景观的需要，与地形地貌、铺装场地、水体、植物、小品设施相协调。小品设施的配置要满足不同的使用功能，并与游人容量相适应。

第三节　城市广场景观

一、城市广场景观的功能及特征

城市广场作为一种空间元素，起源于欧洲，是城市结构和市民社会生活的核心，也是城市自由开放的象征。中国的城市广场建设正在日益引起广泛的重视，以满足城市中心区土地功能多样化、集约化，以及市民休闲娱乐活动的需求。

（一）城市广场的功能

广场被称为“城市的客厅”，是市民使用效率最高的城市公共空间之一，对提升城市的功能、品质、活力，改善城市交通、景观、商业形态具有重要的作用。很多城市广场具有综合性功能，集商业、娱乐、休闲、交通、集会于一体，市民的活动内容也丰富多样，包括集会、庆典、灯会等公共性活动；休息、健身、游戏、才艺表演、休闲购物等自发性活动等。如北京市的西单文化广场，处于城市中心地区的商业圈内，具有购物、康体、娱乐、休闲多种功能，极具特色和魅力，受到广大市民和游客的喜爱。

（二）城市广场的特征

城市广场属于开放性的城市公共空间，也是城市的地标性场所，由广场的场地、周边建筑、市政构筑物、绿化树木和周边道路等要素界定。广场的空间尺度较大，布局方式包括规则式、混合式和线性的广场空间序列。规则式广场具有严整的几何构图和强烈的轴线关系，图案性较强。混合式布局的广场较为常见，一般在入口和中心区采用规则式构图，强化广场氛围和景观，可以开展公共性活动；其他区域则灵活布局，便于不同年龄、不同类型的市民开展多种活动，提高使用效率。线性广场很少见城市中心区的广场大都进行立体式开发，涉及地上和地下空间，立体化、复合式的空间可以最大限度地利用城市中心地带寸土寸金的土地资源。绿化用地比例高于65%的城市广场，可以计为街道广场绿地，纳入城市公园绿地体系中。

二、城市广场的类型

（一）公共活动广场

公共活动广场属于政治性广场，位于市中心，一般具有较大的规模，作为展示重要建筑、举行公共集会、检阅、游行、联欢等各类仪式和大型庆典活动的场所，如北京的天安门广场。公共活动广场的布局应规整、简洁，留有足够开展各类公共活动的场地。

（二）集散广场

集散广场是供人流、车流通行集散的建筑前广场，比如车站、机场、码头、体育场、展览馆、图书馆等大型公共建筑物前的广场。集散广场的功能明确，要合理组织好人流、车流路线，避免相互交叉干扰，景观、设施的设计要服务于功能，保证通行顺畅，短时停留、快速集散。

（三）商业广场

商业广场位于商业繁华地区，广场周围以商业建筑为主。商业广场有时结合步行商业街设置，购物和休闲相结合，成为城市时尚、个性，充满活力的区域，商业广场中各类景观设施、街道家具的布置也往往成为引人注目的亮点。

（四）休闲广场

休闲广场指供市民日常休闲娱乐的广场，是深受广大市民喜爱的户外活动场所，可以开展健身、跳舞、游戏、才艺展示、休息、交流等多种活动。休闲广场应安排足够的游憩设施，多种大树，夏季能够遮阴乘凉，使活动场地更加舒适宜人。

（五）纪念广场

纪念广场是重要纪念建筑前的广场，展示建筑，供群众瞻仰，开展教育、纪念活动，如南京中山陵前广场。纪念性广场是建筑的有机组成部分，仪式感强，一般为规则式布局，以营造庄严肃穆的氛围，景观和小品设施的设置要符合纪念广场的性质和主题，与建筑协调统一。

三、城市广场景观的设计原则和要点

（一）功能定位

城市广场的功能定位要综合考虑广场在城市空间结构的区位、广场建筑的功能及市民的使用需求等因素。考虑到城市中心区土地寸土寸金的现状，应当适度提高土地利用的强度，在广场的主要功能与建筑相匹配的前提下，突出主要功能，兼顾其他功能，提高广场的利用率。

（二）尺度和布局

城市广场应有合理的尺度，与周围建筑的高度和体量相适应，避免一味求大、互相攀比，过于宏大的广场平面尺度使人缺乏归属感，广场的使用率也会大打折扣。广场的布局应避免单纯追求形式，盲目模仿，过度强调图案化和符号化的做法，应当体现地域特色，空间造型灵活而富有艺术性，与广场建筑的艺术风格相协调。

（三）景观塑造

广场对于城市和广大市民而言，既有物质层面的功能使用需求，又有精神层面的审美需要。因此，视觉景观的塑造非常重要，要按照美的规律来进行整体布局和各种要素的安排，要体现出时代精神和城市气质，与城市的整体风貌相协调。景观要具有秩序感和整体美，避免杂乱无章的形象带来的“视觉污染”。

（四）人文关怀

城市广场是现代社会公共生活的体现，只有人的充分参与才能体现出广场的精神内涵和建设意义。因此，在广场空间环境的营造中，要更多地考虑公众的活动需求和行为心理，体现人文关怀精神，最大限度地充当城市公共活动的载体，提高广场空间的可利用性。具体地说，广场要提供足够的铺装场地供人活动、停留；广场要便于进出，各项功能互不干扰；广场要提供足够的服务设施，如坐凳、饮水器、公厕、信息标识牌、售卖亭等满足各年龄层次、各类人群的不同使用需求；广场要具有良好的步行环境和舒适的休息环境，草坪种植面积不宜过大，增加大乔木的种植比例，便于遮阳、围合空间，改善小气候条件；广场还要考虑机动车和非机动车的停车安排，便于居民往来广场。

第四节　道路景观

一、道路景观的功能及特征

道路关系到整个城市的有机活动，能够通达到城市的各个区域，把城市中的建筑与各类活动空间串联起来，供市内交通运输以及与市外道路的联系，便于居民生活、工作及开展各类文化娱乐活动。道路景观是影响城市印象的首要因素，能够为车辆和行人提供舒适优美的交通环境，塑造城市风貌，展现社会风情，降低污染和噪声，改善小气候条件。不同级别、不同功能的城市道路景观，呈网络状遍布于城市的各个角落，把城市的绿色景观串联起来，构成城市点、线、面完整的绿色景观体系。

道路景观由道路本身的性质和类型、沿街建筑物的形态、远处自然要素和人工要素形成的景致共同构成，人在道路上的活动方式也是道路景观的有机组成部分。道路景观设计应基于道路空间整体，综合考虑构成道路景观的各种要素。

二、道路景观的类型

城市的道路网络由快速路、主干道、次干道和支路构成，道路的功能不同，景观特征也不相同。

（一）交通型干道景观

交通型干道景观指快速路和主干道景观。快速路是为城市长距离快速交通服务的道路，主干道是为连接城市各主要分区的道路。快速路和主干道都是交通型的道路，在城市交通中起到“通”的作用，通过的车辆快而多。交通型干道景观符合道路功能，突出道路景观的整体效果，细部放松处理，景观节奏应考虑机动车在快速通行过程中的视觉印象，整齐、连续、开阔。主要景观要素由路侧绿带景观、分车带景观、路口节点景观、路灯、景观标志物等构成。

（二）公共空间型街道景观

公共空间型街道景观主要指城市次干道景观。次干道是联系主要道路的辅助交通干道，在城市交通中兼有“通”和“达”的作用。次干道两侧常常集中沿街商店和文化服务设施，因此，除了交通联络，次干道还是城市公共活动的场所，人流量大，环境喧闹，是城市特征和活力的集中体现。作为道路景观的界定要素，沿街建筑立面的风格及橱窗展示、广告牌、霓虹灯的布置应统一规划，并重点打造富有个性的步行交通空间。

（三）生活型支路景观

生活型支路景观指城市支路景观。大多数支路以生活服务功能为主，方便居民出行，在道路交通中起“达”的作用。支路由于路面较窄，道路断面一般由混合车道、公共设施带和人行道组成，没有分车带，公共设施带上的行道树绿化带是生活型支路景观的主要内容，应形成道路的景观个性和宜人的尺度、氛围。

三、道路景观的设计原则和要点

（一）符合功能要求

城市道路具有不同的功能，比如交通型道路以车辆的快速、安全通行为主要功能；公共活动型道路的交通环境要作为城市公共空间来看待；生活型道路要便于车辆和行人的行和停，道路的功能不同，景观特征也有所不同。

交通型干道景观应注重交通功能的优化，整体景观形象能够展现城市的意向和魅力，分车带绿化、交叉口及行道树绿化方式都应符合安全行驶的要求，景观节奏和韵律兼顾快速通行动状态下驾车人的视觉感受，以及行人行走时的生理和心理感受，整体形成层次丰富，富有节奏韵律的城市绿色景观廊道。

公共空间型街道景观要兼顾交通功能和服务功能，步行交通空间是景观塑造的重点，要满足行人通行和购物休闲活动的需求，可以把人行道空间和临街建筑外环境作为整体来考虑，适当配备座椅、遮阳伞、电话亭、报刊亭、垃圾箱、标识牌、景观照明灯具等设施，雕塑、景观小品、景观铺地应与整体环境协调，富有趣味性。

生活型支路景观应根据道路的实际情况，在行道树绿化带设置乔木、灌木、绿篱、地被、草花复层绿化形式，在满足交通安全的前提下提高绿量，并配置必要的服务设施，保证非机动车和行人的通行安全和舒适性。在道路红线处，也可适当配置绿篱、塔形灌木、花钵、座椅等，植物品种的选择，不同的道路应体现不同的特色，使生活在本区的居民有认同感和归属感。

（二）整体性要求

整体性要求是把构成道路景观的各要素作为整体统一规划，使道路景观符合道路功能，整体风格和谐有序，层次丰富。道路的本体形式由分车带、机动车道、绿化隔离带、非机动车道、绿化人行道构成，道路级别不同，宽度和断面形式也不相同，根据中国的《城市道路绿化规划与设计规范》（CJJ 75—97）的规定，道路的绿地率应当符合下列要求：红线宽度大于 50m 的道路，绿化率不小于 30%；红线宽度为 40～50m 的道路，绿地率不小于 25%；红线宽度小于 40m 的道路，绿地率不小于 20%。

临街建筑作为实体界面是形成道路空间特性的重要因素。建筑物的上部，在快速通行的驾车人的视线范围内，建筑物的立面色彩、屋顶形式、建筑的组合方式都会给驾车人留下深刻的视觉印象，应该按照车行尺度来考虑。建筑物的下部，在行人的视觉范围内，应该按行人尺度来考虑，注意立面的细节处理，包括材质、色彩、门窗样式、招贴牌位置等。附属设施、街道家具和街头艺术小品也要按照道路景观的整体定位来统一安排，符合道路的功能和性质。

（三）突出个性

富有个性、风格不同的城市道路景观，不仅能够增强道路本身的景观特色和可识别性，也构成了城市丰富多彩的景观风貌。道路景观个性由道路的本体形式、所在的城市功能区域、周边环境特征、行人活动规律、植物品种及配置方式、路面铺装样式、设施及景观小品共同构成。以城市不同的功能区域为例，繁华的商业区、安静的住宅区、行政办公区、工业开发区的道路景观个性是各有不同的。

确定道路的景观个性，首先要挖掘道路所在区域的地域文脉，提炼出能够反映道路历史和特性的景观元素，合理配置，延续道路的历史文化韵味；其次，统一规划控制构成道路景观的各要素，风格统一，整体协调。道路上的植物所具有的形态美、色彩美、季相变化、配置方式、景观花钵的应用，以及行道树所呈现的姿态和所代表的气质，能够很好地体现道路景观的个性。路面铺装的材质、颜色、图案也是体现道路景观特色的重要方面。另外，街道家具、景观小品的造型、体量、材质、颜色对道路景观的个性都会产生重要的影响，要统一规划，综合考虑各景观要素的特质和作用，既避免道路景观千篇一律、毫无个性和特点，又要避免景观杂乱无序。

第五节　居住区环境景观

一、居住区环境景观的功能及特征

居住区环境景观指居住区的户外开敞空间和空间内由自然要素和人工要素共同构成的景观，为生活在居住区内的居民服务，具有专属性和私密性。居住区环境景观能够营造社区优美舒适的环境，提供共享户外空间，方便本区居民开展各类户外活动，对居民的生理、心理、行为都会产生直接或间接的积极影响。老人和儿童是居民户外活动的主体，居住区环境景观的质量对这两类人群影响更大。

居住区的环境特征，既包括户外环境的空间属性、尺度、景物布局、造型、色彩等视觉特征，也包括温度、湿度、日照、气流等物理环境特征，前者带给人以美感、安全感、归属感，供认使用，后者带给人舒适感，二者都是影响居民户外活动的重要因素，要综合考虑，为居民创造优美、舒适、卫生、安全、方便的居住区环境。

二、居住区环境景观的基本类型

（一）居住区公园和小区游园

居住区公园和小区游园属于城市公园绿地体系的“社区公园”类别，为一定居住用地范围内的居民服务，具有一定活动内容和设施的集中绿地，是居住区居民的共享空间。

（二）组团绿地

组团绿地即住宅组团间的集中式绿地，是本组团各年龄段居民户外健身休闲、进行邻里交往的主要场所，组团绿地应考虑老人和儿童的活动特点、规律和需要，活动区域适当分隔，避免相关干扰。在满足居住区绿地率要求的前提下，组团绿地要有足够的铺装场地面积，满足居民的活动需要。

（三）宅间绿地

宅间绿地指住宅间的绿化空间，是居住区最基本的景观单元，在居住区中分布广泛，灵活多样。空间模式有直线式、院落式和散点式；空间属性有公共、半公共和私密不同的形态，宅间绿地空间应该针对这些空闲特性，在植物配置方式、树种选择、设施和小品设置等方面做出恰当的安排。

（四）专属绿地

专属绿地指居住区内学校、幼儿园、商业服务、物业、锅炉房等配套公建的附属绿地空间，能够美化配套公建的环境，分隔空间，提高居住区的绿地率。专属绿地空间应与居住区的整体环境景观相协调。

三、居住区环境景观的设计原则和要点

（一）统一规划、整体协调

居住用地在城市用地中占有很大的比例，居住区的环境景观质量的优劣，对整个城市的环境和景观质量也有很大的影响。居住区环境景观要按照系统性的要求统一规划、合理组织居住区公园、小区游园、组团绿地、宅间绿地和专属绿地，形成点、线、面相结合、整体协调、风格统一的居住区环境景观体系。

（二）符合居民户外活动规律

老人和儿童是居住区户外活动空间的主要使用人群，密集活动时间段是上午的 9：00～11：00 和下午的 16：00～18：00。老人相对静止的活动如闲坐、聊天、下棋应就近安排在安静、不受干扰的区域，场地冬季要避风向阳、夏季遮阴；娱乐、健身等“动”的活动应选择在空间开敞、通风良好、有足够活动面积的场地。

儿童的活动特征和年龄分组有很大的关系，年龄相仿的儿童多在一起游戏，2 岁前为婴儿期，需家长看护，主要活动是学走路、晒太阳；3～6 岁为幼儿期，明显好动，常见活动有追跑、排球、骑车、掘土等，需要家长陪伴；7～12 岁为有独立能力，户外活动量和范围明显增大，产生的噪声干扰也较大；12～15 岁为少年期，思维及独立性进一步增强，主要的户外活动是体育锻炼。所以在设置儿童活动场地时，要根据不同年龄段儿童的户外活动特征，提供相适应的活动场地。供婴幼儿活动的场地，应该离住宅较近，并为家长提供休息坐凳；稍大的儿童，活动范围大，活动噪声易干扰他人，活动场地应与住宅有一定的距离，适合设置在组团集中绿地中；12 岁以上的青少年的活动场地，适宜安排在小区及居住区级别的集中绿地内，并设置必要的游戏设施、健身场地和器材。

（三）形式、内容与功能相协调

居住建筑按照点群式、行列式、周边式、院落式和自由式的组合方式，使外部空间具有了不同的属性和特征，就空间形态而言，有点状空间、线性空间和集中式空间；就空间属性而言，有公共空间、半公共空间和私密性空间；就空间围合度而言，有开敞空间、半开敞空间和围合空间。不同的空间给人以不同的心理感受，承载的功能也各有不同。居住区环境景观应当有恰当的形式和内容，和建筑风格相协调，和空间所承载的功能相适应，综合考虑场地、设施、绿化、交通等各要素，确定合理的空间尺度、小品设施的材质、造型、体量、色彩，以及适宜的绿化风格和植物品种。应避免片面追求形式、过度设计、内容堆砌、尺度不当等问题。

（四）营造具有良好物理环境的户外空间

人在户外活动时，直接面临声、光、热等物理环境因素的影响，首先感受到的是环境的舒适度，应当利用有利的物理环境因素，防止和控制不利因素对人的影响，具体来说，要处理好“争取日照与防晒”、“防风与改善自然通风”、“降温除尘”、“控制噪声”几方面的关系：

1. 日照与采光

老人和儿童在户外活动时，适当的日照有助于身体健康，应当分析户外环境的日照情况，避免在建筑阴影区内设置活动场地。另外，室外景物、树木的配置要避免对底层住宅的采光造成影响。

2. 防晒

户外活动场地要考虑夏季防晒，便于居民活动。可以通过在场地中种植分支点高、冠幅大的庭荫树的方式，如悬铃木、泡桐、白蜡、国槐、元宝枫、臭椿、香樟等，设置林下活动、休息场地；还可以布置亭、廊、花架等景观设施，供人休息交流。

3. 防风

住宅建筑的布局方式会影响环境的空气流动状况，可能引起局部风速过大、空气绕流、涡流等情况，不利居民活动。要避开涡流区布置活动场地和散步。另外，可以在冬季主导风向上，密植常绿树，以遮挡、隔风。

4. 改善自然通风

户外活动场地要引入夏季风，避免绿化带、人工构筑物阻挡夏季主导风向，影响空气流通。夏季自然通风状况良好的户外空间，不仅使户外活动的居民感到凉爽舒适，还能够改善建筑室内的通风状况。

5. 降温除尘

提高居住区的绿化裡盖率和绿量，采用环保铺装材料，适当的水景布置，都能够降低环境热辐射，对来自居住区外部的热风起到一定程度的冷却作用，增加湿度，降低浮尘。

6. 控制噪声

居住区的噪声来自两个方面：一是周边道路产生的交通噪声；二是儿童活动时产生的噪声。针对上述噪声，首先要发挥植物的隔声作用，密植的落叶和常绿树混交林带，以上、中、下复层结构种植，能够起到较好的隔音效果。儿童活动场地的设置，应和居民住宅和安静休息区域有一定的距离，降低对他人的干扰。

第六节　公共建筑外部环境景观

一、公共建筑外部环境景观的功能及特征

公共建筑是城市的名片，特别是大型公共建筑，其显著的地标功能在物质和精神层面为城市区域带来重要的影响力和活力。公共建筑包括行政办公建筑（各企事业单位办公场所）商业建筑（商场、金融建筑）旅游建筑（酒店、娱乐场所）科教文卫建筑（文化、教育、科研、医疗、卫生、体育建筑），通信建筑（邮电、通信、广播建筑）以及交通运输类建筑（机场、高速公路、铁路建筑）等。公共建筑遍布于城市的各个区域，在城市用地中占有较大的比例，不仅为广大市民提供各类公共服务，其建筑形态和外部环境景观也是构成城市景观风貌的重要组成部分，展现城市的个性、文化和文明程度。

公共建筑外部环境景观指附属于公共建筑的外部绿地空间，是建筑物和城市、建筑

物之间的过渡空间，由建筑、围墙、城市道路、植被、活动场地、景观小品、基础设施等界定和构成。任何建筑都不能脱离环境而孤立存在，建筑和外部环境两者相辅相成，不可分割。公共建筑外部环境景观的功能主要包括以下几个方面：

（一）整合空间

在视觉和功能上使建筑物与周围环境衔接得更为协调，空间具有整体感和秩序感。

（二）提升景观

外部环境是建筑整体设计的延续，能够衬托和完善建筑形象，丰富和提升公共建筑的沿街立面景观。

（三）交通集散

公共建筑外部环境除了满足自身的通行要求外，建筑后退留出的空间，还能够承担一部分城市交通的功能，供人流、车流交通、集散。

（四）户外休闲

让建筑功能从室内延伸至户外，可以为人们的室外活动提供场所和服务，其特有的文化休闲氛围，加之植物、水景等自然景观要素的配置，能够增加环境的吸引力。

二、公共建筑外部环境景观的类型

公共建筑类型众多，性质、功能、位置、规模、建筑体量、布局方式各有不同，外部环境景观的特征也有较大的差异。以巨大体量单体建筑方式存在的公共建筑，外部空间完全开敞，包围建筑，如购物中心、文化活动中心、博物馆、体育馆、写字楼等；而行政办公、教育科研、医疗卫生等单位，其用地由多栋建筑和围墙围合成独立的单位专属用地，占地面积较大，空间大多封闭、内向。概括地说，公共建筑外部环境景观可以分为以下几种类型：

（一）入口空间景观

公共建筑的入口空间位于建筑的入口前方，通常面向城市街道，空间开敞，能够使喧嚣繁忙的城市空间和建筑空间自然流畅地衔接、过渡。入口空间的交通量较大，应该首要解决好交通集散问题，合理地组织人流、车流；其次，要协调好城市和建筑的关系，使建筑和城市空间更好地融合；另外，通过艺术化的设计，衬托主体建筑，丰富空间层次，通过雕塑、植物绿化、景观小品、休息设施的精心布置，创造出富有吸引力的建筑入口空间。

（二）内部庭院景观

内部庭院又称“中庭”或“内庭”，位于四周或三面围合的建筑群中部，具有向心性和内聚性，封闭感强，场所感强。内部庭院是连接建筑和自然的纽带，四周围合的建筑是硬质的人工要素，开敞顶部引入的阳光、空气。点缀的植物是自然要素，人工与自然对比之间，能够带来别样的情趣和吸引力，使人们在人工的建筑环境中，也能感受大自然的气息和勃勃生机。内部庭院景观既要考虑从建筑上方俯瞰时的整体景观效果，也要注重近人尺度的景观效果，要考虑人的进入和使用，开辟小型活动场地和休息区域，雕塑、水景、小品、绿化的布置应和建筑风格整体协调。

（三）周边庭院景观

周边庭院指位于建筑侧方或后方，庭院的一侧或两侧由建筑实体围合而形成的半开敞式空间。周边庭皖的位置和空间属性使其具有“亦内亦外”的特征，能够“柔化”建筑的生硬线条，衬托建筑形象。沿街布置的建筑庭院在空间上与城市空间相连接，使街道线性空间得以在局部扩大，在功能和视觉上使街道景观更加丰富。从功能上说，周边庭院景观不受人流、车流交通集散的影响，加之半围合、相对完整独立的空间特性，更适于人们休息、交往。景观的布置应该与建筑风格相协调，考虑沿街景观艺术性的塑造要求和人们的休闲使用要求。

（四）其他空间景观

公共建筑的其他空间景观包括由建筑下部凹进形成的灰空间景观、底部架空空间景观，以及屋顶花园、垂直绿化、院墙基础绿化等景观。当建筑由于用地限制导致外部空间不足时，凹入空间和架空空间的处理方式能够丰富空间层次，增加室内外空间的渗透性和衔接性，在功能上缓冲人流，在视觉上带来景观的艺术感染力，同时为人们提供休闲、交流的场所。屋顶花园是扩大建筑外部环境空间、提高公用建筑绿化覆盖率、改善微气候条件、丰富建筑景观的有效手段，是值得大力推广的建筑外环境景观形式。垂直绿化和园墙基础绿化能够补偿公共建筑绿化用地的不足，改善建筑的外环境的视觉景观。

三、公共建筑外部环境景观的设计原则和要点

（一）与建筑有机融合

公共建筑的外部环境景观既是公共建筑的有机组成部分，又是城市重要的公共空间，是沟通建筑和城市内外空间的物质手段。因此，不能脱离建筑本身来考虑外环境景观的立意布局。在景观的表达上，要符合由建筑实体构成的场地特性，达到建筑设计理念的延续和统一。在视觉上，要与建筑形象融合协调。在景观要素的布置和整体风格上，造型、尺度、色彩、材质的选择都要与建筑相和谐，使人加深对建筑理念、建筑功能的理解。

（二）符合功能要求

不同区位、不同性质、不同功能的公共建筑，对其外部环境景观具有不同的要求；外部环境景观的位置和类型不同，景观塑造要求也不相同。入口空间主要满足交通导向和衬托主体建筑的功能；内部庭院主要供内部使用，满足自然景致的塑造和休闲交往场所的功能；周边庭院同时满足内外使用，承载城市公共空间的功能；灰空间承载扩大建筑外空间、丰富空间层次的功能；屋顶花园承载造景和生态功能等。外部环境景观要根据公共建筑和外部环境的功能需要，结合人们的使用需求，来考虑景观立意、主题和布局方式。

（三）以植物造景为主

公共建筑一般占城市建设用地 10% 以上，根据《城市绿化规划建设指标的规定》（1993 年 11 月 4 日建设部发布），学校、医院、疗养院所、机关团体、公共文化设施、部队等单位的绿地率不低于 35%，交通枢纽、仓储、商业中心等的绿地率不低于 20%。从总量来说，公共建筑的外部环境景观是城市普遍绿化的基础，对改善城市的环境质量，提高生态效益具有十分重要的作用。公共建筑外部环境景观在满足绿地率建设指标要求的基础上，要增加绿化覆盖率和绿量，以植物造景为主，使建筑的人工美和植物的自然美相互映衬，生机勃勃。

第七节　滨水空间景观

一、滨水空间景观的功能及特征

水是一座城市的灵魂，孕育着城市的文化和个性，是影响城市结构和发展的重要自然因素。滨水空间指濒临城市的江、河、湖、海的陆地带状空间，是形成城市印象的重要景观类型。

从景观特性来说，滨水空间一侧临水，自然开敞；另一侧由道路、建筑等人工要素界定，使滨水带状空间成为单向开敞、兼具自然景观和社会人文景观、独具特色和魅力的景观地带。滨水空间是城市宝贵的自然资源和景观资源，应当充分利用滨水空间的资源潜力，为促进城市发展和改善市民生活发挥应有的作用。

滨水空间景观的功能主要体现在以下五个方面：

（一）景观功能

滨水空间景观具有很高的美学价值，能够提升城市形象，表达城市文化和民俗风情，塑造富有地域特色的城市形态风貌，从而提高城市的吸引力和活力。

（二）休闲娱乐

滨水地区是城市宝贵的资源，人类具有天生的亲水性，自然景观和人工环境相融合的滨水空间能够吸引当地居民和外来游客前来选择自己喜爱的活动，如观光、游憩、交往、亲水等。

（三）生态改善

滨水空间是城市的生态和景观廊道，能够保护生物多样性，在改善城市环境质量、发挥生态效益方面起着非常重要的作用。

（四）防洪功能

江河型滨水空间承担着城市的防洪功能，驳岸的断面形式、砌筑样式、防洪堤的高度、宽度、坡度、滨水景观带的布置都要满足防洪需要。

（五）促进经济发展

滨水空间景观能够提升周边土地的价值，拉动区域消费，扩大旅游市场，为城市创造财富，促进城市的经济发展。

二、滨水空间景观的构成

滨水空间由水域、驳岸、陆域三部分构成。

（一）水域

通常指临岸 200～300m 的水面范围，以及较窄的河道水体，水域是滨水空间的核心和基础，可以发挥显著的生态功能，并供观赏、开展各类水上活动。

（二）驳岸

驳岸在水利上能够稳固、支撑护岸，保护坡岸不被水体冲刷，保证防洪泄洪。基于水利安全的需要，大部分驳岸采用规则式，如用混凝土砖、料石、卵石等材料规整砌筑驳岸。自然式驳岸适用于小型水体或水体局部，如植物缓坡驳岸或自然山石驳岸。

驳岸是滨水空间中的醒目要素，除了水利功能，不同断面形式、不同材料、不同砌筑样式的驳岸还具有景观功能，使水边的形态富有变化。在驳岸的局部设置台阶、亲水平台、近水游步道，可以供游人开展近水、亲水、水边休息散步等活动。

（三）陆域

陆域由滨水休闲绿地、城市道路、沿岸建筑构成，陆域空间的控制范围和滨水空间的类型、所处的城市功能区段有关。在陆域空间中，滨水休闲绿地和沿岸建筑是影响空间形态和景观质量的重要因素。

1. 滨水休闲绿地

滨水休闲绿地是公共娱乐休闲、地域文化展示、发挥生态效益的载体，是城市绿地系统的有机组成部分。滨水休闲绿地一般位于防洪堤内，或本身即为防洪堤，应当兼顾防洪、生态、景观、休闲等多种功能。

2. 沿岸建筑

滨水区是城市重点打造的区域，沿岸一般为高档居住区、商贸区、公共服务区等，个别地段处于生态开放区域，如公园、林地、湿地等。所处的城市功能区域不同，建筑性质和形态也有所不同，沿岸建筑对界定滨水空间的形态影响较大，要考虑建筑的造型、体量、风格、整体布局和天际线的统一规划，打造整体和谐、个性突出的滨水空间景观。

三、滨水空间的类型

（一）滨海型

海域属于大型水体，依海而建的城市大多成为著名的旅游目的地，如中国的大连、青岛，澳大利亚的悉尼，美国的迈阿密等。滨海空间的海岸有沙滩型、礁石型和人工驳岸型，海域所处的城市功能区段有居住、商贸、公共服务、工业、仓储等多种用地类型，海岸类型和用地性质的不同，使滨海空间的功能和形态存在较大的差异。

1. 旅游型滨海空间

能够吸引游客享受海水、沙滩、阳光，开展游泳、游船、冲浪等水上活动，海岸和近岸海域是游人活动的重点区域，沿海建筑的立面形象、海边绿地是重要的视觉景观要素。

2. 生活型滨海空间

沿海开辟有一定宽度的、连续的绿化景观带，绿地内一般布置活动场地、小路、休息设施和健身设施，一方面能够提升滨海空间的景观质量，另一方面可以为居民提供日常的海边休闲健身场所。

3. 公共服务型滨海空间

能够营造富有特色的公共开放空间，展示城市的文化内涵，使滨海空间具有吸引力、开放性、共享性和文化性。应当尽可能地开辟与海岸线垂直的纵向通道，使滨海空间向城市内部渗入，并方便人们进入滨海区域。

4. 航运型滨海空间

主要承担海上交通运输，海岸形式为人工驳岸，滨水空间的要素包括大型港口、货船和集装箱码头等。

（二）江河型

江河型是城市中较为常见的滨水空间类型，城市依江、依河而建，或是江、河穿过城中，典型的城市如上海、武汉、巴黎、伦敦等。江河景观具有空间连续、驳岸规整、尺度亲切的特点，与人类社会生活的关系也更为密切。江、河是城市宝贵的景观资源，给城市带来独特的风貌特征，除了美学意义外，江、河还具有重要的生态功能，为鱼类、鸟类、湿生、水生植物提供栖息地和迁徙通道，能够保护生物多样性，滨河绿地能够发挥显著的生态效益。江河型滨水空间还是城市最具活力的公共开放区域，可供开展节庆文化娱乐活动和日常休闲、健身、亲水等活动，滨水线性景观绿地与城市绿地网络相连接，能够把滨水景观引入城市。江河型空间的局部可做重点处理，如主题广场，打造富有文化气息的地标性节点。

（三）环湖型

湖泊是城市最重要的景观资源之一，有很多著名的城市环湖而建，如杭州因西湖而闻名，济南因大明湖而闻名。城市中的湖泊具有生态调节功能、旅游观光功能、休闲娱乐功能和景观功能，湖滨区往往成为城市中最舒适宜人、最具活力和文化魅力、景色最优美的区域。

环湖型滨水空间的形态由城市向湖面聚合，城市布局沿湖面向外围展开，湖岸线呈环形，是城市的景观中心。由于环湖滨水空间的内聚性，湖中景观和湖岸景观往往成为视觉关注的焦点，湖中堤、岛、桥、亭廊、榭、水生植物的布置，湖岸的码头、亲水平台、栈道、湿生植物、驳岸的处理方式等，都是重要的造景要素，应当巧妙布置，合理安排。环湖绿化景观带可以设置不同的功能分区，满足游人的多种使用需求。景观结构上，除了面向湖区外，还要考虑向城市开敞的区域，保证滨湖景观和城市景观能够有机衔接、渗透。

四、滨水空间的设计原则和要点

（一）系统性设计原则

滨水空间是一个整体性的城市区域，从水体到岸线、护坡、绿化带、道路、建筑，各个景观要素在空间中有序展开，并呈带状连续呈现。一方面，它打通并连贯水面视线；另一方面，它使沿岸建筑界面得以充分展示，应当按照系统化的原则来统筹考虑构成滨水空间的诸多自然要素、人工要素。人的活动方式对滨水空间特性和氛围的形成也有一定的影响，因此，应当把滨水空间景观作为一个整体，来综合协调各要素的安排，比如根据特定的城市功能区段和水域特征，确定适合的驳岸处理方式、水上活动方式、近水亲水设施、绿化景观带的风格布局、节点安排、植物品种的选择、文化元素的提炼、小品设施的造型、纵向通道的建立、沿岸建筑立面的特征等内容，使自然景观和人文景观相和谐相融，整体有序。

（二）综合功能的发挥

滨水空间是具有复合功能的城市公共开放空间，应该因地制宜，根据特定的环境条件来综合安排，兼顾景观、休闲娱乐、生态、防洪和经济功能。

1.景观功能

景观功能要通过良好的水环境、协调的景观要素、文化和艺术特征等方面来实现。

2.休闲娱乐功能

休闲娱乐功能要保证空间的舒适性、可达性和体验性，满足多种需求。

3.生态功能

生态功能要从生物多样性、驳岸和护坡的处理、植物应用、水域与城市之间纵向通道的联系等多方面来保证。

4.防洪功

防洪功能要使滨水空间的整体营造符合城市防洪的需要，但又要避免完全水利化、僵硬的驳岸和护坡处理方式，要结合景观的营造和游览需要来综合考虑。

5.经济功能

经济功能是一项隐形的功能，要通过前几项功能的综合发挥，充分挖掘资源潜力来实现。

第八节　工业绿地景观

一、工业绿地景观的功能及特征

工业绿地景观指附属于城市工业用地的绿地景观，包括工业企业内部的绿地景观及废弃工业用地的景观更新两大类型。在城市用地结构中，工业用地比例可以达到15%～30%，工矿城市工业用地所占的比例就更大，因此，工业用地的绿地景观建设非常重要。中国《城市绿化规划建设指标的规定》（1993年11月4日建设部发布）要求，工业企业的绿地率不低于20%；产生有害气体及污染工厂的绿地率不低于30%，并根据国家标准设立不少于50m的防护林带。按照这样的建设标准及对城市中工业遗址的景观更新，城市中的工业绿地景观将具有非常大的总量，是城市绿地景观体系的重要组成部分，对改善城市的综合环境质量具有重要意义。工业绿地景观的主要功能包括以下五个方面：

（一）保护城市环境

工业企业在生产和运输过程中产生的噪声干扰、污染企业的“三废”排放，都会对城市环境质量和居民生活造成很大的影响。工业绿地能够有效地发挥滞尘、净化、隔离和安全防护功能，保护居民的生活环境和城市环境。

（二）改善劳动环境

工业企业中，较高的绿地率比例，从局部绿地到整体的内部绿地系统，都能够美化、净化单位的环境质量，提供休息、交流场所，使职工能够在工作中放松身心，增进健康，提高工作热情和效率。

（三）提升景观质量

工业绿地景观除了能够美化自身环境、展示企业良好的视觉形象以外，还能够通过绿化使工业用地和城市其他区域更好地衔接，改善城市的景观风貌。

（四）发挥生态效益

工业用地的广泛绿化能够改善城市的气候条件，吸收二氧化碳，释放氧气，增大空气湿度，净化空气，丰富植物品种的多样性，促进城市整体生态环境改善。

（五）提供休闲场所

工业企业内部的小游园可以为职工提供休闲交流场所。利用厂前区、隔离林带内设置的小游园，可以使休闲与防护功能相结合，为附近居民提供休闲、健身场地，弥补公共绿地和游憩设施的不足。工业废弃地更新建设的绿色公园，由于其独特的场所功能和景观特征，能够成为城市有独特吸引力的新型游憩场所。

二、工业绿地景观的类型

（一）工业企业绿地景观

工业企业绿地景观包括厂前区绿地、生产区绿地、厂区小游园、道路绿地和组团隔离林带，各类绿地功能不同，组成厂区内有机联系的统一整体。

1.厂前区绿地

厂前区绿地是需要重点打造的区域，能够展示单位形象，满足上下班人流、车流通行的需要。厂前区绿地包括厂内、厂外两部分，厂内区域的绿地应注重装饰性和观赏性，体现企业文化，同时考虑交通和停车的需要；厂外部分的绿地应结合道路路侧绿地来统一考虑，使整体景观更为协调，并适当提供座椅、小型活动场地、散步小径为居民服务。

2. 生产区绿地

生产区是工业企业的核心，冶金、化工、建材、造纸等产生污染的企业，生产区绿地的主要功能是净化、滞尘、隔离、防护，应选择抗性强、滞尘、防火、耐盐碱的树种，植物配置方式应有助于防护功能的发挥；一般性企业的生产区绿化，可因地制宜地配置花草树木及景观小品，装饰美化厂区的生产环境；对环境质量有一定要求的企业，如食品饮料加工、仪器仪表生产等，其生产区要有较大的绿地面积，黄土不露天，尽可能地降低空气中的含尘量，植物应选择无飞絮飞毛的品种。

3. 厂内小游园

工业企业内部设置的小游园，具有美化和休闲功能，小游园应以植物造景为主，适当配置场地、小路、休息设施，利用植物的观赏特性、季相变化营造景色优美、接近自然的厂内环境景观。

4. 道路绿地

道路绿地能够把厂区内的各部分绿地连接起来，形成系统。厂区内的道路绿地应满足美观、遮阴和安全通行的需要，行道树选择抗性强、分枝点高、树冠整齐的大乔木单行或多行行列式栽植，乔木下配置灌木、绿篱、花卉、草坪，丰富景观层次。

5. 组团隔离林带

在工业污染企业与居住用地或其他城市用地之间，需要设置一定宽度的隔离林带，以降低、过滤防护企业排放的有害物质和噪声。林带的有效防护宽度应结合风向和相邻的用地性质来确定。林带结构从内至外可采用通透、半通透和紧密相结合的方式，形成复合结构，以达到最佳防护效果，部分组团隔离林带可以结合休闲功能来考虑。

（二）工业废弃地更新景观

随着城市产业结构的调整，老工业企业的动迁或生产活动的结束会产生大量的工业遗弃用地和闲置厂房、设备，一些产业遗迹由于过去生产活动的影响，使土地受到污染，对周围环境造成很大的影响。如何修复、利用这些产业遗址，使城市宝贵的土地资源重新获得活力，并发挥最佳效益，一直是国内外很多城市致力于解决的问题。把工业废弃地的修复更新和休闲绿地的建设结合起来，是一种受到普遍认可、能够有效发挥综合效益的应用方式。

作为一种独特的景观形式，工业废弃地更新景观应当延续工业遗迹的场所文脉，保留和利用厂区的原有格局和工业符号，把老厂房、工业设备、生产线等作为独特的景观元素加以利用，使工业文化在景观中得以延续，呈现后工业的景观之美、艺术之美，促进周边地区的活力和发展。

三、工业绿地景观的设计原则和要点

（一）保证绿地率，提高绿化总量

首先要满足国家绿地率建设标准的规定。在此基础上，通过挖潜增绿、垂直绿化、复层绿化结构、最大叶面积等方式提高厂区的绿化总量，最大限度地发挥工业绿地的综合效益。

（二）合理布局

应统一规划、合理布局工业企业内部绿地，使之符合不同区域的功能要求，突出各自的重点，并使整个内部绿地成为既独立又有机联系的绿地系统，更好地美化和改善厂区环境。

（三）安全防护要求

树种选择和种植结构是工业绿地发挥安全防护功能的关键，树种要选择有针对性的抗性树种，如对二氧化硫（SO_2）、氯气（Cl_2）、氟化氢（HF）均具有强抗性的树种，北部地区有构树、皂荚、华北卫矛、榆树、白蜡、臭椿、侧柏等；中部地区有大叶黄杨、海桐、夹竹桃、山茶、广玉兰等；南部地区有棕榈、夹竹桃、构树、蓝桉、小叶榕等。种植结构也很重要，以滞尘防护林地为例，以下两种群落结构均具有较强的滞尘能力：

第一种，黑松、赤松、广玉兰、朴树、构树＋火棘、凤尾兰、紫薇、丁香＋蜀葵、阔叶麦冬。

第二种，桧柏、侧柏、女贞、刺槐、榆树＋石楠、木槿、大叶黄杨、蜡梅、木绣球＋地锦＋白三叶。

（四）加强与城市的联系

工业绿地应当协调工业区和周边用地的关系，加强内外联系，使企业内部绿地和城市绿地景观有机衔接，利用围厂林带、组团隔离林带设置散步道、活动场地、休息健身设施等，提高工业绿地的社会服务功能。

（五）体现工业文化

工业绿地有其独特的功能要求，景观风格要与企业性质相符合。工业废弃地更新景观更应该传承工业文化，塑造场所精神，充分利用场地条件和遗留设备、设施，建设富有工业文化特征的新型工业绿地。

第八章　植物景观设计原理与方法

园林植物景观设计必须遵循基本的原理，采用科学的方法和手段。首先要求各种植物之间的配置遵循生态学和美学原理，考虑植物的组合，平、立面的构图，色彩、季相以及园林意境美；其次要求园林植物与其他园林要素之间如山石、水体等统一起来，相宜配置。

第一节　园林植物景观设计原理

一、生态学原理

绿色植物是生态系统的初级生产者，是园林景观中重要的生命象征。城市绿地改善生态环境的作用是通过园林植物的生态效益来实现的。多种多样的植物材料组成了层次分明、结构复杂、稳定性较强的植物群落，使得城市绿地在防风、防尘、降低噪声、吸收有害气体等方面的能力也明显增强。园林植物不仅有乔、灌、草、藤本等形态特征方面的差异，其是否喜光，干、湿耐性，酸、碱性适应能力等生理、生态特性也各不相同。因此，在构建生态功能强大的复层植物群落时必须尊重自然界植物自身的生长规律及生态特性，这样才能保证园林植物正常生长，以期达到生态效益最大化；此外，园林植物固有的生态习性决定其有明显的自然地理条件特征，每个区域的地带性植物都有各自的生长气候和地理条件背景，经过长期的自然选择与周围的生态系统达成了良好的共生关系。因此，在进行植物景观设计时应大力开发运用乡土树种，丰富绿化树种的多样性，充分发掘并利用植物特性合理搭配，做到为春天增添嫩绿，为夏天增添阴凉，为秋季增添色彩，为冬季增添暖阳，力求在有限的城市绿地空间上建植丰富的植物景观。

二、美学原理

园林植物自身的特性美是构成植物景观观赏性的基础，每种植物都有自己独特的形态、色彩、质地、芳香、音韵、意境等美的特色。或平和悠然或苍虬飞舞的树姿、或亭亭玉立或曲虬苍劲的枝干、或金黄或碧翠或如火似焰的叶色、或雄浑或轻盈的质地、或香气逼人或暗芳沁脾的香味、或形态奇异或香艳诱人的果实等，无不令人赏心悦目，引人驻足赏叹自然之美。中国古人的诗词华章中，观赏植物被赋予了独特的人格精神，将植物视觉特色美升华至质韵意境美：居静吐芳的兰、虚心有节的竹、傲霜而立的菊、出淤泥而不染的莲等。

充分而巧妙地利用植物的形、色、质、韵等构景要素，通过植物间的组合配置，融入对比与调和、稳定与均衡、比例与尺度、节奏与韵律、变化与统一等艺术手法，可以展现植物自然特色美之外的群体形式美，能创造出情致各异的景观。

三、空间构成原理

植物具有创造空间的能力，植物空间设计是景观设计的核心内容之一。植物作为实体形成自己的组合的同时，成为空间构成的重要组分，又形成不同的空间形态和空间感。

依据空间构成原理，在园林植物景观设计要注意考虑到实用空间与审美空间的组合，形成宜人的心理感受。一般地，在充分认识植物材料的基础上，确定空间构成的目标，形成独创性的室内外空间形态，如成为视觉焦点、或分隔限定空间，通过丰富的植物表现技术实现园林植物景观。

园林植物景观空间与建筑空间不同，园林植物景观空间具有“时间”的维度，在设计时应考虑植物在不同生长阶段时期、不同季节、不同气候、不同时段，其空间的感受会随着叶色、形态等变化因素产生变化。同时，植物形成的空间形态复杂且多样化，空间尺度也随着植物的生长变化较大。在植物设计时，要注意根据地形、地貌、气候环境等，与其他构筑物等园林要素进行搭配，构成优美园林空间。

第二节 园林植物景观设计原则

一、科学性原则

（一）尊重植物自身的生长习性

各种园林植物的生长习性不尽相同，如果立地条件与其生长习性相悖，往往造成生长不良甚至死亡而难以形成预期景观。如在高楼林立的居住区内，住宅楼北面的背阴地面，常常不易绿化，需选用耐阴的乔木、灌木、藤本及草本来绿化这些背阴地带。在城市绿地因地制宜地选择植物进行绿化才能有效地提高植物覆盖率，增强绿地的净化空气、消减噪声、改善小环境气候等多种功能。

（二）注重景观建成的时空性

各种植物生长速度和生命周期不尽相同，注重植物多样性的同时，还应当注意植物是持续生长变化的，植物选择与配置应兼顾远、近期不同植物景观的要求。做到速生树种与慢生树种的合理配置，大、小规格苗木合理密植，保证植物良好生长的充足空间条件。统筹兼顾，以形成生机盎然的近期景观和远期稳定的群落景观。如上海、苏州等地，在 20 世纪 90 年代中后期采用乔木小规格密植的做法栽植大量樟树，满足了当时的绿化景观建成，如今又可作为其他绿地建设的苗圃资源，堪称科学绿化的妙笔。

二、功能性原则

实现功能性是营造绿化景观的首要原则，植物种植是为实现园林绿地的各种功能服务的。首先应明确设计的目的和功能，如侧重庇荫的绿地种植设计应选择树冠高大、枝叶茂密的树种；侧重观赏作用的种植设计中应选择色、香、姿、韵俱佳的植物；高速公路中央分隔带的种植设计，为达到防止眩光的目的，对植物的选择以及种植密度、修剪高度都有严格的要求；城市滨水区绿地种植设计要选择吸收和抗污染能力强的植物，保证水体及水景质量；在进行陵园种植设计时，为了营造庄严、肃穆的气氛，在植物配置时常常选择青松翠柏，对称布置等。

在绿地内进行乔、灌、草等多种植物复层结构的群落式种植，是在园林内实现植物多样性和生态效益最大化最为有效的途径和措施。但如若绿地全被植物群落占据，不仅园林的景观由于空间缺乏变化而显得过于单调，而且园林绿地的许多功能如文化娱乐、大型集体活动等也难以实现。因此，城市园林绿地内的植物种植，应从充分发挥园林绿地的综合功能和效益出发，进行科学的统筹设计，合理安排，使绿化种植呈现出宜密则密、当疏则疏、疏密有致、开合对比、富于变化的合理布局，实现园林绿地多种多样的功能。

三、艺术性原则

植物景观是运用艺术手段产生美的植物组合，不仅要注意植物种植的科学性、功能布局的合理性，还必须讲究植物配置的艺术性，布局合理，疏密有致。使植物与城市园林的各种建筑、道桥、山石、小品之间以及各种花草树木之间，在色彩、形态、质感、光影、明暗、体量、尺度等方面，营造出充分展现园林植物的形、色、质、韵等个性美和群体形式美等现代园林空间。

四、安全性原则

安全性是人性化设计的第一要素。植物景观安全性首先是选择的植物自身不应有危害性。如儿童游乐区及人流集中区域不宜种植带刺、有毒、飘絮、浆果的植物，阻隔空间用的植物应选择不宜接近的植物，而供观赏的植物则不能对人体及环境有危害。其次植物自身还可起到将人们的活动控制在安全区域内的作用，如居住区建筑物、水体、假山或其他有危险性的区域周围可以密植绿篱植物加以阻隔或警示。植物与植物之间、植物与建筑物之间不同的尺度关系可以营造不同的心理环境空间，植物配置应根据实际需要选择不同的尺度，营建出不同开敞度的植物空间，满足人们不同程度心理安全的需要。

五、整体性原则

植物景观设计要与其他园林绿地要素结合起来，以达到景象的统一、人与自然的和谐。植物种植与地形的统一可以通过合理选择、配置植物来增强或减弱地形的起伏变化，柔化或锐化坡度轮廓线条等；与水体的统一体现在：如用松、枫及藤蔓植物突显山崖飞瀑的湍急，竹、桃、柳等衬托溪谷幽美情致，耐水湿常绿乔木作水岸透景绿屏，缀边花草结合湖石美化岸线等；植物与园路的结合是将园路融入植物景观，常采用林中穿路、竹中取道、花中求径等顺应自然的处理方法，使得园路变化有致。

六、经济性原则

经济性原则是指以适当的经济投入，在设计、施工和养护管理等环节上开源节流，从而获得绿化景观、经济和社会效益最大化。主要途径有：合理地选择乡土树种和合适规格的树种，降低造价；审慎安排植物的种间关系，避免植物生长不良导致意外返工；妥善结合生产，注重改善环境质量的植物配置方式，达到美学、生产和净化防护功能的统一；适当选用有食用、药用价值等经济植物与旅游活动相结合。同时要考虑绿地建成以后的养护成本问题，尽量使用和配置便于栽培管理的植物。

第三节　园林植物景观设计程序

园林植物景观设计的程序和步骤可概括为：前期现状调研分析阶段、初步设计阶段、技术设计阶段、施工图设计阶段和种植施工阶段五大部分。

一、前期现状调研分析阶段

现状调研与分析是进行植物景观营造的前提和基础，必须了解甲方意图和目标，并对场地的高差、植物的生长情况、水文、气候、历史、土壤和野生生物等情况进行调研，尤其是各种生态因子直接决定植物选择及配置方案。

（一）获取项目基本信息

通过访问委托方、调查场地现状环境、评估场地等方法，接收并消化委托方提供的地理位置图、现状图、总平面图、地下管线图等图纸资料等。准确认知甲方的要求、愿望及计划投资额等，以便深刻掌握项目基本信息，为完成符合客户意愿的规划和设计方案奠定基础。

（二）地形坡度

地形坡度在种植设计的定位和植物选择中有重要的作用，特别是空间环境有特殊要求的地形，更应充分地评价分析。调查时注意地形的高程、坡向、坡度，根据坡度分级，一般坡度为0%～3%的等级是平缓的斜坡，在建设配套建筑设施和循环设备的过程中，所需修改较少，土壤厚度和土质合适，适合栽培各种类型的植物，如果要求有强烈的视觉效果，则需要加入大型的植物或设置挡土墙。

（三）光照条件

对区域内各处的光照程度进行分类记录，包括全日照、半日照、全遮阴、微暗、较暗、极暗等。最好能够明确区域内阳光的日照模式，记录一天内阳光所经过的范围、照射方向、照射时长及建筑阴影覆盖区的变化，为设计确定植物种类提供依据。对于面积更小的设计场地，则要更加仔细观察细部的变化，如小庭院的设计。

（四）地质与土壤及土地利用状况

地质构造与土壤种类是选择合适植物的基础，应检测确定土壤情况：黏土、砂壤土、贫瘠、肥沃、pH值、地下水位、土壤结构等。例如，地表土壤的厚度是非常重要的指标，若地表土壤浅，下层岩石则会限制植物的生长；若地表下地下水位较高，同样会影响植物的生长。不同植物适合不同酸碱性的土壤，干燥或半干燥地区的高盐土壤也会限制植物的生长发育。

种植能否成功往往由基址以前的使用情况决定的，所选择的用地性质（如垃圾填埋场、化学废料堆、果园、苗圃、荒地、裸露岩土等）对种植的影响很大，土地的承载力也是评估具体场地的部分内容。

（五）水文条件

设计之前需要了解是否有供植物浇灌的水源位置、大小和容量，土壤水位，水质，用水量，原有河流、湖泊的水流状况及管线情况等。水文资料所需内容包括：排水地区分布图、潜在的洪水（包括频率和持续时间）、溪流的低速流动、溪流对沉积物的承受力、固体在地表水源中溶解的最大量、地表水的总量和质量、地表水体的深度、可做水库的潜在地区、地面水源的利用率、井和测试孔的位置、到地下水位的距离、地下水位的海拔、承压水位的海拔（水位有季节性变化，井水水位高度有升降）、渗透物质的厚度、地面水源的质量、可以再补充水的地区等。

（六）气候条件

气候条件与植物生长及植被数量有着直接而明显的关系。气候变化可以起到限制或扩大某些植物品种作为设计元素的作用，其中降水量和气温是关键因素。主要考虑的气候条件有月平均温度和降水量、温度变化最大范围、积雪的天数、无霜冻的天数、洪水水位、最大风速、湿度等，以及地方的极端气候出现的情况。

（七）现存建筑物与构筑物及其他设施

现存建筑物与构筑物及其他设施包括公用设施（含地下段设施）、道路、房屋、娱乐设施及其他建筑的位置、数量、尺寸、容量、朝向，它们的设计利用及对场地植物的栽种影响是现存设施调查重点考虑的内容，在规划过程中，必须把这些要素绘制在一张图纸上以便设计时综合考虑。

（八）人文、社会资料

当地史志资料、历史沿革、历史人物、典故、民间传说、名胜古迹；现场周边环境交通、人流集散、周围居民类型与社会结构，如工矿区、文教区、商业区等，是将景观设计与人文、社会环境紧密融合的前提基础。

（九）现有资源审美及利用价值评估

对场地内现有植物资源进行调查记录，确定基址上每一株植物和植物群的位置、树龄、大小、生长状态（如标明植物冠幅、胸径、株高、姿态等）、保留运用于设计的潜在可能性，在场地上精确定位，并对当地的先驱性物种、过渡性物种、近盛期和全盛期的物种、邻近地区的物种进行了解。对当地区域的植物资源材料的收集整理，是场地种植设计的必要手段，这也是种植的基础，更是乡土树种适地适树的重要依据。

此外，应将现有资源在图纸上表达清晰，在规划过程中，应对这些要素进行综合分级评定、综合取舍，做到“嘉则收之，俗则屏之”。这类资源包括地形的起伏、独特的地貌、植物类型及景观、空间层次性、不同视点的构图等基本情况。

二、初步设计阶段

现状分析是在完成现场勘察和资料汇总后，结合各方面的主客观因素的要求进行分析。这一阶段要提出可以达到工程目标的初步设计思想，并由此安排基本的规划要素。明确植物材料在空间组织、造景、改善基地条件等方面的作用，确定植物的功能分区，做出植物方案设计构思图，形成初步方案设计。植物配置主要考虑如下几个方面：

（一）场地功能对植物的需求

结合各个场地确定植物的各种功能，如护坡、水土保持、组织交通、屏障、观赏等，并对植物起到的或预期起到的作用及功能进行分析，当然这个过程要结合种植设计的基本审美考虑。不同功能区的特征和使用要求选择不同的植物类型，利用不同植物的颜色、姿态、质地、范围、季相、种植方式以及平衡关系来支持设计。例如，室外林荫活动场所，需要选择能提供林荫、枝下高的植物类型；如果是以观赏为目标的空间则以植物的观赏特性为主要参考依据。

（二）种植设计对原有区域环境的影响

在设计区域内，应重点分析新引入的植物种类对该处生物的影响、供水灌溉的要求、对原有自然植被破坏造成的环境影响，对现有植被的保护要着重考虑，并重视植物多样性、乔灌草的合理搭配。

（三）植物生长环境

通过调查确定区域气候、小气候、现有水源、土壤情况、降水量等因子，确定特定地点所需的植物类型，以保证植物生长良好。避免种植需要大量灌溉才能维护的植物，应多采用低维护以及节约用水的植物，同时应分析各种植物对水分的需求量的差异，将水分需求相近的植物安排在同一生境中。

（四）现状植物评估及引入植物的评估

在植物设计时应尽量从建设费用、景观需求和生态效益方面多考虑现存植物的保留。原有植物原则上尽量加以利用，特别是一些大树，即使需要进行全新的植物配置，也应对现存树木进行移植再利用。对于引入植物要进行仔细分析，否则将干扰当地植物种群的自然演化。

总之，在为一个设计方案的园林布局选择植物时，首先应以其设计功能为基础，然后再考虑它的园艺特征，并融入各空间的特殊要求，列出各场地的种植方案。

三、技术设计阶段

（一）具体植物选择阶段

在初步设计方案确定后，进行具体植物的选择。应以基地所在地区的乡土植物种类为主，同时考虑已被证明能适应本地生长条件、长势良好的外来或引进的植物种类。另外，还要考虑植物材料的来源是否方便、规格和价格是否合适、养护管理是否容易等因素。由于生长习性的差异，植物对光线、温度、水分和土壤等环境因子的要求不同，抵抗劣境的能力不同，因此，应针对基地特定的土壤、小气候条件安排相适应的种类，做到适地适树，尽可能地选择植物种类适合于基地所在地区的气候条件，主要考虑如下内容：

（1）根据不同的立地光照条件分别选择耐阴、半耐阴、喜光等植物种类，特别要考虑建筑、围墙、树木的遮挡。喜光植物宜种植在阳光充足的地方，如果是群植，应将喜光的植物安排在上层；耐阴的植物宜种植在林内（作中木）、林缘或树荫下、墙的北面。

（2）沿海等多风的地区应选择深根性、生长快速的植物种类，并且在栽植后应立即加桩拉绳固定，风大的地方还可设立临时挡风墙。

（3）利用小气候种植。在地形有利的地方或四周有遮挡形成的小气候温和的地方可以种些稍不耐寒的种类，否则应选用在该地区最寒冷的气温条件下也能正常生长的植物种类。

（4）受空气污染的基地还应注意根据不同类型的污染，选用相应的抗污染种类植物。大多数针叶树和常绿树不抗污染，而落叶阔叶树的抗污染能力较强，如臭椿、槐树、银杏等就属于抗污染能力较强的树种。

（5）对不同 pH 的土壤应选用相应的植物种类。大多数针叶树喜欢偏酸性的土壤（pH3.7～5.5），大多数阔叶树较适应微酸性土壤（pH5.5～6.9），大多数灌木能适应 pH 为 6.0～7.5 的土壤，只有很少一部分植物耐盐碱，如柽柳、白蜡、刺槐、柳树、乌桕、苦楝、泡桐、紫薇等。

（6）低凹的湿地、水岸旁应选种一些耐水湿的植物，如乌桕、水杉、池杉、落羽杉、垂柳、枫杨、木槿、芦苇等。

（二）详细设计阶段

种植设计是园林设计的详细设计内容之一，当初步方案决定之后，便可在总体方案基础上与其他详细设计同时展开。此阶段是植物材料在设计方案中构思的具体化，包括详细的种植配置平面、植物的种类和数量、种植间距等。从植物的形状、色彩、质感、季相变化、生长速度、生长习性、配置效果等方面来考虑，将乔木、灌木、藤本、竹类、草坪地被、花卉等合理搭配，以满足设计方案中的各种要求。

另外，要注意植物生长量的前瞻性设计，要确保土壤厚度和栽植空间，特别是停车场的屋顶花园更应注意最小的树池深度与直径，对植物成年以后的生长空间有所预测。兼顾建筑、围墙等建筑物的地基和市政管线铺设的位置、规模、埋深等。绘种植平面图时图中植物材料的尺寸按现有苗木的大小画在平面图上，这样，种植后的效果与图面设计的效果就不会相差太大。稳定的植物景观中的植株间距与植物的最大生长尺寸或成年尺寸有关。从造景与视觉效果上看，乔灌木应尽快形成种植效果、地被物应尽快覆盖裸露的地面，以缩短园林景观形成的周期。因此，一开始可以将植物种得密些，过几年后逐渐移除去一部分。例如，在树木种植平面图中，可用虚线表示若干年后需要移去的树木，也可以根据若干年后的长势，种植形成的立地景观效果加以调整，移去一部分树木，使剩下的树木有充足的地上和地下生长空间。解决设计效果和栽植效果之间差别过大的另一个方法是合理搭配和选择树种。种植设计中可以增加速生种类的比例，然后用中生或慢生的种类接上，逐渐过渡到相对稳定的植物景观。

四、施工图设计阶段

在种植设计方案完成后就要着手绘制种植设计施工图。种植设计图包括设计平面表现图、种植平面图、详图以及必要的施工图解和说明。由于季相变化，植物的生长等因素很难在设计平面中表示出来，因此，为了相对准确地表达设计意图，还应对这些变动内容进行说明，种植设计图可以适当加以表现。种植设计施工图是种植施工的依据，其中应包括植物的平面位置或范围、详尽的尺寸、植物的种类和数量、苗木的规格、详细的种植方法、种植坛或种植台的详图、管理和栽后保质期限等图纸与文字内容。

五、种植施工阶段

种植设计的技术决定了设计素材使用的成功与否，如果设计的位置不恰当，植物将不能充分展现其潜力，应遵循以下的一般规则以达到植物生长的最佳条件：

（一）种植间距

选择的种植地点要保证植物达到其成熟期时有足够的空间生长，种植过密会造成植株之间对光照、土壤养分和生长空间的过度竞争。

（二）种植时间

栽培工程应尽量在植物休眠期进行，确因工程需要，常绿树可以在任何季节栽种，但要细心维护，尽可能减少根部损伤。但一般情况下落叶树木应在停止生长期间栽种。

（三）土壤要求

种植坑的大小根据植株而定，必要时可做一些土壤的改良或客土，如果土太厚或砂太多，增添一些淤泥或腐殖土之类的有机物。

（四）工期安排

及时完成栽植规划申报，在相关的绿地条例法规中，不同规模用地的绿化面积、植物量、树种、配置有不同的规定，应考虑申报的时间因素。有计划地安排整地、采购苗木、种植以及交叉施工等时间，对大规模树木要尽量提前采取断根等技术措施。

（五）养护管理

“三分种七分养”，园林绿地的养护管理水平对景观的持续与发展起着决定性的作用。主要包括树木的支撑围护、肥水补给、复剪、施工现场清理、病虫害防治等措施，保证植物的成活及植物景观建成、稳定与发展。

第四节 园林植物景观设计方法

一、创造景点

在园林景观构图中，主要观赏面可能更多的是树木和花草，植物是构图的关键，以植物为主的景点，起到补充和加强山水气韵的作用。不同的园林植物形态各异，变化万千，可孤植以展示个体之美；同时也可以按照一定的构图方式配置，表现植物的群体美；还可根据各自生态习性，合理安排，巧妙搭配，营造出乔、灌、草结合的群落景观，从而成为一个重要的植物景观点。

就乔木而言，银杏、毛白杨树干通直，气势轩昂；油松曲虬苍劲；铅笔柏则亭亭玉立。这些树木孤立栽植，即可构成园林主景。而秋季变色叶树种如枫香、乌桕、黄炉、火炬树、重阳木等大片种植，可形成“霜叶红于二月花”的景点。观果树种如海棠、柿、山楂、沙棘、石榴等的累累硕果则呈现一派丰收的景象和秋的气息。

色彩缤纷的草本花卉更是创造观赏景点的极佳材料，既可露地栽植，又能盆栽组成花坛、花带，或采用各种形式的种植钵，点缀城市环境，如街头、广场、公园到处都能看到用大色块的花卉材料创造的景观，烘托喜庆气氛，装点人们的生活。花境应用也很普遍，一个好的花境设计往往一年四季鲜花盛开，富有变化。

不同的植物材料具有不同的意韵特色，棕榈、大王椰子、槟榔营造的是热带风光；雪松、悬铃木与大片的草坪形成的疏林草地展现的是现代风格和欧陆情调；而竹径通幽、梅影疏斜表现的是我国传统园林的清雅隽永；成片的榕树则形成南方的特色。

许多园林植物芳香宜人，能使人产生愉悦的感受。如桂花、蜡梅、丁香、茉莉、栀子、中国兰花、月季、晚香玉、玉簪等有香味的园林植物非常多，在园林景观设计中可以利用各种香花植物进行配置，营造“芳香园”景观，也可单独种植成专类园。芳香园、月季园可配置于人们经常活动的场所，如在盛夏夜晚纳凉场所附近种植茉莉和晚香玉，微风送香，沁人心脾。专类园植物景观具有更强烈的视觉冲击效果，容易给人留下深刻的印象。

中国现代公园规划常沿袭古典园林中的传统方法，创造植物主题景点。如北京紫竹院公园的植物景点有竹院春早、绿茵细浪、曲院秋深、艺苑、新篁初绽、饮紫榭、风荷夏晚、紫竹院等；上海长风公园的植物景观有荷花池、百花亭、百花洲、木香亭、睡莲池、青枫绿屿、松竹梅园等。但作为主景的植物景观要相对稳定，不能偏枯偏荣，才能有较好的植物景点效果。

利用植物材料创造一定的视线条件可增强空间感、提高视觉和空间序列质量。安排视线有引导与遮挡两种情况。视线的引导与阻挡实际上又可看作景物的藏与露。根据视线被挡的程度和方式，可分为障景、漏景和部分遮挡及框景几种情况：

（一）障景

障景控制和安排视线挡住不佳或暂时不希望被看到的景物内容。为了完全封闭住视线，应使用枝叶稠密的灌木和乔木分层遮挡形成屏障，控制人们的视线，所谓“嘉则收之，俗则屏之”。障景的效果依景观的要求而定，若使用不通透植物，能完全屏障视线通过，而使用不同程度的通透植物，则能达到漏景的效果。用植物障景必须首先分析观赏位置、被障物的高度、观赏者与被障物的距离以及地形等因素。此外，需要考虑季节的变换。在各个变化的季节中，常绿植物能达到这种永久性屏障作用。

障景手法在传统与现代园林中均常见应用，如用于园林入口自成一景，位于园林景观的序幕，增加园林空间层次，将园中佳景加以隐障，达到柳暗花明的艺术效果。如北京颐和园用皇帝朝政院落及其后假山、树林作为障景，自侧方沿曲路前进，一过牡丹台便豁然开朗，湖山在望，对比效果强烈。

（二）漏景

稀疏的枝叶、较密的枝干能形成面，但遮蔽不严，出现景观的渗透，视线穿越植物的枝叶间或枝干，使其后的景物隐约可见，这种相对均匀的遮挡产生的漏景若处理得当便能获得一定的神秘感，产生跨越空间和由枝叶而产生的扑朔迷离的、别致的审美体验，丰富景观层次。因此，漏景可组织到整体的空间构图或序列中去。

（三）部分遮挡及框景

部分遮挡的手法最丰富，可以用来挡住不佳部分而只露出较佳部分，或增加景观层次。若将园外的景物用植物遮挡加以取舍后借景到园内则可扩大视域；若使用树干或两组树群形成框景景观，能有效地将人们的视线吸引到较优美的景色上来，可获得较佳的构图。框景宜用于静态观赏，但应安排好观赏视距，使框与景有较适合的关系，只有这样才能获得好的构图，突出强化景物的美感和层次。另外，也可以通过引导视线、开辟透景线、加强焦点作用来安排对景和借景。总之，若将视线的收与放、引与挡合理地安排到空间构图中去，就能创造出有一定艺术感染力的空间序列。

（四）隔景

隔景是用以分割园林空间或景区的景物。植物材料可以形成实隔、虚隔。密林实隔使游人视线基本不能从一个空间透入另一个空间。疏林形成的虚隔使游人视线可以从一个空间透入另一个空间。

（五）控制私密性

私密性控制就是利用阻挡人们视线高度的植物，对明确的所限区域进行围合。私密控制的目的，就是将空间与其环境隔离。私密控制与障景二者间的区别在于，前者围合并分割一个独立的空间从而封闭了所有出入空间的视线；而障景则是植物屏障，有选择地屏障视线。私密空间杜绝任何在封闭空间内的自由穿行，而障景则允许在植物屏障内自由穿行。在进行私密场所或居民住宅设计时，往往要考虑到私密性控制。由于植物具有屏蔽视线的作用，因而齐胸高的植物能提供部分私密性，高于眼睛视线的植物则提供较完全的私密性效果。私密性控制常用在别墅及别墅花园的绿化设计中。

（六）夹景

植物成行排列种植，遮蔽两侧，创造出透视空间，形成夹景，给人以景观深邃的透视感觉。

总之，通过设计元素植物的建造功能和植物基本配置方法，可以产生不同的空间从而达到设计的空间使用目的。

二、背景衬托

园林景观设计中非常注意背景色的搭配。中国古典园林中常有“藉以粉壁为纸，以石为绘也”的例子，即为强调背景的优秀例子。任何色彩植物的运用必须与其背景景象取得色彩和体量上的协调。现代绿地中经常用一些攀缘植物爬满黑色的墙或栏杆，以求得绿色背景，前后相应，衬托各种鲜艳的花草树木等，整个景观鲜明、突出，轮廓清晰，展现良好艺术效果。一般地，绿色背景的前景用红色或橙红色、紫红色花草树木；明亮鲜艳的花坛或花境搭配白色的雕塑或小品设施，给人以清爽之感。以圆柏常绿为主色调，配以灰、白色，会呈现出清新、古朴、典雅的气息和韵致。绿色背景一般采用枝叶繁茂、叶色浓密的常绿观叶植物为背景，效果更明显；绿色背景前适宜配置白色的雕塑小品以及明色的花坛、花带和花境；用对比色配色，应注意明度差与面积大小的比例关系，如远山、蓝天以及由各种彩色叶植物组成的花墙等。背景与前景搭配合理，不仅体现在一段时间范围内，还应注意植物的四季色彩变化特征。

植物的枝叶、林冠线呈现柔和的曲线和自然质感，是自然界中的特质，可以利用植物的这种特质来衬托、软化人工硬质材料构成的规则式建筑形体，特别是在园林建筑设计时，在体量和空间上，应该考虑到与植物的综合构图关系。一般体型较大、立面庄严、视线开阔的建筑物附近，宜选干高枝粗、树冠开展的树种；在结构细致、玲珑、精美的建筑物四周，要选栽一些枝态轻盈、叶小而致密的树种。现代园林中的雕塑、喷泉、建筑小品等也常用植物材料作装饰，或用绿篱作背景，通过色彩的对比和空间的围合来加强人们对景点的印象，同时突出各种材料的质感，产生烘托效果。园林植物与山石相配，能表现出地势起伏、野趣横生的自然景色；植物与水体相配则能形成倒影或遮蔽水源，造成深远的感觉，可以更加突出各种材料的质感。

植物材料常用的烘托方式有几种典型情况：

（一）纪念性场所

如墓地、陵园等，用常绿树、规则式的配置方式来烘托庄严气氛。

（二）大型标志性建筑物

常以草坪、灌木等烘托建筑物的雄伟壮观，同时作为建筑与地面的过渡方式。

（三）雕塑

多以绿篱、树丛、草地作背景，既有对比，又有烘托，常使用色彩的对比方法来表现，如不锈钢或其他浅色质感的雕塑，用常绿树或其他深色树或篱作背景或框景，通过色彩对比来强调某一特定的空间，加强人们对这一景点的印象。所以绿地常作为雕塑的展出场地，让作品与自然对话、融合、互相衬托。

（四）小品

多用绿色植物作背景或置于草地或绿篱中，衬托出小品的外形和质感。

三、装饰点缀

绿化装饰是指将千姿百态的观花、观叶、观果等观赏植物按照美学的原理，在一定的环境中进行装饰表现自然美的造型艺术，起到烘托和美化空间、改善环境质量、提高生活品位的作用。

我国传统园林艺术中的植物造景主要是供托陪衬建筑物或点缀庭院空间，园林中许多景点的形成都与花木有直接或间接的联系圆明园中有杏花春馆、碧桐书屋、汇芳书院、菱荷香、万花阵等景点。承德避暑山庄中有万壑松风、松壑清樾、青枫绿屿、金莲映日、梨花伴月、曲水荷香等景点。苏州古典园林中的拙政园，有枇杷园（金果园）、海棠春坞、听雨轩、远香堂、玉兰堂、柳荫路曲、梧竹幽居等，以枇杷、荷花、玉兰、海棠、柳树、竹子、梧桐等植物为素材，创造植物景观。又如香雪海、万竹引清风、秋风动桂枝、万松岭、樱桃沟、桃花溪、海棠坞、梅影坡、芙蓉石等都是以花木作为景点的主题而命名。并且，春夏秋冬等时令交接，阴雪雨晴等气候变化都会改变植物的生长，改变景观空间意境，并深深影响人的审美感受。利用植物材料，可以创造富有生命活力的园林景点。也有以植物命名的建筑物，如藕香榭、玉兰堂、万菊亭、十八曼陀罗馆等，建筑物是固定不变的，而植物是随季节、年代变化的，这就加强了园林景物中静与动的对比。充分反映出中国古代“以诗情画意写入园林”的特色。在漫长的园林建设史中，形成了中国园林植物配置的程式，如栽梅绕屋、堤弯宜柳、槐荫当庭、移竹当窗、悬葛垂萝等，都反映出中国园林植物配置的特有风格。

此外，现代室内绿化装饰点缀的常见形式有盆栽、盆景、组合盆栽、地栽、花艺插花等，应根据环境的空间大小、使用功能等选择适当的装饰形式。

四、空间塑造

植物以其特有的点、线、面、体形式以及个体和群体组合，形成有生命活力的复杂流动性的空间，这种空间具强烈的可赏性，同时这些空间形式，给人不同的感觉，或安全或平静或兴奋，这正是人们利用植物形成空间的目的。植物在室内外环境的总体布局和室外空间的形成中起着非常重要的作用，它能构成一个室内或一室外环境的空间围合物。

在运用植物材料构成室外空间时，与利用其他设计因素一样，应首先明确设计目的和空间性质（开敞、半开敞、封闭等），然后才能相应地选取和组织设计所要求的植物素材。

（一）开敞空间

园林植物形成的开敞空间是指在一定的区域范围内，人的视线高于四周景物的植物空间，一般用低矮的灌木、地被植物、草本花卉、草坪等可以形成开敞空间。开敞空间在开放式公园绿地中较为多见，像草坪、开阔的水面等。这种空间向四周开敞、无隐秘性、视野辽阔、视线通透，容易让人心情舒畅、心胸开阔，产生轻松自由的满足感。

（二）半开敞空间

半开敞空间是指在一定区域范围内，四周不全开敞，有部分视角用植物遮挡了人们的视线。一般来说，从一个开敞空间到封闭空间的过渡就是半开敞空间。它可以借助于山石、小品、地形等园林要素与植物材料共同围合而成。这种空间与开敞空间有相似的特性，不过开敞程度较小，其方向性指向封闭较差的开敞面。如从公园的入口处进入到另一个区域时，采用“障景”的手法，用植物、小品来阻挡人们的视线，待人们绕过障景物，就会感到豁然开朗。

（三）覆盖空间

利用具有浓密树冠的庭荫树，构成一个顶部覆盖，而四周开敞的空间。一般来说，该空间为夹在树冠和地面之间的宽阔空间，人们能穿行或站立于树干之中。从建筑学角度来看，犹如我们站在四周开敞的建筑物底层中或有开敞面的车库内。由于光线只能从树冠的枝叶空隙以及侧面渗入，因此，在夏季显得阴暗，而冬季落叶后显得明亮宽敞。此外，攀缘植物攀爬在花架、拱门、凉廊等上边，也能够形成有效的覆盖空间。

另一种类似于此种空间的是“隧道式”（绿色走廊）空间，是由道路两旁的行道树交冠遮阴形成。这种布置增强了道路直线前进的运动感，使人们的注意力集中在前方。

（四）封闭空间

封闭空间指人所在的区域内，四周用植物材料封闭，这时人的视线受到制约，近景的感染力增强。这种空间常见于密林中，它较为黑暗，无方向性，具有极强的隐秘性和隔离感。在一般的绿地中，这样的小尺度空间私密性较强，适宜于年轻人私语或人们安静地休息。

（五）垂直空间

运用植物封闭的垂直面及开敞的顶平面就可以形成垂直空间。分枝点较低、树冠紧凑的圆锥形、尖塔形乔木及修剪整齐的高大树篱是形成垂直空间的良好素材。由于垂直空间两侧几乎完全封闭，视线的上部和前方较开敞，极易形成“夹景”效果，来突出轴线顶端的景观。如在纪念性园林中，园路两边栽植圆柏类植物，人在垂直空间中走向纪念碑，就会产生庄严、肃穆的崇敬感。

第五节　园林植物景观设计表达

一、常用表现工具及特点

常用绘图工具主要有：草图纸、硫酸纸；HB 铅笔、彩色铅笔、马克笔、针管笔；直尺、比例尺、曲线板、模板及颜料、橡皮擦等辅助工具。

（一）草图纸

园林制图采用国际通用的 A 系列幅面规格的图纸。A0 幅面的图纸称为零号图纸（0#），A1 幅面的图纸称为壹号图纸（1#）。为了便于图纸管理和交流，通常一项工程的设计图纸应以一种规格的幅面为主，除用作目录和表格的 A4 号图纸之外，不宜超过两种，以免影响幅面的整齐美观及整理。

（二）硫酸纸

硫酸纸又称描图纸，因为它的主要用途为描图，具有纸质纯净、强度高、透明好、不变形、耐晒、防潮、耐高温、抗老化等特点。

（三）绘图铅笔

根据铅芯的软硬不同可将绘图铅笔划分成不同的等级，最软的为 6B，最硬的为 9H，中等硬度的是 HB 和 F。2B 以上的绘图铅笔多用于素描，作草图或构思方案的铅笔硬度多为 HB。

（四）针管笔

针管笔是专门为绘制墨线条图而设计的绘图工具，针管笔的笔身是钢笔状，笔头由针管、重针和连接件组成。针管管径的粗细决定所绘线条的宽窄，一般要求要备有粗、中、细 3 种不同管径的针管笔。此外还有一次性针管笔，笔尖端处是尼龙棒而不是钢针，又称草图笔。

（五）曲线板

曲线板是用来绘制曲率半径不同的曲线的工具。曲线板也可用由可塑性材料和柔性金属芯条制成的柔性曲线条来代替。在工具线条图中，建筑物、道路、水池等的不规则曲线可用曲线板辅助快速作画。

（六）马克笔

通常用来快速表达设计构思，以及设计效果图之用。有单头和双头之分，是一种快速、简洁的渲染工具。具有色彩明快、使用方便、颜色持久性好且可预知等优点，备受设计师的偏爱，手绘作图使用较为广泛。

（七）比例尺

一幅图的图上距离和实际距离的比，叫作这幅图的比例尺度。比例尺是用来度量某比例下图上线段的实际长度或将实际尺寸换算成图上尺寸的工具。“足尺”指的是图上所画尺寸与原物尺寸相同，即比例尺度为 1∶1。三棱形比例尺尺身包含 6 种比例尺度（1∶100，1∶200…1∶600），是设计者常用的比例尺类型。作图时比例尺度的选用应以保证图纸内容清晰、便于携带及使用为好。

二、设计表达的内容和形式

园林植物景观设计的表达主要通过种植设计表现图（包括透视图、剖面图等）、种植平面图、详图以及必要的施工图来完成，但由于季相变化，植物的生长要求及环境等因素很难在设计平面中表示出来，为了相对准确地表达设计意图，还应对这些变动内容进行说明。种植设计表现图可以适当加以艺术夸张，但种植平面图因施工的需要应简洁、清楚、准确、规范，不必加任何表现。另外还应对植物质量要求、定植后的养护和管理等内容附上必要的文字说明。植物的种类繁多，不同类型产生的效果各不相同，表现时应加以类聚，以区别表现出其特征。

（一）平面图中植物的表现方法

景观设计图中的道路、庭院、广场等室外空间，以及一些室内设计，都离不开植物。树木的配置也是景观设计中应考虑的主要问题之一。平面图中树的绘制多采用图案手法，如灌木丛一般多为自由变化的变形虫外形；乔木多采用圆形，圆形内的线可依树种特色绘制，如针叶树多采用从圆心向外辐射的线束；阔叶树多采用各种图案的组团；热带大叶树又多用大叶形的图案表示。但有时亦完全不顾及树种而纯以图案表系。

平面树图例是平面图重要的组成部分，平面树图例一般要表明植物的类别（乔木、灌木、常绿与落叶、针叶等）、高度、数量等设计内容。

1. 乔木的平面表现

一般来说，树木的平面表示可先以树干位置为圆心、树冠平均半径为半径做圆，再加以表现，其表现手法非常多，表现风格变化很大。平面树图例表现方法可以分为轮廓法、分枝法、质感法 3 种，不同类别的植物也可用相应的图例来绘制。

彩色平面图常用在园林设计方案的种植设计表现图、种植平面图中，但主要是以表现为主，表达植物的作用类型、色彩变化。在彩色平面中，可以给树添加色彩，同时也可以画出阴影。

2. 灌木和地被植物的平面表现

灌木没有明显的主干，平面形状有曲有直。自然式栽植灌木丛的平面形状多不规则，修剪的灌木和绿篱的平面形状多为规则的或不规则但平滑的。灌木的平面表示方法与树木类似，通常修剪的规整灌木可用轮廓型、分枝型或枝叶型表示，不规则形状的灌木平面宜用轮廓型和质感型表示，表示时以栽植范围为准。由于灌木通常丛生，灌木平面很少会与乔木平面相混淆。地被宜采用轮廓勾勒和质感表现的形式。作图时应以地被栽植的范围线为依据，用不规则的细线勾勒出地被的轮廓范围。

3. 草坪的平面表现

草坪的表示方法很多，本书介绍一些主要的平面表现方法。

（1）打点法：是较简单的一种表示方法。用打点法画草坪时所打的点的大小应基本一致，无论疏密，点都要打得相对均匀，在草坪边缘处相对密一些。

（2）小短线法：将小短线排列成行，每行之间的距离相近，排列整齐的可用来表示草坪，排列不规整的可用来表示草地或管理粗放的草坪，所用线条相对要细，才不至于显得混乱。

（3）线段排列法：是最常用的方法，要求线段排列整齐，行间有断断续续的重叠，也可稍许留些空白或行间留白。

另外，也可用斜线排列表示草坪，排列方式可规则，也可随意，容易体现个人的绘画特点。

草坪和草地的表示方法除上述外，还可采用乱线法或“m”形线条排列法。用小短线法或线段排列法等表示草坪时，应先用淡铅在图上作平行稿线，根据草坪的范围可选用2～6mm间距的平行线组。若有地形等高线时，也可按上述的间距标准，依地形的曲折方向勾绘稿线，并使得相邻等高线间的稿线分布均匀，用小短线或线段排列起来即可。

（二）效果图中植物的表现方法

1.树体枝干的表现

枝干是树木的骨架，也是构成树形的主要部分。树形的优美与否主要取决于枝干的处理方法正确与否。因此，要掌握植物树姿的大致分类，每一类树姿构成的树干形式是如何穿插组合的。处理得当的原则是枝干交接，互相穿插，斜伸直展，疏密相间，前后有别。近景树枝干要适当表现出其体积，主要通过线条或颜色来塑造阴影关系。对树的根脚多不细加处理，使其向下逐渐消失，以增幽深效果，或以花草、灌木遮盖也可增加变化。

2.植物枝、叶的处理

树冠上一定要有空隙，实际上即使夏季浓叶成荫也必有空隙，从构图上讲也就是有疏有密。空隙的形状、大小、间距要有所差别，否则死板呆滞。近景树可以画出叶的具体形状，但也是概括的画法，如用不规则的自由短线来表现，树叶不必太具象。中景则可只有表现树冠体积感的轮廓，加上深色或排线表现阴影关系和体积。远景树叶往往各有轮廓，没有具体树叶形状。

3.植物的组团表现

组团表现要注意植株的疏密相间、高低错落、前后有别、斜枝穿插，把握体积感。多棵树在一起，产生了树与树之间的互相影响，枝条穿插更为复杂、光影变化更为丰富，无须面面俱到，应有取舍地突出群体美和整体感。

4.与其他要素配合的表现

在景观表现图中，树是常用元素，但更多的是与其他要素配合，常常作为衬托其他要素的背景或装饰。构图若以建筑为主，建筑物采用简洁表现方式，其配置树景只能简不能繁，也就是概括的图案方式。否则喧宾夺主，画面不协调。特别是建筑物表现得准确、细致，也就是很“板”时，为了不使画面呆滞，其配景更应简洁而随意，随意的配景树木、人物等就会使整个画面更生动、更有生机。如有的能明显地表现出树种特色，或枝叶茂密，或枯枝苍拙，可谓千姿百态，风格迥异。

（三）立面图中植物的表现

树的种类繁多，形体千姿百态，立面的绘制方法也多种多样。树的画法：先从树干画起，再画枝、叶，该画法能较清楚地表现树的结构；从树叶画起，再画树枝、树干，该画法较易表现树的动势，叶子浓密的树用此画法能很好地表现出描绘对象的特性。树木的立面表示手法也可分成轮廓型、分枝型和质感型等，或多种手法混合，并不十分严格。树木的立面表现形式有写实的，也有图案化的或稍加变形的，其风格应与树木平面和整个图面相一致，其画法自由，主要表现树木在立面中的位置、姿态、高度和尺度关系。在画立面图时要注意树木平、立面的统一，树木在平面、立（剖）面图中的表示方法应相同，表现手法和风格应一致。并且树木的平面冠径与立面冠幅相等、平面与立面对应、树干的位置处于树冠的圆心。这样做出的平面、立（剖）面图才和谐。

1. 枝干结构

多株树木配置时树干的各自姿势及相互的呼应关系，树的整体形状基本决定于树的枝干，理解了枝干结构即能画得正确。树的枝干大致可归纳为下面两类：一是枝干呈辐射状态，即枝干于主干顶部呈放射状出杈；二是枝干沿着主干垂直方向相对或交错出杈。枝干出杈的方向有向上、平伸、下挂和倒垂几种，此种树的主干一般较为高大。枝干与主干由下往上逐渐分杈，愈向上出杈愈多，细枝愈密，且树叶繁茂，此类树形一般比较优美。树干因树种不同而形成各自的姿态，如杉树、白桦，树干挺拔。柳树树干较粗，树枝弯转向上，细枝条向下垂。河边垂柳树干一般倾斜向河的方向。圆柏树干虽然不是很直，但劲挺的姿态给人以不屈的感受，在画树时，首先对树干要有总的印象，画起来就较易总体把握。树干因各自的树种不同，除了姿态变化外，在纹理上也有自己的特征，画时要特别留意，几棵树在一起时，要注意树干的各自姿势及相互的呼应关系。

2. 树冠造型

每种树都有其独特造型，绘制时须抓住其主要形体，不因自然的复杂造型弄得无从入手，依树冠的几何形体特征可归纳为球形、扁球形、长球形、半圆球形、圆锥形、圆柱形、伞形和其他组合形等。以线勾画树叶，不要机械地对着树叶一片一片地勾画，要根据不同树的叶子的形态，概括出不同的样式，加以描绘。用明暗色块表现树叶，则是根据树叶组成的团块进行明暗体积、层次的描绘。在适当的地方，如一些外轮廓处或突出的明部，做一些树叶特征的细节刻画。

3. 树的远近

树丛是空间立体配景，应表现其体积和层次，建筑图要很好地表现出画面的空间感，一般均分别绘出远景、中景、近景 3 种树。远景树通常位于建筑物背后，起衬托作用，树的深浅以能衬托建筑物为准。建筑物深则背景宜浅，反之则用深背景。远景树只需要做出轮廓，树丛色调可上深下浅、上实下虚，以表示近地的雾霭所造成的深远空间感。中景树一般和建筑物处于同一层面，也可位于建筑物前，中景树表现要抓住树形轮廓，概括枝叶、树种的特色。树叶除用自由线条表现明暗外，亦可用点、圈、条带、组线、三角形及各种几何图形，以高度抽象简化的方法去描绘。

（四）树木画法应避免出现的情况

树木绘画时可能会出现很多问题，树的绘图一定要以自然、活泼为特点，同一植物应用不同的线条、色彩来表示。

（五）植物表现技法

（1）确定树木的高；宽比，可以用铅笔浅浅画出四边形外框。

（2）画出主要特征修改轮廓，略去细节，将整株树木作为一个简洁的平面图形，明确树木的枝干结构。

（3）分析树木的受光情况。

（4）选用合适的线条表现树冠的质感和体积感、主干的质感和明暗关系，并且用不同的笔法表现远、中、近景中的树木虚实。

（5）树丛的画法顺序类似，先画轮廓，由粗至细，但应注意树丛之间的呼应关系。

（六）设计图纸类型

1.表现图

园林植物景观设计表现图重在艺术地表现设计者的意图和概念，不追求尺寸位置的精确，而需追求图面的视觉效果，追求美感，表达设计理念。平面效果图、立（剖）面图、透视效果图、鸟瞰图等都可以归入这个范畴。但表现图也不可一味追求图面效果，不能与施工图出入太大或不相关。

2.施工图

在种植平面图中主要标明每棵树木的准确位置，树木的位置可用树木平面圆心或过圆心的短十字线表示，植物图例不宜太过复杂。在图的空白处用引线和箭头符号标明树木的种类，也可只用数字或代号简略标注。同一种树木群植或丛植时可用细线将其中心连接起来统一标注。随图还应附上植物名录表，名录中应包括与图中一致的编号或代号或图例、植物名称、拉丁学名、数量、尺寸以及备注。低矮的植物常常成丛栽植，在种植平面图中应明确标出种植坛或花坛中的灌木、多年生草花或一、二年生草花的位置和形状，坛内不同种类宜用不同的线条轮廓加以区分。在组成复杂的种植坛内还应明确划分每种类群的轮廓、形状，标注上数量、代号，覆上大小合适的格网。灌木的名录内容和树木类似，但需加上种植间距或单位面积内的株数。

种植名录应包括编号、名称、拉丁学名（包括品种、变种）、数量、高度、栽植密度，有时还需要加上花色和花期等。

种植图的比例应根据其复杂程度而定，较简单的可选小比例，较复杂的可选大比例，面积过大的种植地段宜分区作种植平面图，详图不标比例时应以所标注的尺寸为准。在较复杂的种植平面图中，最好根据参照点或参照线作网格，网格的大小应以能相对准确地表示种植的内容为准。

种植设计图常用的比例如下：林地1∶500；种植平面图1∶100～1∶500；地被植物1∶100～1∶200；种植平面详图1∶50～1∶100。

种植平面图中的某些细部尺寸、材料和做法等需要用详图表示。不同胸径的树木需带不同的土球，根据土球大小决定种植穴的尺寸、回填土的厚度、支撑固定桩的做法和树木的修剪。用贫瘠土壤作回填土时需适当加些肥料，当基地上保留树木的周围需填挖土方时应考虑设置挡土墙。在铺装地上或树坛中种植树木时需要作详细的平面图和剖面图以表示树池或树坛的尺寸、材料、构造和排水。

三、计算机辅助设计

计算机软件强大的制图和编辑功能可以将设计师从笔、墨、颜料和纸张的烦琐工作中解脱，从而把精力更多地倾注于设计思想和理念的表达。园林植物景观设计中地形、植物等诸多要素可以借助AutoCAD软件绘制出园林平面图、立面图、剖面图和施工图等以线条为主的园林景观设计图。然后再结合3ds Max、Photoshop、Coreldraw等一些渲染和后期处理软件，进一步完善设计。

（一）计算机辅助设计的优势与不足

计算机辅助园林设计的优势在于：便于存档管理；精确度高；方便修改；便于交流

设计方案。此外，用计算机表现园林效果图生动逼真，不仅具有一定的实用性，同时也具有一定的艺术性和观赏性。

计算机辅助园林设计也有不足之处，比如在灵活性、多变性和艺术性上不及手工制图。但手工制图是计算机制图的基础，而计算机制图是手工制图的发展，这也是园林设计发展的趋势。

（二）常用软件简介

1. AutoCAD 软件

AutoCAD 是一个功能强大的图形图像开发软件工具库，是一个可以根据用户的指令准确绘制、编辑并修改矢量图的绘图软件。AutoCAD 可以保存每次绘图稿、进行单稿修改、图与图的合并和拆分、旋转和缩放，具有成图时间短、速度快、图纸线条明晰、标注数据精确、分层编辑等优点，并且有快捷的命令输入。首先，通过 AutoCAD 的点、直线、多线、矩形、圆、椭圆等命令绘制出图形；而复杂的图形，可以采用扫描仪、数字化仪等设备，将图形扫描到计算机内，在 AutoCAD 中进行图形的描绘。其次，通过 AutoCAD 编辑命令将园林绿地中的建筑、道路、山石、小品、水体、植物等设施进行合理布局，填充图案，赋予颜色，分层，分色，分线宽，分线型，尺寸标注等，绘制成一幅园林图。一般在 AutoCAD 中可以绘制园林景观的总平面图、立面图、剖面图、详图以及施工详图。

AutoCAD 应用于园林设计中也存在一定局限性，如要求很高的精确性，操作相对耗神、枯燥；内置色彩不够丰富，无法完成细腻的二维彩色渲染；三维渲染功能不足。

2. 3ds Max

3ds Max 在园林绘图中主要表现在利用其三维空间模式来模拟设计的园林小品、园林建筑、道路、地形、路灯、墙体、水系等。并能赋予、设置最接近真实场景或设计效果的贴图、灯光和自然效果等。而后，在虚拟空间放置一部模拟摄像机，利用虚拟相机观看不同视角的透视场景，锁定理想的观看点。确定渲染器的类型，进行图像的渲染成图等工作。可以渲染出平面、立面、轴测、鸟瞰、动态漫游等多套图纸和视频影片。

3. Photoshop 软件

Photoshop 高效率的快捷操作是软件绘图的最大优点。一般情况下，计算机园林效果图是将处理过的园林 AutoCAD 施工图导入 3ds Max 中进行模型创建，通过编辑材质、设置相机和灯光，可以得到任意透视角度、不同质感的园林效果图。Photoshop 软件在园林绘图工作中可以对图像进行编辑、修改、调整、合成、补充和添加效果等润色工作并能转换多种格式的图形文件。可以进行包括调整渲染图的颜色、明暗程度，为效果图添加天空、树木、人物等配景，制作退晕、光晕、阴影等特殊效果的后期加工、制作。在园林效果图中合成图像，如天空、植物、水体、雕塑、山石、人车等以不同的图层存在，并可进行编辑。

4. Coreldraw 软件

Coreldraw 是 Corel 公司出品的矢量图形制作工具软件，具有使用功能强大的矢量绘图工具、强大的版面设计能力、增强数字图像、位图图像转换为矢量文件的能力，这个图形工具给设计师提供了矢量动画、页面设计、网站制作、位图编辑和网页动画等多种功能。

Coreldraw 图像软件是一套屡获殊荣的图形、图像编辑软件，它包含两个绘图应用程序：一个用于矢量图及页面设计；一个用于图像编辑。这套绘图软件组合带给用户强大的交互式工具，使用户可创作出多种富于动感的特殊效果，点阵图像即时效果在简单的操作中就可得到实现——而不会丢失当前的工作。Coreldraw 的全方位的设计及网页功能可以融合到用户现有的设计方案中，灵活性十足。

Coreldraw 软件套装更为专业设计师及绘图爱好者提供简报、彩页、手册、产品包装、标志、网页及其功能。Coreldraw 提供的智慧型绘图工具以及新的动态向导可以充分降低用户的操控难度，允许用户更加容易精确地创建物体的尺寸和位置，减少点击步骤，节省设计时间。

第九章　各类形式园林植物景观设计

第一节　园林植物景观设计的基本形式

人们欣赏植物景观的要求是多方面的，而全能的园林植物是极少的，或者说是没有的。如果要发挥每种园林植物的特点，则应根据园林植物本身的特点进行设计，如片植的油松，孤植的雪松都会形成独特的景观。而草本花卉的种植则更会加强季相景观的变化，产生更加绚烂的景观效果。乔木、灌木、草本花卉的巧妙组合才能形成多变而富于魅力的景观。

一、乔灌木为主的设计形式

树木具有体量、外形、色彩和纹理的变化，是组成园林的基本骨架。而且树木给人的印象不仅仅是外形的质感，当风吹拂树叶，相互摩擦而发出婆娑声时，可使人联想起宁静的乡村，带来迥异于城市噪声的情趣，花香、硕果、落叶均能引起人们对自然的遐想，缓解人工城市带来的疏离感。

要根据树木各自的观赏特性，采用不同的方式进行种植设计，反映出设计者对场所的使用目的，以及对周围环境特点的理解。以乔灌木为主的设计形式主要有：孤植、对植、列植、丛植、群植、林植、篱植等。

二、花草为主的设计形式

草本花卉往往以其花、叶的形态、色泽和芳香取胜。它不仅同树木一起营造多变的空间，而且是造就多彩景观的特色植物，即所谓“树木增添绿色，花卉扮靓景观”。

由于草本花卉种类繁多、生育周期短、易培养更换，因此在城市的美化中更适宜配合节日庆典、各种大型活动等来营造气氛。草本花卉在园林中的应用是根据规划布局及园林风格而定，常见的设计形式有花境、花池、花台、花丛、花群和草坪等。

三、藤本为主的设计形式

在垂直绿化中常用的藤本植物，有的用吸盘或卷须攀缘而上，有的垂挂覆地，用柔长的枝条和蔓茎、美丽的枝叶和花朵组成景观。许多藤本植物除观叶外还可以观花，有的藤本植物还散发芳香。利用藤本植物发展垂直绿化，可提高绿化质量，改善和保护环境，创造景观、生态、经济三相宜的园林绿化效果。根据环境特点、建筑物的类型、绿化的功能要求，结合植物的生态习性和观赏特点，藤本植物的应用主要有以下几种形式。

（一）棚架式

棚架式的依附物为花架、长廊等具有一定立体形态的土木构架。这种形式多用于人们活动较多的场所，可供市民休息和交流。棚架的形式不拘，可根据地形、空间和功能而定，“随形而弯，依势而曲”，但应与周围的环境在形体、色彩、风格上相协调。棚架式攀缘植物一般选择卷须类和缠绕类，木本的如紫藤、中华猕猴桃、葡萄、木通、五味子、炮仗花等。

（二）篱垣式

利用攀缘植物把篱架、矮墙、护栏、铁丝网等硬质单调的土木构件变成枝繁叶茂、郁郁葱葱的绿色围护，既美化环境，又隔音避尘，还能形成令人感到亲切安静的封闭空间。篱垣式通常以吸附式及缠绕类植物为主，如用蔷薇、凌霄、地锦等混植绿化城市临街的砖墙，既可衬托道路绿化景观，达到和谐统一的绿化效果，又可延长观赏期——春季蔷薇姹紫嫣红，夏季凌霄红花怒放，秋季地锦红叶似锦：在种植时应考虑适宜的缠绕、支撑结构并在初期对植物加以人工的辅助和牵引。

（三）附壁式

附壁式为最常见的垂直绿化形式，依附物为建筑物或土坡等的立面，如各种建筑物的墙面、断崖悬壁、挡土墙、大块裸岩等。附壁式绿化能利用攀缘植物打破墙面呆板的线条，吸收夏季太阳的强烈反光，柔化建筑物的外观。附壁式以吸附类攀缘植物为主，如地锦、凌霄、常春藤和扶芳藤等。建筑物的正面绿化时，应注意植物与门窗的距离，并在生长过程中，通过修剪调整攀缘方向，防止枝叶覆盖门窗。用攀缘植物攀附假山、山石，可增加山林野趣。在山地风景区新开公路两侧或高速公路两侧的裸岩石壁，可选择适应性强、耐旱的种类。

（四）立柱式

城市的立柱包括电线杆、灯柱、廊柱、立交桥立柱、高架公路立柱等，对这些立柱进行绿化和装饰是垂直绿化的重要内容之一。随着城市建设的发展，立柱式绿化已经成为藤本植物应用的重要方式之一。由于立柱所处的位置大多立地条件差，空气污染严重，因此应选用适应性强、抗污染并耐阴的种类。立柱的绿化可选用缠绕类和吸附类的藤本植物，如五叶地锦、常春藤、常春油麻藤、三叶木通、南蛇藤、络石、紫藤、凌霄、素方花、西番莲等。

（五）垂挂式

不设棚架，在阳台和屋顶种植野蔷薇、藤本月季、叶子花、探春、常春藤、蔓长春花等藤本植物，让其悬垂于阳台或窗台之外，起到绿化美化的效果。或使藤本植物攀附于假山、石头上，能使山石更富自然情趣。

此外，也可以利用藤本植物对陡坡、裸露地面进行绿化，既能扩大绿化面积，又具有良好的固土护坡作用。

四、竹类为主的设计形式

竹子作为我国古典园林中重要的植物材料，具有悠久的应用历史。在江南古典园林中几乎无园不竹，竹景成了江南园林艺术的代表。竹与石头、亭子、水体、园路等搭配，营造出竹径通幽、粉墙竹影、移竹当窗等园林景观。竹子千姿百态，形态各异，杆有方有圆，杆型奇特的有龟甲竹、佛肚竹、罗汉竹等；有高有矮，高如毛竹、红竹、麻竹等，矮如铺地竹、翠竹、菲白竹等；有散生有丛生，散生如毛竹、紫竹、罗汉竹等，丛生如孝顺竹、凤尾竹、慈竹等。竹子种类的多样为其应用形式的多样提供了基础。同时，竹子景观设计应充分考虑竹子的生态习性。竹子大多喜温暖湿润的气候，一般要求阳光充足，年平均温度12～22℃，1月平均温度－5～10℃及以上，年降水量1000～2000㎜，年平均相对湿度65％～82％，性喜深厚肥沃、排水良好的微酸性或酸性土。部分竹种具有特殊习性，如鹅毛竹、菲白竹、铺地竹等耐阴性相对较强；黄槽竹、早园竹、金镶玉竹等可在冬季寒冷干燥的北京露地过冬；刚竹、淡竹等可生长于微碱性的瘠薄土壤。

（一）丛植

在中国古典园林中，丛植竹子是最为常见的竹景，在亭、堂、楼、阁、水榭附近，栽植数丛翠绿修竹，不仅能起到柔化线条的作用，还可使人体会到白居易所说“映竹年年见，时闻下子声”的情境。石笋三两根，紫竹数秆，生机盎然，亦富情趣。以粉墙为背景配合山石，结合诗词、画题，勾画出意境深远的场景。

（二）林植

竹林景观，因其浩瀚壮观、气势恢宏，故又称“竹海”。竹海可以是散生竹也可以是丛生竹，以散生竹居多。形成的景观于浩瀚壮观之中，也不乏秀丽清雅之美。如浙江莫干山竹海，漫山遍野皆是竹，劲竹挺拔，风摆凤尾，竹波万里，甚为壮观，陈毅元帅曾题诗曰：“莫干好，遍地是修篁。夹道万竿成绿海，风来凤尾罗拜忙，小窗排队长”，置身其中，宠辱皆忘，心旷神怡。除“莫干山竹海”外，我国较为著名的赏竹胜地有“蜀南竹海”“安吉竹海”及“宜兴竹海”等。

（三）与其他元素的配置

竹类植物能与自然景色融为一体，在庭院布局、园林空间、建筑周围环境的处理上有显著效果，易形成优雅惬意的景观，令人赏心悦目。竹在园林中与其他景观元素的配合应用主要有以下几种形式：

1.竹中辟径，创造“竹径通幽”景观

竹林中开辟小径是竹林景观设计的常用手法，古典园林中“竹径通幽”艺术手法在现代园林游憩区绿化中依然适用。为营造含蓄深邃的意境，竹径的平曲线和竖曲线应力求变化，如果竹径较长，可辟若干开敞空间，奥旷交替，以免单调。同时竹径可用宿根花卉镶边，丰富竹林景观的色彩构图。竹径铺装如能拼成竹子图形，则进一步促使园林意境的延伸。杭州西湖的云栖竹径，在1km长的曲径两旁，高大翠竹成荫，溪水伴竹而流，形成了“一径万竿绿参天，几曲山溪咽细泉”的天然景致，让人身临其境，深感“曲径通幽”之美。

2.竹与建筑搭配，软化硬质线条

在楼、阁、亭、榭附近，栽植数株翠绿修竹，能起到与建筑色彩和谐的作用。竹子与园林建筑配置时，应让建筑立面优美的线条和色彩充分展现出来。根据园林建筑的高度和体量特征，一般选用中小型观赏竹种，江南园林中常用的有孝顺竹、紫竹、斑竹等。在房屋墙垣、角隅，配置紫竹、方竹等，能形成层次丰富、造型活泼的景色，缓解、软化墙角廊隅的生硬线条，增强自然、生动的气氛，同时起到遮挡、隐蔽建筑构图中某些缺陷的作用。

3.竹与山石、水体组景，呈现自然之态

假山和景石以表现山石的形态和质感为主，可用竹作背景，以突出主景。也可用竹作配景，衬托假山和景石的线条与质感。水体边竹子造景应因地制宜，对于溪涧曲水的自然式山石驳岸，宜配置中小型竹子，如箬竹、菲白竹、凤尾竹等，其体量与山石驳岸应协调统一。对于大面积的缓坡驳岸，宜配置大中型竹林景观，水中竹林倒影与岸上竹林动静的对比，可增加竹林景观的空间层次。

4.竹与其他植物配置，相得益彰

竹类与其他植物材料的组合，不仅能创造优美的景致，更能将诗情画意带入园林，表达出中国园林特有的意境。竹丛前植以春花（桃、梅、茶花、杜鹃花等）、秋实（紫金牛、朱砂根、南天竹等）及红叶（红枫、鸡爪槭）等植物，与竹相映，艳丽悦目，颇有特色；如竹与桃搭配，形成“竹外桃花三两枝，春江水暖鸭先知”的意境；以竹为背景，兰花、寒菊为地被植物衬托，几株梅花点缀其间构成的景观，既突出了“四君子”主题，又给萧瑟的冬季带来了清新的意境；将严冬时节傲霜斗雪、屹然挺立的松、竹、梅混栽，则构成一幅生动的“岁寒三友图”。

（四）以竹为主，创造专类竹园

竹类公园是供游人观赏竹景、竹种的专类竹园。它主要运用现代园林造景手法，科学组织观赏竹种的形态美要素，结合人文景观，创造深邃的园林意境，展示竹子的外在风姿和内在品质，为城市居民提供赏心悦目的休闲娱乐空间。专类竹园主要收集各种竹类植物作为专题布置，在品种、色泽、秆形上加以选择搭配，创造一种雅静、清幽的气氛，同时兼有科普教育的作用。北京紫竹院等就是以竹取胜的专类竹园，展现了丰富的竹类品种和竹荫、竹声、竹韵、竹影、竹趣等竹景风采。

第二节　花坛设计

花坛设计注重色彩的丰富性和景观的多样性，一直以来都是园林植物造景的重要组成部分。近年来，花坛在我国各地的城市园林绿化建设中逐渐兴起。成功的花坛作品不仅要有美的形象，还需要有精巧的立意构思，应能够表达一个主题，塑造一种造型，传达一种文化。

一、花坛设计前的准备

环境与植物有着密切的联系，成功的种植设计都是在对种植环境进行全面准确的调查和分析基础上完成的。除对自然条件的分析外，还要明确花坛设计的目的和作用：是为了分割空间、装饰环境、丰富景观、引导视线，还是仅仅为了结合场所营造某种特定的氛围。只有明确花坛的目的和作用，才能选择合适的植物材料，塑造契合环境的景观。

（一）自然条件分析

在设计花坛前，应该对各项环境因素如气候与小气候、光照条件、土壤类型、排水情况、风力风向等进行深入的了解。同时还应根据花坛周围的植物种植情况进行设计。草坪、绿篱、树丛常常作为花坛布置的背景，相互映衬。开阔的草坪常常作为规模宏大的盛花花坛、模纹花坛天然的背景，翠绿的底色上装饰着似锦的繁花，形成一派生机勃勃的景象；在西方园林的花园中，绿篱常常作为花坛的背景，它包括规则式绿篱和自然式绿篱两种，经常用于对称的几何式花坛中，给人以庄严、稳重之感；高低错落的树丛以其自然的形态多作为自然式花坛的背景，充分展示了自然生态的植物群落之美。还需要考虑到的是花坛周围植物，尤其是乔木对花坛投影的程度。因此，植物材料的选择必须根据该地接受阳光照射的时间来决定。光照时间短或根本得不到阳光照射的花坛，必须选择半耐阴或耐阴的花材；反之，阳光充足的地方，就应选择喜光花材。

（二）环境条件分析

这里的环境是指所需要布置花坛的位置的周边情况和立地条件，一般包括地形、建筑、道路等。环境中包含的各种因子对植物的生长有着很大的影响，同时也影响到花坛的应用形式、植物种类的选择等。花坛的设计需在充分考虑周边环境，统一布局后进行，营造出与环境协调，又能充分发挥花坛本身最佳效果的景观花坛。

1. 花坛和建筑的关系

花坛与建筑相结合的形式较为常见，具有坚硬外表的建筑与柔美艳丽的花坛植物相互衬托，刚柔并济。在建筑附近设置花坛时，要考虑与建筑的形式、风格协调统一。在现代化的建筑群中，可采用各不相同的几何式轮廓，而在古代建筑附近的花坛，则以采用自然式为宜。花坛外部轮廓线应与建筑物的外边线或相邻的道路边线取得一致。花坛面积大小的确定，应根据建筑面积和建筑群中广场面积大小同期考虑，如广场中央花坛，一般情况下为广场面积的1/3～1/4，也不能小于1/5，这样的大小比例在人们视觉上处于最佳观赏效果。个体花坛不宜大，一般图案式花坛直径的短轴置在主景垂直轴线的两侧，花坛横轴应与建筑物或广场轴线重合。长轴以8～10m为宜，大者不超过15～20m。

2. 花坛和道路的关系

在道路绿化美化过程中，花坛常常采用带状花坛、连续花坛等能够在路旁连成延长线的花坛形式。带状花坛的宽度宜小于道路的宽度，长度则可依路的长度而定。带状花坛与连续花坛变化不宜太繁杂，应营造节奏较慢的变化，同时花色不宜过于鲜艳，适当减少红黄色系花的使用，以避免分散司机的注意力或给乘客带来眩晕感。

在3条以上道路交叉处，可设置三角形、圆形、方形、多边形花坛的中心岛式花坛，可四面观赏，通常以高大浓密的植物为视觉焦点，四周的植物材料高度逐步降低，形成岛状，可四面观赏。岛式花坛的体量通常都比较大，面积高度要适度，以不影响车行为准。

3. 功能分析

花坛在园林中，有时是作为主景出现，如在广场中央、建筑物前庭、大门入口处等；有的则作为配景起着衬托作用，如墙基、树木基部、台阶旁、灯柱下、宣传牌或者雕像基座等。因此在设置时应考虑诸多因素，使之不但能表现花坛自身的美，且能和周围环境融为一体，充分发挥花坛在园林景观中“画龙点睛”的作用。花坛的色彩要与功能相结合，装饰性花坛、节日花坛要与环境相区别，组织交通用的花坛要醒目，而基础花坛应与主体相配合，起到烘托主体构筑物的作用，不可过分艳丽，以免喧宾夺主。

二、花坛平面设计

（一）花坛植物材料选择

一、二年生花卉为花坛的主要材料，其种类繁多，色彩丰富，成本较低。球根花卉也是盛花花坛的优良材料，色彩艳丽，开花整齐，但成本较高。不同类型的花坛其植物材料的选择依据有所不同。

1. 花丛花坛植物材料选择

花丛式花坛（盛花花坛），是利用高低不同的花卉植物，配置成立体的花丛，以花卉本身或者群体的色彩为主题，当花卉盛开的时候，有层次有节奏地表现出花卉本身群体的色彩效果。花丛花坛表现的主题是花卉群体的色彩美，因此适宜作花坛的花卉材料应满足以下特点：

（1）株丛紧密，低矮。

（2）花色艳丽、着花繁茂，在盛花时应完全覆盖枝叶。

（3）花期一致，花期较长，至少保持一个季节的观赏期。

（4）生态适应性好。

盛花花坛一般都采用观赏价值较高的一、二年生花卉，如三色堇、金盏菊、鸡冠花、一串红、半支莲、雏菊、翠菊等。

2. 模纹花坛植物材料选择

应用不同色彩的观叶植物和花叶兼美的花卉植物，互相对比组成各种华丽复杂的图案、纹样、文字等，是模纹花坛所表现的主题。模纹花坛所选用的花卉材料应满足如下要求：

（1）植株低矮。

（2）枝叶细而密、繁而短。

（3）生长速度慢，萌发性强、极耐修剪。

（4）观赏期长。

（5）生态适应性好。

一般多选用观叶植物如五色苋、石莲花、景天、四季海棠等，有时也选择少量灌木如雀舌黄杨、龟甲冬青、紫叶小檗等。

3. 饰边植物材料选择

饰边是指在花坛的边缘，对花坛的轮廓起到确定、装饰或保护作用的一种形式，一般用植株低矮或成匍匐状，颜色为白色、灰色、绿色等中间色的植物构成。常用的植物材料有垂盆草、雏菊、藿香蓟、半支莲、香雪球、美女樱、银叶菊等。

（二）图案纹样设计

不同类型的花坛，对图案纹样设计的要求不同。通常模纹花坛外形简单但内部纹样丰富，而盛花花坛则主要观赏群体的色彩美，图案应简洁。但就总体而言，花坛内部图案要清晰，轮廓明显。采用镶边材料勾勒或通过株高突出图案，要求大色块的效果，忌在有限的面积上设计烦琐的图案，要求有大色块的效果。花坛组成文字图案在用色上有讲究。通常用浅色如黄、白作底色，用深色如红、紫作文字，效果较好。

（三）花坛色彩设计

1. 配色方案

盛花花坛表现的主题是花卉群体的色彩美，其配色方法有：

（1）对比色应用：这种配色较活泼而明快。深色调的对比较强烈，给人兴奋感，浅色调的对比配合效果较理想，对比不那么强烈，柔和而又鲜明。如堇紫色＋黄色（堇紫色三色堇＋黄色三色堇、藿香蓟＋黄早菊、荷兰菊＋三色堇），绿色＋红色（扫帚草＋星红鸡冠）等。

（2）类似色应用：类似色搭配，色彩不鲜明时可加白色以调剂。暖色调花卉搭配配色鲜艳，热烈而庄重，在大型花坛中常用。如红＋黄或红＋白＋黄（黄早菊＋白早菊＋一串红或一品红、金盏菊或黄三色堇＋白雏菊或白色三色堇＋红色美女樱），冷色调搭配使人有清凉之感。

（3）同色调应用：使用不同明度和饱和度的同一色调的植物，如深浅不同的红色。这种配色不常用，适用于小面积花坛及花坛组，起装饰作用，不作主景。

2. 色彩设计中应注意的其他问题

（1）一个花坛配色不宜太多：一般花坛 2～3 种颜色，大型花坛 4～5 种足矣。配色多而复杂则难以表现群体的花色效果，并显得杂乱无章，此时可选择中间色植物进行调和。

（2）在花坛色彩搭配中注重颜色对人的视觉及心理的影响：在设计各色彩的花纹

宽窄、面积大小时要考虑到，暖色调通常会给人以面积上的扩张感，而冷色调则会产生视觉收缩的效果。例如，为了达到视觉上的大小相等，冷色调部分设置比例要相对大些。

（3）花卉色彩不同于调色板上的色彩，需要在实践中对花卉的色彩仔细观察才能正确应用：同为红色的花卉，如天竺葵、一串红、一品红等在明度上有差别，分别与黄早菊配用，效果不同。一品红红色较稳重，一串红较鲜明，而天竺葵较艳丽，后两种花卉直接与黄菊配合，也有明快的效果，而一品红与黄菊中加入白色的花卉才会有较好的效果。同样，黄、紫、粉等各色花在不同花卉中明度、饱和度都不相同。

（4）不同种花卉群体配合时，除考虑花色外，也要考虑花的质感相协调才能获得较好的效果：精致质感的植物相互搭配时会有细腻柔和、如梦似幻般的景观效果，而粗糙质感的植物搭配往往会更有视觉冲击力。

三、花坛的立面处理

花坛以平面观赏为主，为使花坛主体突出，通常花坛种植床应高出地面7～10cm，最好有4%～10%的斜坡以利排水。草花的土层厚度至少为20cm，灌木40cm。就植物材料高度而言，模纹花坛植物材料通常高度一致或者稍有变化，而盛花花坛则有不同。常规的立面设计是采用内高外低的形式，使花坛形成自然的斜面，便于人们从各个角度都能观赏花坛整体景观造型。而面积较大的花坛和花坛群的中心花坛，在应用株高基本相同的花卉时，可在花坛中心部位配置较高大的常绿植物及开花灌木，以打破平淡的布局。

四、花坛的边缘处理

花坛的边缘处理方法很多。为了避免游人踩踏装饰花坛，在花坛的边缘应设有边缘石或矮栏杆，一般边缘石有磷石、砖、条石以及假山等，也可在花坛边缘种植饰边植物。边缘石的高度一般为10～15cm，最高不超过30cm，宽度为10～15cm，若兼作坐凳则可增至50cm，具体视花坛大小而言。

花坛边缘的矮栏杆可有可无，主要起保护作用，矮栏杆的设计宜简单，高度不宜超过40cm，边缘石与矮栏杆都必须与周围道路与广场的铺装材料相协调。

五、花坛的季相与更换

花坛可以是某一季节观赏的花坛，如春季花坛、夏季花坛等，至少保持一个季节内有较好的观赏效果。但设计时可同时提出多季观赏的实施方案，可用同一图案更换花材，也可另设方案，一个季节花坛景观结束后立即更换下季材料，完成花坛季节交替。

（一）春季花坛花卉

主要有矮牵牛、万寿菊、一串红、三色堇、金盏菊、雏菊、矮牵牛、虞美人、美女樱、四季秋海棠、风信子、郁金香等。

（二）夏季花坛花卉

初夏花卉主要有矮牵牛、一串红、石竹、万寿菊、孔雀草、鸡冠花、彩叶草等，盛夏花卉主要有矮牵牛、百日草、千日红、四季秋海棠、大岩桐、夏堇、凤仙、洋凤仙、彩叶草、一些景天科植物等。

（三）秋季花坛花卉

搜有翠菊、荷兰菊、菊花等。

第三节　花境设计

花境的植物材料选择范围广，以宿根花卉、花灌木等观花植物为主要材料，季相变化丰富，是最有魅力的园林花卉应用形式。

一、花境设计前的准备

同花坛设计一样，在进行花境的平立面设计前，应对花境所处的立地条件、包括气候和小气候、土壤条件等各种具体的环境条件进行分析。

（一）花境的自然条件分析

花境立地的光照条件直接影响着植物的选择，所以在确定花境位置时，应分析立地中光照强度的变化以及其对植物生长的影响。宽敞而开阔的地区比较适宜喜光性植物的生长，易达到鲜艳的色彩效果；而阴地环境以耐阴植物为主，也能获得非常美丽的效果，若在阴地下选择浅色植物，则有提亮空间的作用。还应考虑到光照的均一性，对应式花境要求长轴沿南北方向展开，以使左右两个花境光照均匀。其他花境可自由选择方向，但要注意花境朝向不同，光照条件不同，选择植物时要根据花境的具体位置有所考虑。

确定花境位置时还要考虑风的影响。因为草本植物容易遭受风害，即使是灌木也有可能被吹成畸形，所以花境最好要避开风带。如果必须种植于暴露的环境中，应适当加建防风绿篱或屏障。

土壤也是花境营建中需要着重考虑的一个因素。要根据场地土壤的成分、酸碱度、排水量以及场地中的小气候来选择植物，以免造成生长不良，从而影响景观效果。

（二）环境条件分析

花境可设置在公园、风景区、街心绿地、家庭花园及林荫路旁。作为一种半自然式的种植方式，极适合用于园林中建筑、道路、绿篱等人工构筑物与自然环境之间，起到由人工向自然过渡的作用。不同位置的花境设计应有所区别。

（三）花境的主要材料

最初的花境只是在庭园中丛状混植药草、蔬菜和花卉等植物。1618 年，William Lawson 建议将供观赏为主的花园从菜园中分离出来，以便人们更好地享受花草的芬芳与清香，而不必受洋葱和卷心菜气味的干扰。绚丽的草本花境经过短暂的花期后会留下大片空地，于是产生了混合花境。混合花境中以宿根花卉为主体，同时也给灌木、球根及一、二年生花卉留有空间，并且还可以种植一些小型的乔木。因此，混合花境的产生是花境艺术的又一个重要创新及发展。花境虽然在不同季节都具有一定的观赏价值，但通常会考虑一个主观赏季，这需要根据周围环境条件的要求事先确定，以便于植物材料的选择。

二、花境的平面设计

（一）种植床的轮廓与形状

花境的种植床一般是带状的。单面观赏花境的后边缘线多采用直线，前边缘线可为直线或自由曲线。两面观赏花境的边缘线可以是直线，也可以是流畅的自由曲线。

1. 直线形

花境种植床边缘笔直的线条具有规则式的风格，修剪及养护较为容易，但易产生呆板的感觉。如果想打破这种风格，可利用植物来模糊这种直线感，如种植时可以采用一些叶片或花序伸展到直线外的植物。直线形的花境可以将人的视线引向远方的某一点，尤其在两个对应的平行花境中，所以在路的尽头可以设置一些焦点景观，如喷泉、雕像或造型树等，或者与远处更别致的景观相呼应，这样会产生较好的景观效果。

2. 曲线形

具有曲线形轮廓的花境有很好的园林装饰效果，使景观产生一种生动的延伸感，具有峰回路转的情趣。曲线可以引导观赏者的视线，能给人带来景物徐徐展开的惊喜和新鲜的感觉。但要避免过于尖锐的转弯，以舒缓柔和为上。

3. 几何形

几何外形的花境也带有规则式的风格，往往出现在规则式的园林环境中。建造几何形花境主要是为了突出植物的外形。边缘种植低矮的植物或围以低矮的绿篱，可以突出外形但在花境中要避免过于尖锐的尖角，如星形或三角形，这样会增加种植难度。

（二）花境的长度与宽度

花境大小的选择取决于环境空间的大小。就整体而言，大的花境可以提升空间感，具有统一的效果。但为管理方便及体现植物布置的节奏、韵律感，可以把过长的种植床分为几段，每段长度不超过 20m 为宜。段与段之间可留 1～3m 的间歇地段，设置座椅或其他园林小品。花境的短轴长度（宽度）有一定要求。就花境自身装饰效果及观赏者视觉要求出发，花境通常不应窄于 1.5m（庭院中的花境可根据庭院面积适度缩小）。过窄不易体现群落层次感，过宽则会超过视觉欣赏范围造成浪费，也给管理造成困难。同时，花境的宽度决定着能种多高的植物。据国外的经验，一个花境的宽度应最少是其中最高植物高度的 2 倍以上。通常，混合花境、双面观赏花境较宿根花境及单观花境宽些。下述各类花境的适宜宽度可供设计时参考：

（1）单面观混合花境宽度一般为 4～5m。

（2）单面观宿根花境宽度一般为 1～3m。

（3）双面观花境宽度一般为 4～6m。在家庭小花园中花境可设置 1～1.5m，一般不超过院宽的 1/4。

（三）斑块的面积与材料

花境的平面种植采用自然块状混植方式，每块面积大小与材料以及设计思想有关，但不应平均分布，不宜过于零碎和杂乱。

通常大型园林中的斑块面积大，一个斑块常由十几株植物组成，而庭园中的花境面积通常较小，几株甚至 1 株都可组成一个斑块。花卉的株形也影响斑块的大小，水平型的斑块往往较特殊型和竖直型的斑块面积大。一般花后景观效果较差的植物面积宜小些，如八宝景天在雨后易倒伏，应限制其使用面积，也可在花后叶丛景观差的植株前方配植其他花卉给予弥补。使用少量球根花卉或一、二年生草花时，应注意该种植区的材料轮换，以保持较长的观赏期。

花境的平面设计中还应注意不同花卉的各种差异，如生长特性，根系深浅及生长速度等。如荷苞牡丹与耧斗菜类上半年生长，炎夏茎叶枯萎进入休眠，应在其间相应配置一些夏秋生长茂盛而春季又不影响它们生长与观赏的花卉，如鸢尾、金光菊等。石蒜类花卉根系深，开花时无叶，如与浅根系茎叶葱绿而匍匐生长的垂盆草配合种植，则会收到良好效果。注意要使相邻的花卉在生长强弱和繁衍速度方面相近，植株之间能共生而不能互相排斥，否则设计效果就不能持久。

三、花境的立面设计

花境要有较好的立面观赏效果，应能充分体现群落的美观，并展现植株高低错落有致，花色层次分明。因此立面设计应充分利用植株的株形、株高、花序及质地等观赏特性进行差异性设计。

（一）植株高度

宿根花卉依种类不同，高度变化极大，从几厘米到二三米，都可供充分选择。花境的立面安排一般原则是前低后高，在实际应用中高低植物可有穿插，以不遮挡视线、实现景观效果为准。在花境的前沿若能少量应用具有明显特征的高型植物，则可与其后的低矮型植物相互衬托从而增强立体效果。

除考虑植物自然高度外，还需要考虑不同季节的季相变化，如夏季大部分时间内，玉簪的株形矮小紧凑，但到夏末会长出高高的花茎。其次，同一种类不同的园艺品种会有不同的形态，而同一品种在不同的气候、土壤、光照、水分条件下，形态又会有所不同，故在设计时须考虑清楚。如鸡冠花有高干型也有矮干型，花序有穗状也有头状、鸡冠状等；百日草有中等高度也有矮生的，配置时一定要相互协调。

（二）株形与花序

每种植物都有其独特的株形、质感和颜色。花坛设计中，我们通常更关注颜色，而对于花境设计，前两种因子在某种程度上更为重要，因为如果不充分考虑株形和质感，花境种植设计将成为一种没有特色的色彩混杂体。株形与花序是构成植物外形的两个重要因子，结合花相构成的整体外形，可把植物分成水平形、竖直形及独特形三大类。水平形植株圆浑，开花较密集，多为顶生单花或各类伞形花序，开花时形成水平方向的色块，如八宝、蓍草、金光菊等。具体而言，水平形的植物也可分为匍地水平形、半圆形和圆形几种。竖直形植株耸直，多为顶生总状花序或穗状花序，具有力量感，如火炬花、羽扇豆、飞燕草、蜀葵等。独特形常为具有轮廓鲜明的线形叶片的植物，如蒲苇、凤尾兰、鸢尾等；或是植株高大，具有雕塑观感的叶片和花朵，如向日葵、美人蕉等。具有不同外轮廓的植物相互穿插所形成的强烈的对比感正是花境的独特魅力。水平形植物在种植时须有一定的数量，而竖直形和独特形材料在种植时是花境中的视觉焦点，若单个斑块的面积过大，往往会削弱其外轮廓变化带来的戏剧性效果。

（三）植株的质感

质感是人的视觉以及触觉感受，是一种心理反应，不同的植物有各自不同的形态特征，其株形、花果稠密度、颜色等都会影响植物的整体质感。这些综合因素形成的植物外观可能是粗糙、中间或细腻的质感。

细腻型植物比较柔和，没有太大的明暗变化，外观上常有大量的小叶片和稠密的枝条，叶片比较光滑，看起来柔软纤细。因此，可大面积运用细腻型的植物来加大空间伸缩感，也可作背景材料，显示出整齐、清晰、规则的格调，常见的细腻型的花卉如耧斗菜、老鹳草、石竹、唐松草、金鸡菊、蓍草、丝石竹等。粗糙型植物有较大的明暗变化，看起来强壮、粗糙，外观上也比细腻质感的植物更疏松，当将其植于中等及细腻型植物丛中时，便会跳跃而出，首先为人所见。因此，粗糙型植物可在景观中作为焦点，以吸引观赏者的注意力。也正因为如此，粗糙型植物不宜使用过多，避免喧宾夺主，使景观显得零乱无特色，常见的花卉如向日葵、虞美人、蓝刺头、玉簪、博落回等。

而在一个特定范围内，若质感种类太少，容易给人单调乏味之感；但如果质感种类过多，其布局又会显得杂乱。有意识地将不同质感的植物搭配在一起，能够起到相互补充和相互映衬的作用，使景观更加丰富耐看。大空间中可稍增加粗质感植物类型，小空间则可多用些细腻型的材料。外观粗糙的植物会产生拉近的错觉，种植在花境的远端，可以产生缩短花境的效果。而外形精致的植物会产生后退的错觉，产生景物远离赏景者的动感，会产生大于实际空间的幻觉。

植物质感不是一成不变的，随着植物本身的生长发育和周围环境的变化，或者观赏者以及观赏者心境的变化，植物质感也随之变化。除了植物材料本身的质感特征外，观赏距离、人工修剪、环境光线以及其他景观材料的质感特征等也会影响植物材料的质感。正是植物质感的这种不确定性，反而促使景观表现更加丰富、多样。近距离可以观察单株植物质感的细部变化，较远则只能看到植物整体的质感印象，更远的距离则只能看到不同植物群落质感的重叠和交织。环境中光线强弱和光线角度的不同也会产生不同的质感效果。强烈的光线使得植物的明暗对比加强，从而使得质感趋于粗糙；相反，柔和的光线使得植物的明暗对比减弱，质感趋于精细。另外，通过修剪、整形等手段可以改变植物的轮廓和表面特征。种植设计时必须关注相邻植物之间的质感差异。

四、花境的背景设计

花境背景十分重要，可以是建筑、草坪、绿篱或者其他园林要素，总体来说采用均一的材料可以加强整体的统一性。

（一）建筑物墙基前

在形体小巧、色彩明快的建筑物前，花境可连接周围的自然风景，使建筑与地面的强烈对比得到缓和，柔化规则式建筑物的硬角，起到基础种植的作用。这种装饰作用在1～3层的低矮建筑物前装饰效果为好，若建筑物过高，则会因比例过大而不相称，不宜用花境来装饰。围墙、栅栏、篱笆及坡地的挡土墙前也可设花境。作为建筑物基础栽植的花境，应采用单面观赏的形式。

平整的墙面和白色的栅栏也可以很好地衬托花境，但本身具有很强装饰性的，如色彩过于强烈、纹理过于夸张复杂、细节过于烦琐的景墙类等容易分散观赏者的注意力，并且有损花境的美观；富有装饰性的栅栏也会产生同样的效果。可通过攀缘植物的绿化来降低这种负面影响，也可在这些硬质背景前选种较为高大的绿色观叶植物，形成绿色屏障，再设置花境。

（二）道路两侧

花境也常设置于园林中游步道边。通常有两种布置方式，一是在道路中央布置的两面观赏花境，道路的两侧可以是简单的草地和行道树，也可以是简单的植篱和行道树，还可以是单面观赏花境。二是在道路两侧，每侧布置一列单面观赏的花境，这二列花境不必完全对称，但要相互呼应，成为一个整体构图。

（三）绿篱前

绿色的树篱是草本花境的良好背景，统一的绿色可以突出前面花境中植物的色与形，帮助锁定观赏者的视线，使他们可以聚焦欣赏花境本身。但树篱需要经常性的修剪，在生长期容易与花境植物争夺水分与养分，所以可以在绿篱与花境之间留段空隙，以便养护。较宽的单面观花境的种植床与背景之间可留出70～80cm的小路，既便于管理，又能起通风作用，并能防止作背景的乔木和灌木根系侵扰花卉。

（四）宽阔的草坪上

宽阔的草坪上、树丛间可设置花境。在这种绿地空间适宜设置双面观赏花境，可丰富景观，组织游览路线。通常在花境一侧辟出游步道，以便游人近距离观赏。

（五）其他特定环境

如水边、岩石旁等特殊区域可形成有特色的花境景观。水边环境能够滋养许多在其他地方不能繁茂生长的植物，若背景为水体，水岸边修长的香蒲、鸢尾科植物和灯心草等都能提供很好的衬托；若前景为水体，则会产生倒影景观或是增强作为线条对比的水生花卉的美感。

五、花境的边缘设计

精心布置的花境若其轮廓分明，往往更容易引人注目。花境边缘可以用饰边植物，也可以用碎石砌成一定造型，或用大小不等的自然石块做成宽度不等或自由断续的形式布置于边缘，有时花境设计中也会将边缘满地覆盖，将许多有缺陷的地方用饰边植物遮掩。花境常用的镶边植物有矮生金鱼草、四季秋海棠、过路黄、垫状福禄考、石竹、三色堇、赛亚麻、马齿苋、何氏凤仙、美女樱等株形低矮的丛生植物。有些花境，尤其是仿造自然环境的野花花境，没有确定的镶边植物，任由花境中的植物自然蔓延，这样有助于形成自然的气氛。

六、花境的色彩设计

宿根花卉是色彩丰富的一类植物，加上适当选用部分球根及一、二年生花卉，使得花境色彩更加绚丽。虽然花境的色彩主要由花色来体现，但植物叶色调配作用也是不可忽视的。

（一）配色方案

同花坛类似，花境色彩设计中主要有 4 种基本配色方法。

1. 单色系设计

单色系设计不常用，通常在只为强调某一环境的某种色调或一些特殊需要时才使用。最富于魅力的单色系花境设计就是白色花境，白色属于冷色调，但是它亮度很高，尤其在夜晚。所以白色植物在门前使用可以吸引人的视线，起引导作用。如果想让狭长庭院看起来短一些可以在末端配置白色植物。若是建筑为白色或者有白色镶边等装饰元素，就需要反复使用白色植物材料来过渡空间。需要注意的是即使是白色花境也包含了微妙的颜色变化，纯白色、浅蓝色、浅粉色、浅黄色都可以出现在白色花境中，除了花色的不同，叶片的变化也是观赏的重点，并且强调植物株形和质感的变化。

2. 类似色设计

这种配色法常于强调季节的色彩特征时使用，如早春的鹅黄色，秋天的金黄色等，但应注意与环境协调。一个以黄色为主色调的小型花境，如果配置从奶黄色到橙色一系列浓淡不同的花和叶片，以深绿色或者银灰色的背景做衬托，其效果一般是令人满意的。以红色为主色调的花境，用深绿色和紫色叶片的植物作为背景比较好。另外一种常见的类似色设计为蓝紫色调，这种配色富于浪漫的格调，可在夏天里给人以清凉的感受。

3. 补色设计

对比色之间，能引起一种强烈的视觉对比感，具有突出的视觉效果，是花坛配色中常见的配色方式，但在花境中，由于植物材料众多，多样对比色容易形成杂乱无章之感，因此多用于花境的局部配色，使色彩鲜明艳丽。

4. 多色设计

多色设计是花境中常用的方法，使花境具有鲜艳、热烈的气氛。但应注意依花境大小选择花色数量，若在较小的花境上使用过多的色彩反而产生杂乱感。在选用多种色调进行配置时，最好倾向于选用黄色色调或者蓝色色调作为基调。

（二）色彩设计中应注意的问题

在花境的色彩设计中可以巧妙地利用不同花色来创造空间或景观效果。如把冷色占优势的植物群放在花境后部，在视觉上有加大花境深度、增加宽度之感；在狭小的环境中用冷色调组成花境，有空间扩大感。在平面花色设计上，如有冷暖两色的两丛花，具有相同的株形、质地及花序时，由于冷色具有收缩感，若使这两丛花的面积或体积感相当，则应适当扩大冷色花的种植面积。利用花色可产生冷、暖的心理感觉，花境的夏季景观应使用冷色调的蓝紫色系花，以给人带来凉意；而早春或秋天用暖色的红、橙色系花卉组成花境，可给人暖意。在安静休息区设置花境宜多用冷色调花；如果为增加色彩的热烈气氛，则可多使用暖色调的花。

在进行不同色调转换前，需要给观众留下可以观赏一段时间的过渡色。这样，当另外一种色调映入观众眼帘时，才会产生一种新奇感。如冷灰色、银灰色或略带蓝色的白色。

花境的色彩设计中还应注意，色彩设计不是独立的，必须与周围的环境色彩相协调，与季节相吻合。开花植物（花色）应散布在整个花境中，避免某局部配色很好，但整个花境观赏效果差的情况。

七、花境的季相设计

丰富的季相变化是花境的魅力之所在。在花境内部，植物的配置有季相的变化，一般春夏秋每季有 3～4 种主基调花开放，来形成季相景观。而且秋天通过种植色叶类、观果类植物可营造秋叶五彩斑斓或硕果累累的意境；即使冬天缤纷的落叶和经霜后植物枯萎的茎干，也能为花境提供另一种意境和情趣，在适当的场所设置会有意想不到的景观效果。有些植物，在不同季节都可以展现出富于魅力的景观，如群植的芍药：春天其色彩美丽的幼嫩枝条可以作为白色水仙的理想背景；暮春时，可以和颜色协调的郁金香相配，芍药叶片展露，正是郁金香的花期；而当球根花卉的叶片逐渐干枯时，芍药进入了花期；而后是观叶的季节，随着秋季的到来，芍药逐渐显现它美丽的秋色，可以给盛放的百合作铺垫，也可作为菊花的前景。

较大的花境在色彩设计时，可把选用花卉的花色用水彩涂在其种植位置上，然后取透明纸罩放在平面种植图上，绘出某季节开花花卉的花色，检查其分布情况及配色效果，可据此修改，直到使花境的花色配置及分布合理为止。

第四节　造型植物景观设计

植物造型是指技术人员经过独特的艺术构思，对园林植物进行特定的栽培管理、修剪整形等创造出美好的艺术形象。根据植物造型在园林中的应用形式可将其分为：绿篱、绿雕、立体花坛等。

一、绿篱

由灌木或小乔木以近距离的株行距密植，栽成单行或双行，紧密结合的规则的种植形式，称为绿篱。可以有高低、宽窄、大小之分，再加之颜色、开花、结果的不同，绿篱本身也是一段迷人的边界，是一道优美的屏障，它还是花园中悦目的背景、赏心的景致。

（一）绿篱的景观功能

1.作为装饰性图案或主景

园林中经常用规整式的绿篱构成一定的花纹图案，或是用几种色彩不同的绿篱组成一定的色带，以突出整体美。如欧洲规则式的花园中，常用针叶植物修剪成各式图案。园林中用绿篱作为主材造景的例子很多，多用彩叶篱构成色彩鲜明的大色块或大色带。也可以将彩叶篱置于空间的视觉焦点处，应用其引人注目的色彩而引起人们的注意，成为景观和观赏处的中心点。

西方园林中修剪整齐的各种几何造型的树篱一直是重要的景观，是园林中一种独特的园林美学形式，最能体现西方园林的美学特征。树篱因其造型和植物种类的各种组合，形成丰富的季相美、图案美和色彩美。还可以采取特殊的种植方式以构成专门的景区，如在国外流行用绿篱做成的迷宫，其所形成的景观极富趣味性。

2.作为背景植物衬托主景

园林中多用各式各样的常绿绿篱、绿墙作为某些花坛、花境、雕塑、喷泉及其他园林小品的背景，以烘托出一种特定的气氛。作为喷泉或雕像的背景，可将白色的水柱或浅色的雕像衬托得更加鲜明、生动，高度一般要与喷泉和雕像的高度相称，色彩以选用无反光的暗绿色树种为宜。在一些纪念性雕塑旁常配植整齐的绿篱，给人以肃穆之感。在一些小品旁配植与其高度相称、无反光的暗绿色绿篱，可以遮挡游人视线，使小品更加突出。作为花境背景的绿篱可以映衬得百花更加艳丽，一般均为常绿的高篱及中篱。

3.作为构成夹景和营造意境的理想材料

用绿篱夹景，强调主题，起到屏俗收佳的作用。园林中常在一条较长的直线尽端布置景色较别致的景物，以构成夹景。绿墙以它高大、整齐的特点，最适宜用于布置两侧，通过其枝叶的密闭性引导游人向远端眺望，去欣赏远处的景点。现代园林设计中，在一些出入口处，利用树篱的特殊表现形式——树棚，营造曲径通幽的意境。

4.障景与分景

在园林中，常用绿篱的遮挡功能，将一些劣景和不协调的因素屏障起来。绿篱或绿墙可以用来遮掩园林中不雅观的建筑物或园墙、挡土墙、垃圾桶等，也可将周边的劣景或与园内风景格格不入的建筑等遮挡住。常用方法是多在不雅观的建筑物或园墙、挡土墙等的前面，栽植较高的绿墙，并在绿墙下点缀花境、花坛，构成美丽的园林景观。也可应用高篱或树墙将园林内的风景分为若干个区，使各景区相互不干扰，各具特色。

（二）常见绿篱植物

根据绿篱的观赏对象的差异，除常绿的普通绿篱外，还可分为刺篱、花篱、果篱、叶篱等。常用绿篱树种有：

1.普通绿篱

通常用福建茶、千头木麻黄、九里香、罗汉松、珊瑚树、凤尾竹、石楠、女贞、海桐、锦熟黄杨、雀舌黄杨、黄杨、大叶黄杨、圆柏、侧柏、小蜡等。

2.刺篱

通常是植物体具刺的灌木。一般用枝干或叶片具钩刺或尖刺的种类，如金合欢、枳、胡颓子、枸骨、火棘、小檗、花椒、黄刺玫、蔷薇等。

3.花篱

通常是耐修剪的观花灌木。一般用花色鲜艳或繁花似锦的种类，如扶桑、叶子花、五色梅、杜鹃花、龙船花、桂花、茉莉、六月雪、栀子、金丝桃、月季、黄馨木槿、迎春、绣线菊、锦带花、棣棠，其中常绿芳香花木用在芳香园中作为花篱尤具特色。

4.果篱

通常是耐修剪的观果灌木。一般用果色鲜艳、结实累累的种类，如枸骨、九里香、小檗、南天竹、紫珠、火棘等。

5.彩叶篱

叶形美丽或具色彩及斑点、条纹等。如洒金千头柏、小龙柏、金叶女贞、紫叶小檗、洒金珊瑚、变叶木等。

（三）绿篱的设计

1.高度设计

（1）绿墙：高 1.6m 以上，主要用于遮挡视线，分割空间和作背景用。多为等距离栽植的灌木或乔木，可单行或双行排列栽植。其特点是植株较高，群体结构紧密，质感强，并有塑造地形、烘托景物、遮蔽视线的作用。为增加景致，可在其上开设多种门洞、景窗以点缀景观。用高篱形成封闭式的透视线，远比用墙垣等有生气。在西方古典园林中，高篱常作为雕像、喷泉和艺术设施景物的背景，尤能形成美好的气氛。造篱材料可选择法国冬青、圆柏、石楠、欧洲紫杉等。

（2）高篱：高 1.2～1.6m，主要用作界限和建筑物的基础栽植。可选择法国冬青、小蜡、圆柏、石楠等并加以高度控制。

（3）中篱：高 0.5～1.2m，常用作场地界限和装饰，能分离造园要素，但不会阻挡参观者的视线，是园林绿地中常用的类型。在园林中应用最广，栽植最多。宽度不超过 1m，多为双行几何曲线栽植。人的视线可以越过中绿篱，但人不能跨越而过，可起到分隔大景区、组织游人活动、增加绿色质感、美化景观的目的。中绿篱多营建成花篱、果篱、观叶篱。常用的植物有栀子、木槿、金叶女贞、金边珊瑚、小叶女贞、火棘等。

（4）矮篱：高 0.5m 以下，主要用于花坛、花境的镶边材料，或道路旁草坪边来限制人的行为，也可以组字和构成图案，起到某种标志和宣传作用。由于是矮小的植物带构成，游人视线可越过绿篱俯视园林中的花草景物。矮绿篱有永久性和临时性两种不同设置，植物材料有木本和草本多种。常用的植物有月季、黄杨、六月雪、千头柏、万年青、彩叶草、紫叶小檗、茉莉、杜鹃花等。

2.绿篱横断面形式设计

绿篱依修剪整形可分为自然式和整形式，前者一般只需施加少量的调节生长势的修剪，后者则需要定期进行整形修剪，以保持景观效果，是一种高养护强度的园林植物应用形式。整形绿篱的横断面和纵断面的形状也变化多端，常见的有波浪形、矩形、圆顶形、梯形等。

（1）梯形绿篱：篱体上窄下宽，有利于地基部侧枝的生长，不会因得不到光照而枯死稀疏。

（2）矩形绿篱：篱体造型比较呆板，顶端容易积雪而受压变形，下部枝条也不易接受到充足的光照，以致部分枯死而稀疏。

（3）圆顶绿篱：这种篱体适合在降雪量大的地区使用，便于积雪向地面滑落，防止积雪将篱体压变形。

（4）自然式绿篱：一些灌木或小乔木在密植的情况下，如果不进行规整式修剪，常长成这种形态。

3.绿篱种植方式

绿篱种植方式可分为单行式、双行式和多行式。中国园林中一般采用品字形的双行式，它见效快，屏障景物效果好，也可以通过修剪形成绿篱造景；有些园林中则采用单行式种植，因为单行式光线好，有利于植物的均衡生长，节约费用，管理简便。园林中有的采用多行式种植，形成了色块、迷宫、绿墙以及绿篱造景等。

绿篱栽植中可有高矮和造型的变化。在种植中，可将数段不同树种和高矮的绿地进行组合种植，采用连锁式或者交叠式的种植，可形成不同的立面景观和空间感受。如一条绿篱修剪成一段高（如 1m），一段矮（如 0.5m），这样高高低低如同城墙垛口的形式，别有情致。

二、绿雕

绿雕是指利用单株或几株植物组合，通过修剪、嫁接、绑扎等园艺方法来创造各种造型。英文中绿雕为“topiary”，单词前半部分的 top 是一个希腊词根，表示地点、场所，可引申为规则，指通过修剪灌木的枝叶而塑造成各种造型。绿雕造型丰富，包括几何造型、独干树造型、动物造型、各种奇特造型、藤本植物造型等。

（一）几何型绿雕

几何造型又可分为简单几何造型和复合几何造型。简单的几何造型在园林植物造型中最为常见，通常有球形、半球形、塔形、锥形、柱形等。此类植物造型采用单株、一种色调的植物作为单体。复合几何造型是指将不同或相同的几何造型进行组合，与普通的几何造型相比，它的形式和内容更加丰富。它通过将简单的几何植物造型按一定的艺术法则进行有机地组合，往往变得更加丰富多姿和富有动感。

几何造型适用于办公楼前、居住区、公园入口处作孤植，或由 1 种多株或 2 种以上多株形体或色调不同的单体造型组合在一起，多用于道路主干道两侧、公园主景点区，以渲染热闹、喜庆气氛。群植几何造型形式多、面积大，应布置于开阔地带。最适用于几何造型的植物主要是生长缓慢或中等、树冠密实的植物，如圆柏、黄杨、冬青、小蜡等。一方面这些树种生长较缓慢，可以减少修剪工作；另一方面这些树种都是常绿树种，又具有较小的叶片，可使造型密实、饱满，具有较长观赏时间。

几何造型的创造，一般采用修剪的手段，植物需要多次修剪才能成型。一般从幼树开始着手，当其生长高度超过预期的高度时，连续几年对其进行轻度修剪以刺激植株生长得密实、均匀；然后，将植株剪至需要的高度并进行整形，再经过几次修整，使几何形状更加完美；再以后就是造型的保持和养护。

（二）动物造型

将植物塑造成动物或人的形态，并常赋予其一定的文化内涵。在园林环境中以生肖动物为创作源泉的植物雕塑比较常见，如牛的植物造型，象征着勤奋、坚强，羊的造型则代表了善良和温顺，……这是一种民俗的造型艺术，也是民俗文化的表征，更是传统的文化潮流，能引起游人的共鸣。这种造型的创造有一定的难度，对植物的要求和几何造型相似。对于创造动物或人的造型不可能每个细节都面面俱到，因为植物本身有着向上生长的特性，使动物的四肢都比较难以处理，所以一般只能在外形上创造出接近于动物本身形态的植物造型。越复杂的造型创作的难度就越大，应用乔灌类植物时通常需要进行多年的栽培、修剪、绑扎等，对修剪和维护的要求也更高。在植物雕塑中通常使用嫁接的办法来缩短对树冠的培养时间。

（三）绿色建筑

园林植物进行建筑式造型主要以园林建筑为雏形，通过人工搭建骨架和镶嵌的巧妙结合，构成绿色的小品。建筑作品立体造型的形体有亭子、花架、门柱、景墙等。常用的植物有圆柏、法国冬青、龙柏、小叶女贞等。

（四）植物图案

植物图案主要是指彩结和模纹花坛，绿篱经修剪形成各种各样的图案，产生不同的景观效果。植物修剪要求一致平整，选用叶色不同的植物可以表现精美细致、变化多样的图案，如花叶式、星芒式、多边式、自然曲线式、水纹式、徽章式等。

三、立体花坛

立体花坛的英语为“mosaiculture”，可直译为“马赛克栽培”。通常是指运用一、二年生或多年生的小灌木或草本植物，结合园林色彩美学及装饰绿化原则，经过合理的植物配置，将植物种植在二维或三维的立体构架上而形成的具有立体观赏效果的植物艺术造型，它代表一种形象、物体或信息。

（一）立体花坛的主题

立体花坛的设计主题可主要归纳为生态环境、民俗文化、其他艺术、社会生活、时代精神五大方面：

1.生态环境主题

立体花坛除了绿化美化作用之外，其主题设计应在表现生态环境、创造生态环境方面起到点睛的作用。围绕生态环境设计主题可以从以下几个分主题考虑：保护环境主题、自然山水主题、植物主题、动物主题等。

2.民俗文化主题

民风民俗是一种极富地方特色的饱含民族情感的地方文化。民俗文化是一个民族的文化符号和精神特质，其内容丰富，包括神话传说、民俗节日、传统习俗、民间工艺、图腾崇拜等，并且具有鲜明的特色，以民俗文化为表现主题，通过丰富的内涵和多彩的外在形式，使立体花坛成为具有较高审美价值的文化景观。

例如，在中国的立体花坛创作中有大量的神话传说，如“盘古开天”“精卫填海”“夸父追日”“女娲补天”“后羿射日”“牛郎与织女”“济公传”“白蛇传”等洋溢着积极、浪漫主义色彩的神话传说。民间工艺在立体花坛中的应用也极为常见，如剪纸、窗花、风筝、玩具和泥塑等。

3.其他艺术门类

艺术是人类审美活动的大家族，它的成员有文学、美术、音乐、舞蹈、戏剧电影、曲艺、杂技、建筑等，各种门类的艺术都是反映社会生活和表现人们思想感情的，立体花坛主题设计也经常从艺术领域吸取创作灵感。例如，我国地域辽阔，民族众多，建筑形式也丰富多样，有江南水乡建筑、羌族的碉楼、珠江的岭南建筑、西藏的藏居、内蒙古的蒙古包等，它体现了我国各族人民辛勤创造和智慧的结晶。以建筑艺术为主题设计立体花坛就可以使立体花坛造型和建筑形象一样具有文化价值和审美价值，具有象征性和形式美，体现出民族性和时代感。此外，利用立体花坛再现文学作品、舞蹈、电影、动漫中的景点场面的设计也屡见不鲜。

4. 社会生活主体

社会在飞速发展，展现出日新月异的变化，科技正在改变着每个人的生活。立体花坛的设计应该与社会发展同步，体现社会发展的速度。“文章合为时而著，歌诗合为事而作”，立体花坛同样应该是时代思想情感、审美价值观念的反映，从时代精神中挖掘创作素材，将社会发展中的特殊贡献者、重要的历史事件、城市标志、城市品牌、城市故事、现代生活等从不同角度，用不同形式展示给人们，增强设计的现代感。如以2010上海世博会的吉祥物“海宝”作为表现主题的立体花坛，形态可掬，栩栩如生。

5. 时代精神

青岛世园会期间在景区入口制作了一个二维码立体花坛，充分体现了时代特色。

在立体花坛的设计中，常将几个主题进行综合，设计寓意更加丰富。如“燕京鹿鸣”，是以世界珍稀动物麋鹿从原始栖息地中衰亡、他国保存、重返故土的传奇故事为题材，反映了人类保护生物、尊重自然的崇高理想。花坛的背景由传统建筑故宫角楼和城墙组成，其中城墙从传统的“大红墙”造型巧妙延伸变化成“鸟巢”的现代桁架风格，既展现了北京的历史文脉，又富有时代精神。

（二）主体设计

1. 体量大小

立体花坛的体量大小，由布展场地的空间和表现对象的特点来决定。根据视觉规律，人们所选择的观赏位置多数处在观察对象高度视平线2倍以上远的位置，并且在高度3倍的距离前后为多。以高度为主的对象，在高度3倍以上的距离去观赏时，可以看到一个群体效果，不仅可以看到陪衬主体的环境，而且主体在环境中也处于突出的地位。如果在主体2～3倍的距离进行观赏，这时主体非常突出，但环境处于第二位。以宽度为主的对象，比较集中有效的观赏范围一般是在视距等于54°视角的范围，在此范围内观赏者无须转动头部即能看清物体的全貌。以四面观圆形花坛为例，造型一般高为花坛直径的1/6～1/4较好。在造型体量确定时，可参考视觉规律，结合布展场地大小，以能给观赏者留出最佳观赏视点的体量尺寸为佳。

在体量确定时还应该考虑造型的题材，一些在人们心目中较小的形体，如小的动物等就不宜用太大的体量表现。所以在大的布展空间，首先应确定适用于大体量表现的造型题材，再参考视觉规律确定具体体量。

2. 色彩设计

一般花坛内的色彩不宜太多，主要的色彩一般以两三种为主，尽量避免出现“五色乱目”的现象。但花坛的色彩细部，在不影响主色及花坛整体效果的前提下，配色尽可能丰富。如青岛世园会的稻草人花坛，整体造型由两种颜色的五色苋组成，轮廓鲜明，但稻草人所穿的小马甲使用了蓝色及橙色的三色堇，色彩鲜艳，烘托了欢快的气氛。而美国雷蒙市的作品“西部牛仔”，选用16种植物、16种色彩进行合理的搭配。其中色彩最抢眼的是马鞍和牛仔的腰带，园艺师巧妙利用红、黄色的绯牡丹勾勒出橙红和金黄两条炫目的立体花边，出色的色彩搭配使得马匹和牛仔显得神采奕奕。

3. 造型各细部之间的比例关系

造型时各部分比例关系要得当，如建筑小品景亭是立体花坛造型中经常选用的对象，亭顶的大小与亭柱粗细及高度的比例关系很重要；凤凰造型，凤凰的头、躯体、腿、脚的比例是否合适，关系到人们是否会认同该造型形象。此外，鉴于视错觉等影响，造型尺寸不能完全写实，做到协调美观，符合人们的观赏习惯。如在小象的造型设计中，耳朵常较实际尺寸短，更能体现小象的憨态可掬。

（三）植物装饰材料选择

植物材料是立体花坛最重要的设计要素，设计师必须全面了解植物的特性，合理选择植物，保证花期交替的合理运用，保证株形高低的合理搭配。

1.选择植物的要求

（1）以枝叶细小、植株紧密、萌蘖性强、耐修剪的观叶观花植物为主：通过修剪可使图案纹样清晰，并维持较长的观赏期。枝叶粗大的材料不易形成精美纹样，在小面积造景中尤其不适合使用。

（2）以生长缓慢的多年生植物为主：如金边过路黄、半柱花、矮麦冬等都是优良的立体花坛材料。一、二年生草花生长速度不同，容易造成图案不稳定，一般不作为主体造景，但可选植株低矮、花小而密的花卉作图案的点缀，如四季秋海棠、孔雀草等。

（3）要求植株的叶形细腻，色彩丰富，富有表现力：如暗紫色的小叶红草、玫红色的玫红草、银灰色的芙蓉菊、黄色的金叶景天等，都是表现力极佳的植物品种。

（4）要求植株适应性强：要求所选择的植物材料抗性强，容易繁殖，病虫害少。如朝雾草、红绿草等都是抗性好的植物材料。

2.适地选择植物衬料

根据植物的生物学特性、土壤及气候条件等因素，来选择植物的品种。有些植物品种要求全光照才能体现色彩美，如佛甲草，一旦处于光照不足的半阴或全阴条件下，就会引起生长不良；而有些植物则要求半阴的条件，在光线过强时恢复绿色，失去彩色效果甚至死亡，如银瀑马蹄金。

3.艺术选择植物衬料

在选择植物材料时要将植物材料的质感、纹理与作品所要表现的整体效果结合起来，选择最具有表现力的植物材料。如朝雾草，叶质柔软顺滑，株形紧凑可作流水效果或动物的身体；蜡菊，叶圆形、银灰色、耐修剪，可用于塑造立面的流水、人的眼泪等造型；爵床科半柱花属叶色纯正，华丽，适用于人物造型的衣着等；苔草等可作屋顶用；细茎针茅等可作鸟的翎毛；红绿草可作纹样边缘，使图案清晰，充分展示图案的线条和艺术效果。

（四）非植物性材料的使用

立体花坛的外装饰以植物材料为主，通常要求植物材料覆盖的面积达到总面积的80%以上，但同时也允许使用少量装饰材料。有些立体花坛由于造型独特以及色彩、质感的需要，或是形体尺度的限制，如建筑的某些特殊位置、动物造型的头部、眼部、尾部等，结构细微无法填土栽植植物，在形象表达上又十分关键，这时装饰材料的使用就显得十分重要，可采用干硬植物的皮、茎、叶、果实来代替或者事先用塑料泡沫、石膏、木料等制成，然后安装到立体造型上。但立体花坛的魅力在于它的“植物雕塑性”，如果装饰材料应用较多，喧宾夺主，会减弱立体花坛自身的魅力，所以在选用装饰材料上，仍须以栽植活体植物材料为主，只有在十分需要的情况下，才可适当辅以其他材料。

第五节　容器植物景观设计

花园中的美，是一种多样化的协调美。无论是在室内还是室外，当没有足够的空间布置一个真正的美丽花园时，容器种植提供了一种既便利又丰富多样的制作迷你花园的手段。容器植物景观是可以搬动的，材料更换方便。正是因为容器种植的这些特点，使它成为近年来流行于欧美，并广受世界各地人民欢迎的植物装饰形式。

一、容器植物景观的特点与应用范围

容器植物景观顾名思义是将观赏植物种植于容器中，通过植物与植物、植物与容器的丰富组合形成多变的景观。近些年来，随着多种种植结构的商业化，容器植物景观的应用日益普遍。

（一）容器植物景观的特点

容器植物景观具有其他种植所不具备的优越性，以经济性而言，组合单元作物养成周期短、成本低、品种多样化、附加价值高；以产品的针对性而言，可针对时令、节庆、对象及价格设计商品；以作品的艺术性而言，花卉立体装饰结合植物、容器、环境空间、人文思想，设计表达手法多样。

种植方便：组合单元作物养成周期短，品种多样化。

环境可调：容器种植使得土壤、光照、水分等条件容易控制。

空间灵活：可利用室内外各种空间。

艺术性强：可进行多样的组合，满足人们永无止境的创意表现。

（二）容器植物景观类型

容器植物景观类型丰富，无论是容器，还是植物材料的选择几乎都是无穷尽的，依据摆放形式可分为以下几种类型：

1. 垂吊式

悬垂于空中，如路灯、屋檐之下的吊篮。

2. 壁挂式

悬垂于空中，一面附壁，如阳台、窗台的花箱、花槽和吊篮。往往以单面观赏为主，多选用植物姿态飘逸、叶形秀美的花卉材料。

3. 摆放式

以直立型花卉材料为主，同时配以少量蔓性植物，可以形成层次多变、高低错落的装饰效果。

二、容器的选择

种花的容器颜色多、质感差异大、形状也多变，容器形式变化多样，但必须与植物和谐搭配。容器内植物材料，特别是主体的选择，要根据容器的大小及高度而定，当然也可以根据植物选容器。

（一）容器的材质

容器花园的容器材质极为丰富，从传统的瓦盆、陶土盆、木盆等，到今天广泛采用的金属盆、塑料盆等。对于材质的选择，最为重要的就是保水透气性及其观赏特性。表9-1 介绍了几种常见材质的特点：

表 9-1 常见容器材质

类型	成本	优点	缺点

陶瓷	高	美观，有光泽	易碎，昂贵，排水不畅，重
陶土	中	美观，自然排水良好	易碎，重
塑料	低	价格低，颜色及形状多样	排水和透气性差，阳光下易老化
金属	中低	重量轻，特色鲜明	易生锈，排水和透气性差
木	中低	自然，大小易调整，排水良好	重，内衬易腐烂
吊篮	中高	体量轻	保水性差

目前应用最多的是塑料和陶质容器，其规格也较齐全。木质容器需到木器厂定做，其他材料市场上供应不多，价格偏高。容器的材料、形状、色彩和风格等是建立它与植物、室内环境和谐关系的基础，一般来说，瓦盆是不直接用于布置的，用木质、柳条或竹子等进行套盆后方可进入室内，在木质地面上布置最富自然韵味；光洁的石质地面宜用陶质和金属容器；塑料容器宜于组合盆栽，形成一种整体氛围。

（二）容器色彩

为突出表现植物丰富多变的色彩，容器的颜色多以素色或暗色为主，如深蓝色的盆器搭配红色的红瑞木枝条；但有时候为鲜艳的植物选择色彩明丽的盆器可得到意想不到的效果，如紫色盆器搭配橙色的硫华菊。

（三）容器形状和大小

容器种植形状丰富，有盆、钵、箱、篮等，具体选择取决于立地条件和选择的植物材料。如在空间有限时，宜选择高而窄冠的容器，以减少地面占用。进行街头绿地的布置时，小型的盆栽花卉无法在如此大的空间里有良好的景观表现。若是单个容器，则高度应控制在 1.2～1.5m 及以上，加上植栽，高度可以达到 1.8～2.0m 甚至更高，才能达到理想的景观效果。若在大面积的草坪上布置容器种植，为避免突兀可以采用几个容器一起，形成一组或者一个系列的容器组合。这种容器组合建议容器风格一致，可以完全相同，也可以同一形式、大小高低错落配置。总体来说，大草坪周边的容器组合，应考虑景观稳定感，适量控制容器高度。

三、植物材料的选择与布置

容器种植景观魅力的体现不仅是造景形式上的别具一格，更依赖于深厚的植物学知识，是对植物生长需求与栽培管理技术的均衡把握。适宜的植物选择和合理的营养土配置不仅能让植物的生命力和感染力展示得淋漓尽致，同时也使养护管理变得简单易行。

（一）植物材料的类型

一般而言，在进行容器种植时，所选的植物分为几大类：主体、中景、前景和垂吊植物。主体植物通常高度较高，具有比较美丽的色彩和株形，是容器种植中的视觉焦点，可分为观花型、观叶型及观果型。观花有春花、夏花、秋花和冬花，如紫薇、桂花、蜡梅等小型乔木，还有穗花牡荆、金叶锦带、醉鱼草等小型灌木。观叶型以观有色叶或变色叶为主，如红枫、鸡爪槭等，还有银姬小蜡、意大利鼠李、朱蕉等新型常绿灌木品种。还有一些高大的宿根和球根花卉如飞燕草、羽扇豆、美人蕉、百合等在容器种植中也表现不凡。

中景植物最为丰富，色彩艳丽，株高在 30～60cm 的植物种类都可采用，这些植物或开花艳丽，或花朵繁茂，或形体优美，或花期长、易养护，是丰富容器景观的重要元素。如黄金菊、荷兰菊等宿根花卉，也有金盏菊、繁星花、香彩雀等一、二年生草花。

前景植物多以矮生植物为主，如雏菊、三色堇、萼距花、矮牵牛等，10～30cm 高度植物大都可以作为前景。

垂吊植物可用于勾勒容器线条，起到延伸植物景观的作用，多用常春藤、蔓长春、蔓性美女樱、垂吊矮牵牛等。

（二）色彩配置

在考虑如何配色时，必须先确定配色效果，然后选择一种色彩作为主体色，以其他色彩作为对比、衬托。一般以淡色为主，深色作陪衬，效果较好。若淡色、深色各占一半，就会使人感到呆板、单调。当出现色彩不协调时，白色介于两色中间，可以增加观赏效果。一个组盆内色彩不宜太多，一般以2～3种为宜，同时还应考虑到组盆色彩与周围环境（景物）的色彩相协调。

（三）观赏期

提起观赏期，不可回避的就是成本问题。如果不考虑成本，可以不间断地更换时令花卉，以满足最好的景观效果。若考虑成本问题，则应多选择一些观赏期长的植物，尤其是彩色叶植物及观赏草类。观赏草的观赏性大体上来说，形态飘逸、线条明快、绿量大，还拥有不同的叶色；主要以春夏季观叶，秋冬季观穗为主；全年根据季节不同，可以展现不同的景观特色。正因为这样，以观赏草作为主材的组合盆栽，就可以满足长时间观赏的要求，不用定期更换品种，可降低栽植以及更换等方面的成本。

第六节　绿墙景观设计

随着城市的发展，绿地与建设用地的矛盾日益突出，绿墙作为新兴的绿化方式具有占地面积小，景观效果突出的特点，在城市中的应用日益普遍。

一、绿墙的涵义和特点

广义上的墙体绿化指的是垂直于或者接近垂直于水平面的各类建筑物的内外墙面上，或与地面垂直的其他各类墙面上进行的绿化。狭义的绿墙指的是先在建筑墙面上安装骨架，将植物种植在种植槽、种植块或者种植毯内并安装在骨架上，这种形式更加灵活，既可用于室内也可用于室外。

二、绿墙的类型

（一）攀缘植物类绿墙

在需要绿化的墙面下，沿着墙角种植爬山虎、五叶地锦、凌霄、扶芳藤等有吸盘或者气生根的攀缘类植物。近年来，传统的方式也发生了变化，对于高层建筑或者一些不利于攀缘的墙面，可以设置如二维或者三维网格系统提供种植空间和攀缘面。

（二）种植槽式绿墙

种植槽墙体绿化是较早期的绿墙做法。绿墙建造时，先在距离墙面几厘米或者直接贴在墙面搭建与墙面平行的钢制骨架，安装滴灌或者其他灌溉系统，最后将种好植物的种植槽放入骨架的空格中，或者直接在建筑墙面上安装人工基盘实现墙面绿化。它的优点是保水性好，但基建和管理费用较高，植物生长不够茂密的时候易露出支撑结构。

（三）模块式绿墙

模块式绿墙在方形、菱形、圆形等单体模块上种植植物，待植物生长好后，通过合理的搭接或绑缚固定在墙体表面的不锈钢或木质等骨架上，形成各种形状和景观效果的绿化墙面。单元模块由结构系统、种植系统和灌溉系统构成，结构系统是“绿墙”的骨架，灌溉系统就是“绿墙”的血管。模块式绿墙的结构系统简单，施工速度快，植物更换方便，景观效果突出，可以用于大面积高难度的墙面绿化，是近年来最常用的结构类型。但绿化模块需确保结构稳定、安装牢固，有时还需要工程师按照风载大小和绿化模块的重量进行严格计算，成本和施工要求较高。

（四）种植袋式绿墙

种植袋式绿墙系统由种植袋、灌溉系统、防水膜、无纺布构成，不需要建造钢制骨架。在做好防水处理的墙面上直接铺设软性植物生长载体，比如毛毡、椰丝纤维、无纺布等，植物可以连带基质直接装入种植袋，实现墙面绿化。灌溉系统主要采用渗灌和滴灌。优点是支撑结构的自重轻，成本低，施工方便，形成效果快。缺点是保水性差，对防水膜的要求很高。

三、植物材料的选择

（一）选择的原则

1. 植物的选择以多年生常绿观叶植物为主

考虑到植物绿墙植物的群落稳定性以及观赏性与种植成本，室内外绿墙均以常绿的观叶植物为主，适量配置观花植物。

2. 选择体积小根系浅、须根发达的轻质植物

考虑到植物绿墙的施工可操作性和施工后的安全性，单体植物材料的体量通常相对较小。

3. 选择抗性强、适应性强，养护管理简单的植物

室外绿墙要选择耐寒、耐热、耐贫瘠、抗风、适应性强、滞尘减噪能力强的植物材料，应以乡土植物为主。室内绿墙要选择喜阴、耐阴的植物，在北方由于冬季室内取暖的影响，还需要注意选择耐低空气湿度的植物。

4. 选择生长速度和覆盖能力适中的植物

植物生长速度过快会挤压周边植物的生长空间，并增加承重系统的负担，生长过慢则无法覆盖承重和灌溉结构，影响景观效果。

5. 选择具有较高观赏价值的植物

绿墙的主体植物往往是植株低矮、枝叶纤细、质感细腻的植物以形成整体效果，但也会搭配形体、线条、色彩、亮度等观赏效果突出的植物材料。

（二）常见植物类型

1. 小叶低矮草本植物

绿墙中作为图案基底的材料，是绿墙植物最重要的类型。这类植物通常具有生长势一致性高、植物低矮、枝叶细密等特点。常见的如蕨类植物，佛甲草、垂盆草、胭脂红景田等景天科植物，五色苋、天门冬等。

2. 观花低矮草本植物

选择植物低矮、开花鲜艳、花期一致的植物材料形成鲜艳的图案效果。常见如三色堇、角堇、四季秋海棠、矮牵牛、洋凤仙等。

3. 低矮灌木

在室外绿墙中，经常选择植物低矮、枝叶密度高、适应性好的木本植物作为主体材料，室内绿墙中考虑到光照条件的限制，仅在局部使用。常见如海桐、大花六道木、‘金

森’女贞、小叶女贞、小叶栀子、黄杨、红花檵木、六月雪、鹅掌柴、紫金牛、朱蕉等。

4.大叶植物

在绿墙中常局部使用，形成视觉焦点。常选择叶型较大、视觉效果突出、色彩鲜明的植物材料，如大吴风草、绿萝、春芋、安祖花、花叶芋、鸟巢蕨等。

5.悬垂性植物

在绿墙中，有时会选择具有一定悬垂性的材料，这类材料往往生长迅速，可以快速遮挡承重和灌溉系统。常见的如吊兰、常春藤、络石、花叶络石、花叶蔓长春、扶芳藤等。

四、绿墙植物景观设计

植物绿墙的设计首先要契合设计场所的总体风格，找出适合周围环境的整体绿墙造型，再根据气候及微气候条件选择适宜的植物，是一个由大场景到小个体的深入过程。

（一）色彩配置

绿墙的配色方案通常以绿色作为主题色，然后选择几种其他色彩作为对比、衬托。在实际应用中，绿色由于植物本身色彩的差异以及叶片质感的不同也形成了明暗深浅的微妙变化，设计时应注意利用这种差异，避免出现大面积使用同种植物，造成呆板、单调的感觉。一个绿墙内色彩不宜太多，一般以2～4种为宜，色彩太多会给人以杂乱无章的感觉。同时我们还应考虑到绿墙色彩与周围环境（景物）的色彩相协调。

（二）图案设计

在绿墙内部的图案设计中常见的有规则式、曲线式、绘画式和自然式几种类型：

1.规则式

最为常见的规则式以几何形的图案为主，追求规则感和秩序感，花草和灌木经过人工的修剪，整齐的边缘和规则的质感给人干净和清爽的感觉。直线型的色带的设计是最常见的图案形式。这种形式可与规则的几何形建筑相统一，常用于比较正式的场所。

2.曲线式

采用自然流畅曲线，常采用一种植物形成一个色带，不同色带不仅仅是色彩的差异，在植株高低、叶片质感等各方面都有差异，形成错落有致、层次分明的效果。法国著名的绿墙设计大师Patrick Blanc的设计中经常采用这种形式。

3.绘画式

绘画式的设计往往采用绘画式的布局，具有明确的构图，若能借鉴经典的传统名画，更能激发观赏者的兴趣。但由于植物材质的限制，绘画式在进行创作时要进行画面的简化处理，如辰山植物园的绿墙主题是莫奈的睡莲，采用了大面积的绿色植物形成底色，间或点缀旱金莲、矾根、紫叶酢浆草等圆叶植物形成睡莲的意向。

4.自然式

自然式的设计没有明确的图案，而是仿造植物在自然界的群落状态，根据美学的基本原则，将性状、质感、色彩、形态不同的植物材料自由组合，形成仿自然之形、传自然之神的整体设计。自然式绿化不追求植物墙质感的精细，植物按照自身的形态和生长规律长成，形成绿化效果。

（三）植物形态的设计

绿墙的设计要综合协调植物丰富的色彩美、形体美、线条美和质感美。植物的形态是各种点、线、面的结合，通过点、线、面的相互作用，就产生了丰富的形态语言。叶型和大小的差异会带来不同的观赏效果，细软的条形叶可以营造流水般的美感，质地硬挺的条形叶则充满张力；圆形叶俏皮可爱；戟形叶轮廓鲜明，可以成为视觉焦点。还可以利用植物鲜艳的叶色、纷繁的花朵、丰硕的果实、奇异的气生根等丰富景观。在植物绿墙设计时，要注意不同植物形态间的对比与调和以及轮廓线的变化，才能构成美妙的画面。

（四）绿墙植物的环境与植物的生态习性

室外绿墙由于布置于建筑立面，日照时数、光照强度、温度、风向及风速等气象条件在不同朝向时差异巨大，因此植物的选择和总体设计有着不一样的要求。建筑南立面是建筑物主要的景观面，白天日照非常充足，几乎全天都有日光直射，墙面受到的热辐射量大，形成特殊的小气候，延长了植物生长季。南立面绿墙植物适合选用花灌木等观赏价值较高、耐热、耐干旱的材料。建筑北立面处于阴影中，光照时间段，环境温度较低、相对湿度较大，冬季风速高，不利于植物过冬。垂直绿化适合选择耐阴、耐寒植物，考虑到北立面是北方冬季风的主要迎风面，垂直绿化植物不宜选择枝干或外形太过伸展的植物。建筑东立面日照量比较均衡，光照温度的日变化相对较小，环境条件较为温和，适宜的植物种类较多。建筑西立面西晒严重，日温差大，西立面垂直绿化以防止西晒为主，适合选用喜光、耐燥热、不怕日光灼伤的植物，常常形成大面积的绿化遮挡强烈的日光照射。

室内绿墙由于处于室内环境，没有明显的四季变化，可以选择一些在本地区无法露地越冬的植物，丰富当地的植物景观。但室内环境通常光照不足、昼夜温差小、通风较差，也会影响植物的生长。在北方，还需考虑冬季室内采暖季空气湿度较低，对一些喜高空气湿度的亚热带和热带的观叶植物生长不利。

除了了解绿墙植物生长的总体外环境，设计时需了解并掌握群落内各种植物的性状、生长高度、冠幅、生长速度、根系深浅，才能使绿墙植物群落生长稳定，形成稳定的良好景观。尤其要考虑相邻植物的生长势和生态习性的一致性。长势过快，如在华东地区的室外绿墙种小叶栀子、海桐会挤压覆盖到其他植物，影响绿墙图案的完整性和清晰度，也增加了绿墙系统的承载负担；长势过差，植物不能完全覆盖基质土和种植槽，景观效果差。

（五）观赏期

绿墙的主体是常绿植物，考虑到成本，绿墙的主体部分应具有较长的观赏期，但局部材料可以随时更换，这也正是绿墙造景的优势。可以利用植物随季节变化而开花结实、叶色转变等来表达时序更迭，形成四季分明的季相景观。春季以观花为主，可用三色堇、角堇、美女樱等；秋季可以增加彩叶植物的应用，如彩叶草、红花檵木、金叶大花六道木等。

第十章　水体园林植物景观设计

水是自然界中分布最广、最活跃的因素之一，它在地质地貌、气候、植被及人类活动等因素配合下，可形成不同类型的水体景观。或以静态的水出现，如湖泊、池塘、深潭等，常用曲桥、沙堤、岛屿分隔水面，以亭榭、堤岛划分水面，以芦苇、莲、荷、茭白点缀水面，形成亭台楼阁、小桥流水、鸟语花香的意境。或以动态的水出现，如溪流、喷泉、泻流、涌泉、叠水、水墙等，常与人工建筑动静结合，创造出浓郁的现代生活气息。园林中的水景不仅仅指水体，周围的植物配置也是构成水景的一个重要部分。

第一节　各类水体园林植物景观

水体植物景观设计范围为水域空间整体，包括水陆交界的滨水空间和四周环水的水上空间。根据水域空间的地域特征可分为滨水区、驳岸、水面、堤、岛、桥等几个部分。水体按照平静、流动、喷涌、跌落等存在状态可分为湖泊、池塘、溪流、泉、瀑布等形式，不同形式的水体对植物配置的要求也不同。

一、河流

河流是陆地表面成线形的自然流动的水体。可分为天然河流和人工河流两大类，其本质是流动的水。河流自身的一些特性，如水的流速、水深、水体 pH 值、营养状况及河流底质都会影响其植物景观。

（一）园林中河流的主要类型

1. 自然河流

自然河流是降到地表的雨水、积雪和冰川的融水、涌出地面的地下水等通过重力作用，由高向低，在地表低处呈带状流淌的水流及其流经土地的总称。园林中的自然河流通常仅限于在大型森林公园或者风景区内，了解其形态特征和植被特色有助于人工河流的绿化。

自然河流由于土质情况和地貌状况不同，在长期不同外力的作用下，一般呈现蜿蜒弯曲状态。水流在河流的不同部位，会形成不同流速。水湾处往往流速较为缓慢，有利于鱼类及相关水生动植物的栖息和繁衍。流速快的自然河水不利于植物在土壤中的固定，因而大部分区段河流内栖息地都鲜有植物分布，一般只在水流比较缓慢的区段，如水湾、静水区、河流湿地中生长大量的水生植物。

2. 城市人工河流

城市人工河流是人类改造自然和构建良性城市水生态系统的重要措施。一般来说，城市人工河道主要是为了泄洪、排涝、供水、排水而开挖的，河流形态设计的基本指导思想是有利于快速泄洪和排水，有利于城市引水，因此，人工河流形态与自然河流相比，河道断面形式要简单得多，人工河流纵向一般为顺直或折弯河道形态，很少为弯曲河道形态。城市人工河流多结构简洁，水体基本静止，水中的溶解氧含量很低，不利于大多数水生植物的生长繁育和水体的自净化。

3.园林中的溪涧

溪涧是园林中一类特殊的河流形式。《画论》中曰“峪中水曰溪，山夹水曰涧”，由此可见，溪涧最能体现山林野趣。在自然界中这种景观非常丰富，但由于自然条件限制，在园林中多为人工溪流。园林中的溪流可以根据水量、流速、水深、水宽、建材以及沟渠等进行不同形式的设计。溪流的平面设计要求线形曲折流畅，回转自如，水流有急有缓，缓时宁静轻柔，急时轻快流畅。园林中，为尽量展示溪流、小河流的自然风格，常设置各种景石，硬质池底上常铺设卵石或少量种植土。

（二）自然与人工河流植物景观营造

河流园林植物景观中植物集中种植于狭长的河道及河道两侧，形成线性景观，可构成城市独具特色的廊道。从观赏者的角度来说，因眺望的视点不同，可分为纵观景、对岸景和鸟瞰景 3 种类型：纵观景是从桥等处沿河流方向平行眺望所见景观；对岸景是从堤岸处与河流流向近乎垂直的方向眺望对岸所见的景观；鸟瞰景则是把河流范围尽收眼底所形成的景观，视点位置较高。

河岸植被的宽度同河流的大小有关，一般来讲，河流越小，河岸植被宽度越窄。有研究认为，河岸带植被宽度大于 39m 时河岸带最优，在 15～39m 之间时较好，不能低于 7m。由于影响河岸带植被宽度的因素很多，一般说来它主要取决于河流的类型、地质、土壤、水位以及相邻土地的使用情况等。城市河流两侧通常建筑物密集，绿地多呈狭长形，对于植物景观的营造稍显局促，不似湖面那么开阔。对于河面比较窄的滨河绿地，如北京的京密引水渠、长河、元大都城垣遗址公园、护城河、苏州虎丘环山河等，其植物景观多从纵观景来考虑，强调纵向线性空间上植物景观的变化与节奏，如形成桃红柳绿、海棠花溪等景观。对于河面相对较宽的滨河绿地，如合肥环城公园的包河景区、北京的潮白河等，其植物景观除了纵观景，在对岸景上也可以处理得比较丰富，两边多植以高大的植物群落形成丰富的林冠线和季相变化，也可配置枝条柔软的树木，如垂柳、乌桕、朴树、枫杨等，或植灌木，如迎春、连翘、六月雪、紫薇、木芙蓉等，使枝条披斜低垂水面，缀以花草，亦可沿岸种植同一树种。而以防汛为主的河流，则以配置固土护坡能力强的地被植物为主，如禾本科、莎草科的一些植物以及紫花地丁、蒲公英等。鸟瞰景，往往在河流周围有山体、高架路面和高层建筑时才可实现，需要加强对植物景观整体的林冠线和林缘线的考虑。河流两岸带状的水生植物景观要求所用植物材料高低错落，疏密有致，能充分体现节奏与韵律，切忌所有植物处于同一水平线上。

（三）溪涧园林植物景观

对于溪涧景观而言，水体的宽窄、深浅是植物配置重点考虑的因素，其配置风格有两种。

第一种是以展现植物景观为主，溪涧旁密植多种植物，溪在林中若隐若现，为了与水的动态相呼应，配置及园林植物选择上应以“自然式”和“乡土树种”为主，管理上较为粗放，任其枝蔓横生，显示其野逸的自然之趣。林下溪边配喜阴湿的植物，如蕨类、天南星科植物、黄花鸢尾、虎耳草、冷水花等。这种方式在东西方园林中都较为常见，如花港观鱼公园著名的花溪，花溪岸线曲折，水势收放有致，两岸植以高大的枫杨、合欢、珊瑚朴、柳树等乔木予以遮阴，树下植以各种各样的花灌木，如杜鹃花、山茶、海仙花、木芙蓉、紫薇、紫荆、臭牡丹、八仙花、金钟花、云南黄馨等。春暖花开之时，柳条轻拂，繁花似锦，水中各色锦鱼轻吻残花，整条花溪花影婆娑，生机无限。但在某些情况下，小小溪流，无须做太多种类的植物配置。如曲院风荷公园的芙蓉溪，只突出荷花，国外也有只种植鸢尾的花溪，一种植物就足以形成个性强烈、独具风格的水景，是一种事半功倍的植物造景手法。在西方岩石园设计中，不仅展现岩石及岩生植物景观，还选择恰当的沼泽、水生植物，展示高山草甸、牧场、碎石、陡坡、峰峦、溪流等多种自然景观，大型的自然式岩石园中多有丰富的溪流景观。溪涧通常与小型的瀑布、跌水结合，蜿蜒曲折，大量开花的小型水生和沼生植物沿岸铺陈。

第二种方式针对体量较小的溪涧，为突出水体景观，一般选择株高较低的水生植物与之协调，且量不宜过大，种类不宜过多，只起点缀作用。一般以香蒲、菖蒲、石菖蒲、海寿花等点缀于水缘石旁，清新秀气。对于完全硬质池底的人工溪流，水生植物的种植一般采用盆栽形式，将盆嵌入河床中，尽可能减少人工痕迹，体现水生植物的自然之美。

三、湖泊

湖泊面积较大，给人以宁静、祥和、明朗、开阔的感觉，有时可产生神秘感。湖泊不仅面积大，水面平静，它在自然环境中给人们留下的阔达、舒展、一望无际的胸怀感等更加让人陶醉。这些明显的审美特征是湖泊区别于其他水景的关键，园林植物的应用也应突出这些审美特征。在中国古典园林系统中，以湖而著名的园林或风景区不少，如济南的大明湖，扬州的瘦西湖，颐和园的昆明湖，避暑山庄的湖泊组群。它们或为人工湖，或为自然湖，为水泥构筑的城市景观带来了生机和美丽，为忙碌的市民提供了游览、休息的场所。

水面开阔的湖泊，给人们宁静的感觉。湖泊水体光效应产生的倒影和色彩，使人思绪无限。湖面与湖中的景物亦可成为人们的视觉焦点。湖泊植物的配置要注意 3 点：一是要突出季相变化；二是要以群植为主，形成多样化的植物群落；三是要注重群落林冠线的变化和色彩的搭配。

西湖位于杭州市区西面，水域面积 $5.66km^2$，苏堤、白堤和杨公堤把全湖隔为外湖、里湖、岳湖、西里湖和小南湖及茅家埠等几个部分。西湖各景区植物景观，以群体景观为主，进行了合理的景观分区，显示出不同的景观特色。在西湖北岸，将断桥西侧水体和岳湖作为大面积种植荷花的区域，形成接天莲叶无穷碧的美景，突出荷文化与夏景；湖畔种植树冠浑圆、体量较大的悬铃木与开朗的水体空间形成呼应。西湖东岸种植了大片垂柳，形成柳浪闻莺景观，并通过水体空间布局和色彩对比，强化水生植物配置的远近观赏效果。西部的茅乡水情则依据其自然水域的特点，大量种植乡土的湿地植物，营造出野趣浓郁的生态景观。英国的谢菲尔德公园以绚烂的植物景观而知名，4 个湖面的种植设计各有特色。第一、二湖面以北美红杉、欧洲云杉、圆柏等高大的常绿植物作为背景，大量种植彩色叶和秋色叶植物，如常年异色叶植物红枫、金黄叶美国花柏，季相变化丰富的树种如卫矛、杜鹃花、落羽杉、水松等，秋景绚烂，形成热烈欢快的气氛。

林冠线是植物群落立面的轮廓线，当视线与岸线垂直时，林冠线的高低变化成为视觉景观的首要方面。西湖植物配置的另一特色是通过植物灵活调整湖岸线条的变化。大面积水域湖面宽广，视野辽阔，这时水面就会变得有点平直，但变化的林冠线及水际线可打破这种呆板。西湖在水体中设堤、岛，增添了水面空间的层次感；在湖东岸及白堤种植低垂水面的垂柳；湖面中心苏堤种植悬铃木、樟树、无患子及大叶柳等树冠浑圆的树种，林冠线柔和变化，与大水面相协调，形成开朗宁静的景观气氛；湖西岸则多水杉、池杉等树形峭立的树种，林冠线有明显的尖锐角度变化，与西湖西侧稍显狭窄的水面相协调，同时树荫下轻拂水面的蔷薇、云南黄馨、金钟花等灌木又柔化了水岸线，丰富了色彩。

三、池塘

湖泊是指陆地上聚积的大片水域，池塘是指比湖泊细小的水体。界定池塘和湖泊的方法尚有争议。一般而言，池塘体量小，不需使用船只渡过。池塘的另一个定义则是可以让人在不被水全淹的情况下安全渡过，或者水浅得阳光能够直达塘底。池塘两字常连用，亦说圆称池，方称塘。通常池塘都没有地面的入水口，都是依靠天然的地下水源和雨水或以人工的方法引水进池。池塘是个封闭的生态系统，与湖泊有所不同。

（一）园林中池塘的类型

1.自然式池塘

自然式池塘是模仿自然环境中湖泊的造景手法，水体强调水际线的自然变化，水面收放有致，有着一种天然野趣的意味，多为自然或半自然形体的静水池。人工修建或经人工改造的自然式水体，由泥土、石头或植物收边，适合自然式庭院或自然风格的景区。

2.规则式池塘

规则式池塘一般包括在几何上有对称轴线的规则池塘以及没有对称轴线，但形状规整的非对称式几何形池塘，中外皆有。西方传统园林的规则式池塘较为多见，而中国传统园林中规则式多见于北方皇家园林和岭南园林，具有整齐均衡之美。如故宫御花园浮碧亭所跨的池塘、北海静心斋池塘都是长方形的；东莞可园、顺德清晖园，其池塘也呈曲尺形、长方形等几何状。规则式池塘的设置应与周围环境相协调，多用于规则式庭园、城市广场及建筑物的外环境装饰中。池塘多位于建筑物的前方，或庭园的中心、室内大厅，尤其对于以硬质景观为主的地方更为适宜，强调水面光影效果的营建和环境空间层次的拓展，并成为景观视觉轴线上的一种重要点缀物或关联体。

3.微型水池

这是一种最古老而且投资最少的水池，适宜于屋顶花园或小庭园。微型水池在我国其实也早已应用，种植单独观赏的植物，如碗莲，也可兼赏水中鱼虫，常置于阳台、天井或室内阳面窗台。木桶、瓷缸都可作为微型水池的容器，甚至只要能盛30cm水的容器都可作为一个微型水池。

（二）池塘园林植物景观营造

池塘面积较小，所形成的空间与人体尺度较为合宜，令人感到亲切，而且在设计中也易于控制池塘周边的环境，营造出具有某种气氛的独立空间。

1.自然式池塘园林植物景观营造

园林中池塘极为多见，与大型湖泊不同，小型的池塘在植物配置时主要考虑近观效果，更注重植物个体的景观特色，对植物的姿态、色彩、高度有更高的要求，如黄花鸢尾、水葱等以多丛小片栽植于池岸，疏落有致，倒影入水，富于自然野趣，水面上再适当点植睡莲，丰富了景观效果。

在中国古典园林中，渊潭是一类特殊的水池，不取水之安和，而求意之深寂。“一泓秋水照人寒”（清·沈复），“山光悦鸟性，潭影空人心。万籁此俱寂，但余钟磬声。”（唐·常建），这种意境是非常超脱凡俗、引人遐想的。渊潭通常在水面不种植物，而在其上种植大型乔木，岩上挂藤取其隐蔽，更显深远。

2.规则式池塘园林植物景观营造

中国传统的古典园林中规则式池塘周围通常都是垂直岸壁，种植极少，或只在池塘中种植几株睡莲加以点缀。而在欧洲园林中，规则式池塘的种植有几种形式。一种是水镜面的设置，平静的水面，产生倒影，如同镜子一般，俗语称“水平如镜”。以这种观赏效果为目的的水体，称为“镜池”。西方园林中的镜池通常面积较大，形式规则，强调倒影景观和反射效果。要使水体反射效果好，水体的水平面必须高而边岸低，水面积大且暴露，外形简洁，同时，水体须色深光暗而水面倒影明显。要做到这点，有两种方法：一是加大水深；二是加深水池底面和边岸的色彩。所以常在水镜面周围种植深绿色的树篱，保持驳岸的简洁，除草坪外几乎不种植其他园林植物。对于面积较大，与建筑有轴线关系的规则式池塘，也可进行规则式的栽植，但在园林中，这种形式并不常见，因为水生花卉的株形通常不够规整，很难形成整齐划一的效果。面积较小的规则式池塘周围也常进行自然式的种植。通过池岸丰富的植物，如选择叶片较大型或者匍地生长的植物，如迎春、观音莲等柔化僵硬的驳岸线条。有时池岸的种植并不是覆盖整个池塘边缘，如日历花园在其中心的圆形规则式池塘周围种植了 4 个小花境，分别代表春夏秋冬 4 个季节，构思别具一格。

3.微型水池园林植物景观营造

对于微型水花园，首先是选择适宜的容器，容器要求不漏水，深度超过 20cm。尽量选择内饰颜色深的容器，如深绿色、黑色，因为深色调在视觉上会加深水体深度，并能够遮掩藻类生长的痕迹。在各种容器中，盆和桶最容易与庭园的景色融合，它们通常由自然材料制成，与传统栽培以及特色风景能够很好地结合，表现质朴的乡村风格。上釉的水坛或水罐则表现得比较正式，釉面的图案可以与植物一起更好地烘托主题。天然的石槽最容易与植物配置相协调，如寥寥数株鸢尾与矮灯心草等配合使用能够形成小水池。还有明亮的金属槽，配以色彩明快的图案，甚至可以营造出具有迷幻色彩的水景。容器可以放在地面上，也可以埋在地下，即陷地槽。陷地槽因为放置在地下，不容易受霜冻，在使用中只需要注意水的深度和总量是否能够满足要求，其表面形状、质地等都不重要，因此在使用上更加随意。在摆放时需要注意，水生花卉通常喜光照，应保证不少于6h 的直射光。

微型水池通常选择的植物种类并不多，一般为 3～5 种，选择一种竖线条的植物，如菖蒲、花鸢尾甚至美人蕉作为景观的背景；前方种植浮水植物，通常选择观赏价值高的水生花卉，如睡莲、荇菜等；沉水植物也是必要的。不需要将整个容器都种满，过于拥挤常使水景看上去很混乱，不论植物种类和数量多少，所有植物应该形成统一的风格。静态水景还有另外一种形式，即容器式沼泽景观。容器不装满水，而是装肥沃的腐殖质，只需要保持湿润，可种植玉簪、鸢尾、落新妇、海芋等沼生植物。

四、喷泉与瀑布

喷泉是一种自然景观，是承压水的地面露头。在众多的水体类型中，泉的个性是鲜明的，可以表现出多变的形态、特定的质感、悦耳的音响……综合地愉悦人们的视觉、听觉、触觉乃至味觉，如济南趵突泉。但在园林中常见的是人工建造的具有装饰功能的喷泉。从工程造价，水体的过滤、更换，设备的维修和安全角度看，常规的喷泉需要大区域的水体，但却不须求深。浅池的缺点是要注意管线设备的隐蔽，同时也要注意水浅时，吸热大，易生藻类。喷泉波动的水面不适合种植水生植物，但在喷泉周围种植深色的常绿植物会成为喷泉最好的背景，并形成更加清凉的空间气氛。

瀑布有两种主要形式：一是水体自由跌落；二是水体沿斜面急速滑落。这两种形式因瀑布溢水口尚差、水量、水流斜坡面的种种不问而产生千姿百态的水姿。在规则式的跌水中，植物景观往往只是配角。而在自然式园林中，瀑布常以山体上的山石、树木组成浓郁的背景，同时以岩石及植物隐蔽出水口。瀑布周围的植物景观通常不宜太高，而密度较大，要能有效地屏蔽视线，使人的注意力集中于瀑布景观之上。由于岩石与水体颜色都较为暗淡，所以瀑布周围往往种植彩叶植物增加空间的色彩丰富度。

五、沼泽与人工湿地

（一）沼泽景观的营造

沼泽是平坦且排水不畅的洼地，地面长期处于过湿状态或者滞留着流动微弱的水的区域。20世纪60年代兴起的环保运动使景观设计师在理论上提出景观设计中应保护和加强自然景观的概念，并进一步将这种思想付诸实践。如种植美丽的未经驯化的当地野生植物，在城市中心的公园中设立自然保护地，展现荒野的景观。沼泽园仿照沼泽的立地条件，展现沼生和湿生花卉景观，其中湿生植物是沼泽园的最佳选择，如花菖蒲、泽泻、慈姑、海芋、千屈菜、梭鱼草、小婆婆纳等。

沼泽是一类能令人领略到原始、粗犷、荒寂和野趣的大自然本色的景观。大型沼泽园在组织游线时常在沼泽园中打下木桩，铺以木板路面，使游人可沿木板路深入沼泽园，去欣赏各种沼生植物；或者无路导入园内，只能沿园周观赏。而小型的沼泽园则常和水景园结合，由中央慢慢向外变浅，最后由浅水到湿土，为各种水生、湿生植物生长创造了条件。具有沼泽部分的水景园，可增添很多美丽的沼生植物，并能创造出花草熠熠、富有情趣的景观。

（二）人工湿地

从生态学上说，湿地是由水、永久性或间歇性处于水饱和状态的基质，以及水生植物和水生生物所组成的，是具有较高的生产力和较大活性、处于水陆交接处的复杂的生态系统。而人工湿地则是一种由人工建造和监督控制的，与沼泽地类似的地面，它利用自然生态系统中的物理、化学、生物的三重协同作用来实现对污水的净化。起初人工湿地主要局限于环境科学领域的研究和实践中，但近年来湿地和人工湿地逐渐被引人到景观规划设计中，如成都的活水公园、北京中关村生命高科技园区的湿地景观等。

目前人工湿地多种植挺水植物，挺水植物在人工湿地中起到固定床体表面、提供良好过滤条件、防止淤泥堵塞、冬季运行支撑冰面等作用。常用的挺水植物有芦苇、香蒲、灯心草等；浮叶植物有凤眼莲和浮萍等。人工湿地中的植物选择日益倾向于具有地区特色及对污染物有吸收、代谢及积累作用的品种。如成都活水公园人工湿地塘床系统栽培有香蒲、芦苇、灯心草、伞草、马蹄莲、凤眼莲、浮萍、睡莲等近30种湿地植物，并由此形成含有高、低等生物的生物群落，与系统各湿地单元共同构成了较为完整的具有净化污水功能的生态滤池。

第二节　水体空间植物造景原则

一、生态性原则

在水体空间植物造景应先从生态的角度进行植物的选择和配置。首先要做到因地制宜，根据场地的水文及气候环境，依据各类植物的生态习性选择适宜的植物，保证植物景观的稳定性。其次植物群落应形成合理的空间和时间结构，具备水体净化、景观和为其他生物提供庇护场所等多样化的功能。

二、生物多样性原则

水体空间是园林中生物多样性最高的区域，滨水植物也是恢复城市生物多样性的重要手段。水体空间植物造景应遵循物种多样性的原则，借鉴自然植物群落，选取多种不同的植物进行混交，形成陆生植物—湿生植物—水生植物逐级渐变的植物景观。其中常绿与落叶搭配，挺水植物、浮水植物与沉水植物交替种植，这样才能使植物群落的生态稳定性得到增强，营造出更适宜动植物生存的生态环境。在重视多样性的同时，滨水空间的植物选择应坚持适地适树的原则，以乡土植物为主，并辅以其他多种优良外来树种，形成丰富的植物群落。

三、空间层次丰富原则

不同的水体，植物配置的形式也不尽相同；植物空间要依据水体的体量、水岸线的形状、水深、水体流动速度及周围的环境进行调整，避免平淡的单一的植物空间类型，利用植物材料的高度、郁闭度、密度的变化营造开敞式、半开敞式、覆盖式、封闭式和纵深式各种不同的植物空间，丰富观赏者的心理感受。

大面积的水域，多以静态美感为原则，通过植物突出水体的开阔，在植物配置时需充分考虑植物景观的远景效果，常采用面向水面的开放性空间，但也存在小部分封闭空间。大水面周围的种植设计常采用同一植物大量使用，注重林缘线与林冠线的整体变化。小型水体主要考虑近景效果，植物配置着重考虑植物的姿态、色彩、高度等特征，相对而言，以半开敞式和封闭式空间为主，地被植物、小灌木、小乔木以及各类水生和湿生植物相互结合，群落种植搭配较为丰富。小水体种植尤其要强调线条的变化，水平线条和竖直线条的搭配使用可获得里面丰富的层次效果，如水面上常用的香蒲、菖蒲、芦苇之类丛生而挺拔的植物与浮水的睡莲形成对比。

四、注重植物色彩和季相变化

水体景观尤其是静水景观本身往往色调均一、线条简单，因此，水岸植物作为水景的重要视觉界面，常采用花灌木、常年异色叶、秋色叶、草本花卉等具有丰富色彩变化的植物。

早春时，滨水的迎春等花灌木竞相开放；在它们之后，浅水中鸢尾类植物次序绽放；盛夏荷花和睡莲会成为水中的焦点，期间再力花、梭鱼草和花蔺类植物会给景观增添别样的亮色；秋天时分，蒲棒褐黄、芦花摇曳，池边的秋色叶植物最终将水景带入深秋；在冬季，水景虽是平静寂寥，但一些植物岸边的常绿植物和水中残留的枝叶和干花，仍然会产生线条和色彩的变化，尤其在下雪后更富有情趣。

五、注意水生植物的生长控制

水岸植物景观由植物的丰富而多变的色彩、形态、季相来组建，而均质的水体如同陆地的草坪一样成为统一整体色调的天然底色。与草坪相比，植物在水中形成的倒影又为这些景观呈现出更为多姿多彩的情趣，因此保留足够的倒影空间是水岸种植的重要原则。

在水岸植物景观中，水景和水生植物应当相互融合，好的水生植物与水体一起能够给人清澈、明快的感觉，并将水陆交接带进行充实、完善。水面植物不能过于拥挤，一般不要超过水面的三分之一，最多60%～70%的水面浮满叶子或花，以免影响水面的倒影效果和水体本身的美学效果。但许多水生植物有着明显的过度生长倾向，因此在水生植物种植时常需在水面下进行空间限定，保证水面留出足够的空间，使观赏者在欣赏植物美的同时享受水面景观及倒影景观带来的视觉享受。

总之，水岸空间的种植设计要尊重水体独特的生态环境特点，选择丰富多样、生态合理的植物，构建具有综合功能的植物群落，同时要强调水岸植物景观的特殊性，丰富空间层次和色彩变化。

第三节　水缘植物景观设计

水缘的植物配置是水体景观的重要组成部分。平面的水域通过配置各种竖线条的植物，形成具有丰富线条感的构图；水缘植物可以增加水的层次，植物的树干还可以用作框架，以近处的水面为底色，以远处的景色为画，组成一幅自然优美的图画。

水缘植物配置，主要是通过植物的色彩、线条以及姿态来组景和造景。淡绿透明的水色是各种园林景观天然的底色，而水的倒影又为这些景观呈现出另一番情趣，情景交融、相映成趣，组成一幅生动的画面。

一、水缘植物景观空间变化

根据不同层次的植物组合对景观空间特别是垂直面的限定，可将水缘植物空间分为开敞空间、半开敞空间、封闭空间、覆盖空间、纵深空间。这5种空间类型的划分主要以人的视平线高度与植物高度之间的关系为界定标准。通过种植设计形成何种空间主要取决于水面的大小，周围陆地空间的大小以及设计者的构思。

（一）开敞空间

开敞空间最明显的特征是疏朗、空旷。人的视平线高于四周景物的空间是开敞空间。开敞空间主要是由低于视平线的植物所构成的，即使出现高于视平线的植物，也是以孤植、丛植或散植等方法配置的，对视线的遮挡能力很弱，视觉通透性好。

开敞空间具有外向性，多为平视或俯视景观，视野广阔，视线可延伸很远，令人心旷神怡。但如果空间过于开敞，会使景观重点难以突出，导致景观层次单一，缺乏视觉焦点。大型湖面常形成开敞空间，在水面设置小岛，精心配置形成季相变化丰富的群落景观，使其成为视觉中心。

（二）半开敞空间

半开敞空间的特征是一部分垂直面被植物遮挡，阻碍了视线，另一部分则保持通透。半开敞空间方向性较强，指向开敞面，实际上是将视线延伸的方向予以限定，使其向某一特定的方向观视。

从平面布局看，大空间往往是三面被植物环绕，一面临水。这样的空间设计既提供了围合感又能恰到好处地给游人一种开敞的空间感受。在英式园林中用来围合大空间的植被都是片植的高大乔木（如橡树、栎树）而很少种植灌木，这就保障了视觉的通透性，使背景不至于因厚实而显得压抑。所以这种空间给游赏者最大的体验是既开阔又有领域感。

（三）封闭空间

封闭空间的垂直限定面是由高于视平线的植物所形成的。垂直限定面顶部与游人视线所成角度越大，闭合性越强；反之闭合性越弱。如对于一些小型湖泊，水体几乎没有被分隔，由周边的植物和集中式布局的建筑将视线约束在一个以水体为中心的封闭空间内。封闭空间具有极强的隐秘性和隔离感，适于营造某一特定的环境氛围。由于封闭空间的四周被围合，因此并无明显的方向性。

古典园林中常用建筑来封闭空间，如留园的中心水体四面为假山和建筑所环绕，而用植物形成封闭空间则更自然。

（四）覆盖空间

水际空间的顶平面被群植或林植的乔灌木浓密树冠所覆盖，就形成了覆盖空间。覆盖空间可分为内部观赏和外部观赏两种。外部观赏的覆盖空间，植物造景应以视线所及的林地边缘为重点，空间内部可以忽略。对于隔水体远望的覆盖空间而言，由于一般是远观，因此，在设计时应将风景林视为整体，主要考虑林冠轮廓线的形态和风景林的色彩，近观上的树木之间的层次关系并不重要；而位于视点附近的覆盖空间则反之，应精心设计林地边缘的植物群落垂直结构，推敲植物个体之间的形体、色彩、质感等观赏特点，使之统一与协调，以达到较好的景观效果。内部观赏的覆盖空间对植物配置的要求很高，除了空间外缘需具备观赏价值，空间内部也应如此，而且还要注意在林间开辟小路，使游人能够进入覆盖空间之中。

在覆盖空间接近水体的边缘，应重点处理好植物高矮、疏密、间距以及种类的选择等问题，形成视线通透性好的借景或视线被隔断的障景。借景的景观效果是将水景引入视野，吸引游人逐渐穿过覆盖空间到达水体。障景的景观效果是让游人在不知不觉中漫步走出覆盖空间，骤然到达水体，形成由郁闭到开朗的空间感受对比变化；如果能够结合俯视景观运用空间对比变化，效果将更佳。

（五）纵深空间

纵深空间是由基面和两个竖向分隔面形成的狭长空间。由于竖向分隔面封闭了视线，使视线只能沿着某一确定方向延伸，因此具有强烈的导向性和纵深感。河道，尤其是园林中较窄的河道两侧常常通过种植高大乔木形成这种甬道般的空间。岸坡上生长的乔灌木通常密度很大。

二、驳岸植物景观

驳岸作为水陆过渡的界面，在滨水植物景观营造中起着重要作用。不同的驳岸形式为营造滨水植物景观提供了不同的载体，决定了不同的植物景观模式，而且对生物多样性也产生了巨大的影响。

园林驳岸按断面形式可分为规则式和自然式两类。对于大型水体和风浪大、水位变化大的水体以及基本上是规则式布局的水体，常采用规则式直驳岸，用石料、砖或混凝土等砌筑整形岸壁。对于小型水体和大水体的局部，以及自然式布局的园林中水位稳定的水体，常采用自然式山石驳岸，或有植被的缓坡驳岸。

（一）自然式缓坡驳岸

驳岸采用自然土面缓坡入水形式，即湖岸按照水面周边原有的舒缓地形向水中延伸，形成自然岸线，并栽植高低不同的植物，完成水面与陆地的过渡。缓坡驳岸以软质景观与水体相接。从视觉效果看，自然岸坡可使水体与陆地过渡自然，使景观浑然一体，并能使人们获得亲切、舒缓的心理感受。此外，这种缓坡入水的驳岸不仅可以促进植物生长，并适宜自然界的各种生物生存繁衍。

自然式缓坡，适于在水体边缘种植各种湿生植物，既可护岸，又能增加景致。岸边的植物配置最忌等距离，用同一树种，同样大小，甚至整形式修剪或绕岸栽植一圈等形式。应结合地形、道路、岸线自由种植，有近有远，有疏有密，有断有续，曲曲弯弯，自然有趣。园林中自然式土岸边的植物配置，有两种主要类型。第一种是在驳岸处种植一些姿态优美的乔木树种，有些区域岸边植以大量花灌木，以树丛及姿态优美的孤立树为背景，展示丰富的季相变化。第二种类型是以草坪为底色，在岸边种植大批宿根、球根花卉，如落新妇、水仙、绵枣儿、报春属、蓼科、天南星科、鸢尾属植物。

当场地岸壁坡度在土壤自然安息角以内，地形坡度变化在1：5～1：20之间时，可以考虑使用草坪缓坡驳岸，仅用少量植物点缀，这时的景观效果简洁自然，并有扩大水面的作用。

（二）自然式山石驳岸

自然式的石岸线条丰富，优美的植物线条及色彩可增添景色与趣味，而且在功能上，可以使游人在此稍作休憩，坐赏湖光景色。在中国古典园林中，驳岸多为自然式山石驳岸。自然式石岸的岸石有美、有丑，植物配置时要露美而遮丑。驳岸常种植圆拱形的迎春，或者攀爬的薜荔、络石进行局部遮挡，增加活泼气氛。在现代园林中，岸边少为假山，多是简单的水平线条的石矶，水面种植常选择向上的线条，如菖蒲、黄花鸢尾等，形成与水平驳岸的明显对比，驳岸种植则可配置变化丰富的丛植景观。

（三）规则式驳岸

用整齐的条石或混凝土等硬质材料砌筑岸坡，呈现出坚固、冰冷、笔挺的景观效果。人工设计的景观线条呆板，柔软多变的植物枝条可补其拙。细长柔软的柳枝下垂至水面，圆拱形的迎春枝条沿着笔直的石岸壁下垂至水面，遮挡了石岸的丑陋。一些大水面的规则式驳岸很难被全部遮挡，只能用些花灌木和藤本植物，如夹竹桃、迎春、地锦来弥补。另外，还可通过在其前方水体中种植观赏价值高的水生花卉，如荷花、睡莲来转移游人视线，弱化其坚硬感。

通常园林中的水体驳岸并不是一种类型，而是根据具体情况合理安排，太子湾公园的驳岸处理就体现出这种多样性，景观效果丰富。

太子湾公园的水体通过对西湖引水渠的改造积水成潭，环水成洲，跨水筑桥，空间变化极为丰富。驳岸处理主要应用了缓坡入水驳岸、松木桩驳岸、自然式干砌驳岸和块石浆砌驳岸等形式，并结合驳岸形式采用了自然式种植形式。在源头处，模拟自然界的溪涧形成了层层跌水，具有极强的动态性，因此，水面没有栽植植物，只在驳岸的石隙中栽植了迎春、小檗等。引水渠的中部，作为钱塘江向西湖补水的通道，在补水时水位较常水位可增加60cm，且水流速度较快，因此驳岸在常水位以下布置驳毛石坎，随意点缀些许或高或低、或倚或侧、或断或续的石矶、石坎，并在水缘种植了黄花鸢尾、菖蒲、蒲苇等竖线条植物，丰富了景观。

而园中其他水体两岸多呈自然式缓坡延伸入水，其中最富魅力的一部分为逍遥坡景区，此处尽管不是钱塘江向西湖补水的主通道，但在补水时也会受到一定影响，水流速度较快，因此，在岸边打入树桩加固驳岸，同时在面向来水、水流冲刷力量较大的位置种植了大量的黄花鸢尾，岸坡的其余部分星星点点种植了数丛黄花鸢尾作为呼应。作为视觉中心的是仿制倒伏水面的枯木而成的小岛，整体景观以绿色为基调，清新自然，且与背景茂密的乔木林相互烘托、对比，呈现出丰富的景观层次和深邃的山野意境。为了丰富季相与色彩的变化，精心选择了各类高大的背景植物。水体西北侧以玉兰为主，春花如玉，暗香浮动；东北侧筑有一座茅草亭，亭前数棵火炬松，亭后数棵全缘叶栾树，每近夏末，黄花满树；北侧整体种植以乔木为主，通透性较好；南侧的种植则有非常强的空间围合感，采用行植的形式，由北向南依次种植了 4 个层次的植物：第一层为草本层，种植了多种草本花卉，以保证多个季节的景观；第二层为灌木，种植了茶梅，不仅常绿，深秋或早春还可观花；第三层大灌木和小乔木层选择了桂花、紫叶李；第四层以常绿的雪松作为第一层背景，并借助背后九曜山的大量秋色叶植物作为大背景。整个群落景观层次丰富，季相变化显著。

三、岛、堤植物景观

水体中设置堤、岛是划分水面空间的主要手段。堤、岛上的植物，不仅增添了水面空间的层次，而且丰富了水面空间的色彩。

（一）岛上的植物景观

园林中岛的类型众多，大小各异，有可游的半岛及湖中岛，也有仅供远眺、观赏的湖中岛。前者往往体量较大，如北海的琼华岛、颐和园的南湖岛；后者如布伦海姆庄园的伊丽莎白岛。在植物配置时要考虑导游路线，不能有碍交通，要注意通过植物、建筑等形成岛内郁闭空间和水面开朗空间的对比，并应留出透景线。后者不考虑登岛游，仅供远距离欣赏，可选择多层次的群落结构形成封闭空间，以树形、叶色造景为主，注意季相的变化和天际线的起伏。

在英国园林中，由于水面、草坪以及周围林地的整体尺度均较大，在岛上种植植物时，非常注意竖向景观，常种植意大利杨这种树形峭立，如同惊叹号一样能够吸引人视线的树种。而在较小水面上若也设置类似小岛，则应注意竖向景观不宜过于夸张，否则更显水面狭小，植物选择时往往选择水平线条，具有明显亲水性的种类。杭州花港观鱼处半岛群落面积约 170㎡，三面临水，为人造土石小岛上的滨水植物景观。为了突出景观的古朴、优雅，主要材料的选择重姿态、重风骨，模拟自然，或倾斜，或偃伏水面，颇为入画，而丰富的藤蔓类植物与假山相配，则使该组植物更具自然韵味，季相搭配上恰到好处，富于变化。春有红枫、紫藤，夏有黄菖蒲、石蒜，秋有鸡爪槭，冬有梅花、枸骨，加上一年四季都可观赏的黑松，使得整个景观既富于变化，又不乏统一。

（二）堤、桥的植物景观

杭州的苏堤、白堤，北京颐和园的西堤，广州流花湖公园及南宁南湖公园都有长短不同的堤。园林中，堤的防洪功能逐渐弱化，往往是划分水面空间的主要手段，常与桥相连，是重要的游览交通路线。堤作为主要的游览道路，植物首先以行道树方式配置，考虑到遮阴效果，选择树形紧凑、枝叶十分茂密、质感厚重者。考虑到有人为活动进行，选择分枝点高的乔木，还要留出相对私密的小空间供人休息。杭州苏堤沿水面种植“一株杨柳一株桃”，形成了非常有韵律感的景观，而内部在配置方式上则采用自然式，形成开合有致、“幽、野、艳”的风格。上层高大乔木如樟树、无患子、重阳木等，不仅起到了延长空间的视觉效果，强化了进深感，而且使林冠线更趋浑圆丰满，成为桃柳岸的最佳背景。道路两旁铺设草坪，其上种植各式花木如玉兰、日本晚樱、海棠、迎春、桂花等。在某些地段，以两三棵樟树或大叶柳围合成覆盖空间，放置座椅供人休息、观水。

“枯藤老树昏鸦，小桥流水人家”，“朱雀桥边野草花，乌衣巷口夕阳斜”，“水底远山云似雪，桥边平岸草如烟”，桥几乎成了水体景观中一个必不可少的组成部分，它们高悬低卧、形态万千，有的古朴雅致，有的时尚大气，有的宛如玉带，有的形似蛟龙。由远处观水景时，桥及桥头的植物配置往往成为视觉的焦点、画面的重心，因而对于桥来说，植物景观常常起到一个衬托及软化的作用。

对于紧贴水面的平桥类，常常辅以水生植物，如荷花、睡莲、芦苇、香蒲等，具体种类视桥的风格和滨河绿地整体风格而定，以丰富水面层次，使桥体与水面的衔接不那么生硬，上方乔木或有或无。若有较大乔木，则更显桥之小巧，环境深邃，若无，则是平静安详的亲人场景。对于跨度不大、体量较小的桥，一般考虑在桥的一端或者两端种植一些观赏价值较高的植物，如桂花、丁香、碧桃、鸡爪槭等叶色或花色鲜艳、枝叶开展的树种，植物的体量要与桥体相协调，桥的基部可用低矮的灌木、藤本或草本进行适量的遮挡，从而起到一定的软化作用；对于跨度较大的桥梁，植物对其起到的景观作用较弱，主要是吸引游人视线，引导游人由此经过。根据桥的位置、形式及宽窄、长短、造型及色彩、质地以及表现出来的建筑风格配置相应体量和数量的引导树。苏堤全长近3km，由北至南排列着跨虹桥、东浦桥、压堤桥、望山桥、锁澜桥、映波桥，体量都较大，因此，桥头两端常种植大体量的乔木，如垂柳、大叶柳、樟树、无患子以与桥体协调。需要注意的是，无论桥的形式、体量如何变化，桥头两侧尽量为不对称的种植。

四、水缘植物材料选择

在自然驳岸边种植的植物，首先要具备一定的耐水湿能力，这是滨水植物造景的基础。综合多项研究结果，耐水湿能力应包含两个方面：在土壤水饱和条件下的耐水淹时间及达到水饱和前对高土壤含水量的耐受能力。以耐水淹能力计，常见的滨水植物划分为以下 4 类。

（一）极耐水湿植物

可以忍受水分饱和的环境，土壤含水量为 40%～60%，甚至可以忍受较长期（2 个月以上）的水淹，水涝后生长正常或略见衰弱，树叶有黄落现象，有时枝梢枯萎，如垂柳、旱柳、槐、榔榆、桑、柽柳、落羽杉等。

（二）耐水湿植物

可以忍受水分饱和的环境，土壤含水量为 40%～60%，能够忍受较短期（2 个月以下）的水淹，水涝后生长必见衰弱，时间稍长即枯萎，即使有一定的萌发力，也难恢复长势的树种。如水松、棕榈、枫杨、榉树、山胡椒、枫香、悬铃木、楝树、乌桕、重阳木、柿树、雪柳、侧柏、龙柏、水杉、构树、夹竹桃、枸杞、迎春等。

（三）较耐水湿植物

有些种类虽能耐受土壤含水量为25%～40%的湿润土壤，可一旦被水浸淹，经过3～5d 的短暂时间即枯萎而很难恢复生长，如马尾松、柳杉、杉木、石榴、海桐、柏木、枇杷、桂花、大叶黄杨、女贞、无花果、蜡梅、栾树、木槿、泡桐、桃、杜仲、刺槐、石楠、火棘、杜鹃花等。

（四）不耐水湿植物

有些种类不耐水湿，喜欢含水量为 15%～25%的干燥土壤，如山茶、红千层。

树种选择要根据植物的耐水湿能力和具体栽植地点的土壤水分含量以及水位变化

而定。常水位线下要选择极耐和耐水湿植物，在常水位线上可选择较耐或不耐水湿植物；在最低水位线下要选择极耐水湿植物，在最高水位线上可选择不耐水湿的种类。驳岸处于水陆交界处，土壤湿润，选用的植物材料应对水分条件的变化适应性很强，还要有与水体景观相协调的景观效果。除耐水湿植物外，还可选择沼生植物。而距离驳岸较远处，则根据园林植物选择的一般原则进行种植设计。

第四节　水面园林植物景观设计

水生、湿生植物是水域生态系统和园林水景的重要组成部分，其在生态保护和环境美化中所起的作用是其他植物难以取代的。配有水生植物的水体给人以明净、清澈、如诗如画的感受。在景观上，水生植物可以美化水面，打破水面的宁静，为水面增添动感、情趣，使水面景致生动活泼，还可以充实美化水陆交接带，给水岸线带来清新怡人的自然景观和四季分明的季相。在生态功能上，水生植物更有着无与伦比的优越性，除了具有一般陆生植物的生态功能外，通过它们的新陈代谢吸收水中的无机盐和有机营养，可以降低水体的富营养化程度并提高水体的自净化能力，从而改善水质。

一、水生植物材料

水生植物指生理上依附于水环境，至少部分生殖周期发生在水中或水表面的植物类群。除了在水面和水中自然生长的植物外，还包括在湿地、小溪、水潭、水池和湖泊、江河等边沿生长的植物。国内一般依据叶片与水面的相对位置及生活习性将其分为挺水植物、浮叶植物、漂浮植物、沉水植物。国外对水生植物的分类有所不同，常分为边缘植物、深水植物、荷花及睡莲类、漂浮植物、沉水植物。

中国水生植物资源丰富，高等水生植物就有近300种，适宜北方生长的约35科80余属180余种，具有园林观赏价值的有110余种。选择材料时要考虑的因素很多，如水生植物的类型、生长势、株形、体量、需要的水深和日照量等。

（一）挺水植物

挺水植物是种植在浅水或水边的水生植物，是根部固着于土中，部分茎和叶伸出水面，直挺在空中，并在水面上开花的植物。如黄花鸢尾、荷花、千屈菜、花蔺、水葱等。挺水植物生长在水岸边，通过对水流的阻力减小风浪扰动，使悬浮颗粒沉降以净化水体。

（二）浮叶植物

浮叶植物是根系或地下茎须扎根水底，茎生长于水中，叶柄长度随水位而伸长，叶及花朵浮在水面上的水生植物。浮叶植物包括有“水中女神”之称的睡莲属，有“莲花之王”之称的王莲属。它们扎根于池底，叶浮于水面，优雅绚丽的花朵创造迷人的景致。

（三）漂浮植物

漂浮植物是茎叶漂浮于水面、根部不在水底扎根的植物，其植株垂直于水中，随水漂流，水位较低时，根部也会固着于土中，但附着能力差，只要水位上升，植株即漂浮起来，如满江红、凤眼莲、水鳖等。漂浮植物可通过竞争营养、荫蔽水面，从而降低水温，减少光照投射量而抑制藻类生长。大部分漂浮植物属热带、亚热带植物，在冬季寒潮到来之前，需移出池塘越冬保护。

（四）沉水植物

沉水植物是完全的水生植物，其在大部分生活周期中植株沉水生活，它们多生活在水较深的地方，如金鱼藻、苦草、水藓、虾藻等。沉水植物在水中能释放氧气，是水域生态系统的重要组成部分，对维护水域生态系统结构的完整性和稳定性具决定性作用，它主要通过吸附水体中生物性和非生物性悬浮物质来提高水体的透明度，增强水体溶解氧的能力，吸收固定底泥和水中的营养盐，如穗状狐尾藻等，同时向水体释放化感物质以抑制浮游生物的生长，有效增加空间生态位。

在一个健康的水池生态系统中，浮叶和沉水植物是必要的。沉水植物并不具备太多的景观功能，但它们进行光合作用，增加了水中的氧气，并使人们欣赏到游鱼在水草中如同精灵般穿行的活泼景观。浮叶植物如睡莲、眼子菜等能形成良好的水面景观。漂浮植物虽然不是绝对必要的，但却有可能成为自然水花园的点睛之笔，这些植物遇风时可产生不断变化的景观。而挺水植物则是最具有观赏性的类型。不同形态和色彩的水生植物，会引起人的各种心理活动和戏剧性效果。挺立在水中的宽叶香蒲和芦苇，阳光下的倒影或在薄雾笼罩中的朦胧姿态，都会使人浮想联翩；漂浮在水面的睡莲或浮萍，却给人以一种神秘之感；叶硕大而光亮的根乃拉草，可使人联想到南美热带雨林的宿营地；水生酸模那异国情调的叶片所表现的秋色，常让人叹为观止。

二、水体的自然条件与植物景观

（一）水体面积与植物景观

大水面能够形成一个比较稳定的生态系统，通常认为一个健康平衡的水体面积最小约为 50000m^2。在大水面配置应以营造水生植物群落景观为主，主要考虑远观效果。植物配置注重整体大而连续的效果，主要以量取胜，给人一种壮观的视觉感受。如黄花鸢尾片植、荷花片植、睡莲片植、千屈菜片植或多种水生植物群落组合等。东湖的荷花、西湖的曲院风荷都是此类景观。

水域面积越小，季节和昼夜引起的温度波动越大，越难获得一个较稳定的整体环境，同时自净能力差。在进行小水域水生植物配置时不宜过于拥挤，以免影响水中倒影及景观透视线。配置时小面积水面上的水生植物占水体面积的比例一般不宜超过 1/2，同时浮叶及漂浮植物与挺水植物的比例要保持恰当，否则易产生水体面积缩小的不良视觉效果。

例如，在池塘周围进行水生植物配置时，最忌沿着水系简单地种植一条水生植物带，如同“裙边装饰”。应充分利用水生植物的形态多样性，并按厚薄相间配置，适当留出大小不同的透景线，以供游人亲水及隔岸观景，打破水际线。

在许多庭院景观中，水体大至数平方米，小者不到 1m^2，是典型的小水域。这类水体的植物景观设计由于水体面积过小，处理时与池塘等水域不同，在设计时并不考虑形成一个稳定的生态系统，而以景观为重。水面数株菖蒲，几丛旱伞草稍加点缀，池边也比较疏朗，色彩淡雅；或者池边密植各类色彩鲜艳的草本植物遮盖水面边缘，水面少种甚至不种植物，形成宛若深潭的景观。

（二）水体深度与植物景观

1. 水体深度

天然湖泊的深度由于湖泊成因不同而有所差异，人工挖掘的池塘的深度通常在 2m 以下，庭园内的小型过深的水体对于园林景观并无多大好处，而且增加危险性。在美国大部分城市，任何超过 50cm 深的池塘都要求围挡栅栏。

园林中应用水生植物时，水的深度是设计、施工人员必须要考虑到的问题，在做竖向设计和营造地形时要密切关注等深线，注意给植物种植留下足够的生长空间，通常池塘的断面设计并非锅底形，而是2～3层阶梯形或是有明显起伏的坡地。通过这种设计，或者可以在水际设置种植池，或者可以摆放容器式的水生植物，为形成立面有起伏变化的水际景观提供可能。同时，这种阶梯状的设置尤其适合水位变化比较明显的水体，丰水期不见拥堵，枯水期不见萧瑟。水池的断面设计尽量两边不对称，以为今后的种植变化提供基础。

2. 植物景观

不同生长类型的植物有不同适宜生长的水深范围，在选择植物时，应把握两个准则，即栽种后的平均水深不能淹没植株的第一分枝或心叶，一片新叶或一个新梢的出水时间不能超过4d。出水时间是新叶或新梢从显芽到叶片完全长出水面的时间，尤其是在透明度低、水质较肥的环境里更应该注意。根据水深适应性，水生植物可按生活类型分为以下几种：

湿生植物：严格意义上是喜水，但植株根茎部及以上部分不宜长期浸泡在水中的植物。如野荞麦、斑茅、蒲苇等，这些植物只能种植在常水位以上。

挺水植物：种类繁多，其水深适应性与植株高度有一定关系。再力花、芦苇、芦竹、水葱、水烛等高大植物可适应的水深达到60cm；慈姑、海寿花、水毛花、黄花鸢尾、香蒲、菰、石龙芮、千屈菜等植株中等偏大的植物适应50cm左右的水深；玉蝉花、泽泻、窄叶泽泻、花叶芦苇、蜘蛛兰、灯心草、节节草、砖子苗、石菖蒲等适应的水深在10～30cm不等。但适应的最深水深并不等于最适水深，如香蒲在水深15cm，灯心草在5～25cm环境中生长最好，荷花的水深适应性一般在80cm以内，超过这个深度就难以正常开花甚至不能生存，但也有些被称为深水荷花的品种在1.5～2m深的水中还能正常开花。

沉水植物：水深适应性除取决于植物本身的生态学特性外，还涉及光和水的能见度。水的能见度越高，光照越强，沉水植物分布得越深。通常而言，沉水植物种植的深度是能见度的两倍。

表10-1 自然界不同水位常见植物群落

类别	水位（m）	主要植物种类
湿生林带、灌丛，缓坡自然生草、缀花草地，喜湿耐旱禾草、莎草、高草群落	常水位以上	河柳、旱柳、柽柳、杞柳、银芽柳、灯心草、水葱、芦苇、芦竹、银芦、香蒲、稗草、马兰、香根草、旱伞草、水芹菜、美人蕉、千屈菜、红蓼、狗牙根、假俭草、紫花苜蓿、紫花地丁、燕子花、婆婆纳、蒲公英、二月蓝等
浅水沼泽挺水禾草、莎草、灯心草、高草群落	0.3	芦苇、芦竹、银芦、香蒲、水葱、蔺草、水稻、苔草、水生美人蕉、萍蓬草、荇菜、三白草、水生鸢尾类、旱伞草、千屈菜等
浅水区挺水及浮叶和沉水植物群落	0.3～1	荷花、睡莲、萍蓬草、莕菜、慈姑、泽泻、水芋、黄花水龙、芡实、金鱼藻、狐尾藻、黑藻、苦草、金鱼藻等
深水区沉水植物和漂浮植物群落	1～2.5	金鱼藻、狐尾藻、黑藻、苦草、眼子菜、金鱼藻、浮萍、槐叶萍、大藻、雨久花、凤眼莲、满江红、菱等

浮叶植物：大多分布于10～60cm的水深处，如大多数品种的睡莲分布于60cm的水深处，但也有一些特殊的种类，如块茎睡莲可生长于120cm水深处。芡实、菱和荇菜可适应的水深也达1m以上。

要根据水体不同位置及立地条件的差异，选择适宜的植物，模仿自然界的水生植物群落形成稳定的人工群落（表10-1）。

（三）水流速度

通常而言，水生植物不喜在水流速度过快处生长。静水环境下多选择浮叶、浮水植物，而流水环境下选择挺水植物。

城市园林绿地内部的小水系一般来说范围小，水流缓慢，对水生植物的种植生长影响不大。江河湖泊等水体由于风浪、船形波或水流急速冲刷给水生植物的种植、生存带来很大困难。如风浪和船形波会直接或通过堤岸反射，强烈地拍打或摇动植物体，从而使植物叶片破碎、茎秆折断，甚至被连根拔起，影响植物的生长甚至导致其死亡，密集种植的挺水植物能起到一定的消浪作用，它的根系也能起到一定的护坡固岸作用。

总而言之，水生植物和其他植物相同，在应用时应充分考虑到各地气候、土壤、水分、光照、水体面积、水流速度等环境因子，做到因地制宜、因时制宜。

三、水生植物种植时应注意的问题

（一）种植方式

种植方式与种植密度对水生植物景观的形成关系重大。在较小面积的园林水体中，经常采用容器种植。生产中，种植器一般选用木箱、竹篮、柳条筐等，一年之内不易腐烂。选用时应注意装土栽种以后，在水中不易倾倒或被风浪吹翻。一般不用有孔的容器，因为培养土及其肥效很容易流失到水里，甚至污染水质。一般沉水植物多栽植于较小的容器中，将其分布于池底，栽植专用土上面加盖粗砂砾；浅水植物单株栽植于较小容器或几株栽植于较大容器，并放置于池底，容器下方加砖或其他支撑物使容器略露出水面；睡莲应使用较大容器栽植，而后置池底，种植时生长点稍微倾斜，不用粗砂砾覆盖。不同水生植物对水深要求不同，容器放置的位置也不相同。一般是在水中砌砖石方台，将容器放在台面上，使其稳妥可靠。

大面积水体使用种植池种植，在池底砌筑栽植槽，铺上至少 15cm 厚的培养土，将水生植物植入土中。一般来说，原水体的淤泥是较为理想的种植土，对新开挖的人造湿地可结合周边河流、湖泊清淤填淤。迎风岸、硬质堤坝岸边的底泥易被侵蚀，对种植水生植物极为不利，应先行采用消浪措施，减少波浪，然后再回填种植土，才能种植。

（二）种植密度和生长控制

设计师在种植设计图上标注的密度，是要达到预期景观效果的密度，通常以水生植物恢复到最佳状态后全部覆盖地面（水面）为设计基点。而在施工时要根据植物分蘖、分枝特性、种植季节、种植土的肥力状况、竣工验收时间等各方面因素结合确定种植密度。总体来讲，水生植物多有过度生长的倾向，如小香蒲在肥力高的水田中，春夏季按 9 株/m^2 种植，2 个月后可达到 40 株/m^2；又如蕉草、芦苇、荸荠等种植在土壤肥沃处，夏季 2 个月便能分生出成倍的植株；浮水的水鳖、四角菱、槐叶萍等分生能力也很强，大藻、凤眼莲更是恶性分生。沉水的苦草、竹叶眼子菜等都有很强的分生能力，条件许可均可稀植。

综上所述，水生植物在种植时应合理控制种植密度，在后期的养护管理中，要严格控制生长面积。过度生长首先会影响景观，种植之初常留有充足的水面观赏水面倒影的空间，通常种植水生植物时大水面不超过总面积的 1/3，小水面不超过 50%～70%，但若不加以控制，水生植物可以铺满水面，引起视觉的拥塞感；其次过度生长会影响整个水生生态系统，如凤眼莲的恶性扩张，会引起水体含氧量降低进而影响各种水生动植物的生存。

（三）注意水生植物线条的组合与变化

平直的水面通过配置各种株形及线条的植物，可丰富竖向线条构图。在几种水生植物混植时，要根据植物的形态特征，生长的主次关系，选择高度有差异的植物组合，达到宜人的观赏效果。切忌使用体量、高度相当的植物组合，导致层次不分，没有重点。水体同岸边的植物也需要有呼应关系，我国有岸边植柳的习惯，“湖上新春柳，摇摇欲唤人”，下垂的柳枝将水体景观与驳岸景观有机联系在一起，也丰富了线条的变化。

参考文献

[1]曾明颖．园林植物与造景[M]．重庆：重庆大学出版社，2018.

[2]王葆华，王璐艳．环境景观植物与设计[M]．武汉：华中科技大学出版社，2018.

[3]马锦义．公园规划设计[M]．北京：中国农业大学出版社，2018.

[4]赵彦杰，韩敬，刘敏．实用园林设计[M]．北京：化学工业出版社，2018.

[5]李竹林，刘纯，陈强．园林建筑与规划创新[M]．长春：吉林科学技术出版社，2020.

[6]沈毅．现代景观园林艺术与建筑工程管理[M]．长春：吉林科学技术出版社，2020.

[7]陈丽，张辛阳．风景园林工程[M]．武汉：华中科技大学出版社，2020.

[8]张炜，范玥，刘启泓．园林景观设计[M]．北京：中国建筑工业出版社，2020.

[9]颜玉娟，周荣．园林植物基础[M]．北京：中国林业出版社，2020.

[10]穆丹．园林植物与植物景观设计[M]．吉林出版集团股份有限公司，2020.

[11]张志伟，李莎．园林景观施工图设计[M]．重庆：重庆大学出版社，2020.

[12]尹金华．园林植物造景[M]．北京：中国轻工业出版社，2020.

[13]谷永丽．风景园林计算机辅助设计[M]．北京：化学工业出版社，2020.

[14]张鹏伟，路洋，戴磊．园林景观规划设计[M]．长春：吉林科学技术出版社，2020.

[15]赵小芳．城市公共园林景观设计研究[M]．哈尔滨：哈尔滨出版社，2020.

[16]陆娟，赖茜．景观设计与园林规划[M]．延吉：延边大学出版社，2020.

[17]曾明颖，王仁睿，王早．园林植物与造景[M]．重庆：重庆大学出版社，2018.

[18]胡宗海．现代园林植物生态设计[M]．哈尔滨：东北林业大学出版社，2018.

[19]刘雪梅．园林植物景观设计[M]．武汉：华中科技大学出版社，2015.

[20]郭媛媛，邓泰，高贺．园林景观设计[M]．武汉：华中科技大学出版社，2018.